L

Prairies
et Pâturages

(PRATICULTURE MODERNE)

Par M. COMPAIN

181 GRAVURES.

Prix : Broché, 3 fr; Relié toile, 4 fr.

Librairie Larousse PARIS

PRAIRIES
ET PATURAGES

PRAIRIES ET PATURAGES

(PRATICULTURE MODERNE)

PRAIRIES NATURELLES
PRAIRIES ARTIFICIELLES
HERBAGES ET PATURAGES

Par H. COMPAIN

CHEF DE PRATIQUE AGRICOLE A L'ÉCOLE
NATIONALE D'AGRICULTURE DE RENNES

181 Gravures

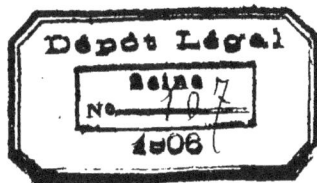

LIBRAIRIE LAROUSSE — PARIS

17, RUE MONTPARNASSE — SUCCURSALE : RUE DES ÉCOLES, 58

PRÉFACE

L'ouvrage que nous présentons au public pourra, croyons-nous, rendre de signalés services aux agriculteurs qui se proposent de créer des prairies permanentes destinées à être fauchées ou pâturées et des prairies artificielles. Nous nous sommes efforcé de montrer que la culture des prairies ne diffère guère des autres cultures et procède des mêmes principes généraux.

Après avoir étudié le climat et son influence sur la production herbacée, nous donnons un aperçu de la répartition des prairies sous les différents climats de la France qui permettra au cultivateur de se rendre compte de l'importance de cette culture dans notre pays. L'étude des différents sols a été poursuivie avec soin, et dans un chapitre spécial nous avons montré le rapport qui existe entre le climat, le sol et la flore d'une région.

Après avoir donné une classification des prairies naturelles, nous avons examiné les procédés employés pour obtenir une surface enherbée, et nous avons insisté d'une façon toute particulière sur les avantages que présente l'ensemencement des prairies.

Mais pour que cet ensemencement puisse se faire dans de bonnes conditions, il est nécessaire que le sol soit bien préparé, nettoyé, assaini. C'est l'objet d'un chapitre spécial, où nous étudions, successivement, l'action de l'air et l'action de l'eau, les travaux d'ameublissement et de nettoiement du sol, l'assainissement et l'amendement. L'irrigation joue un rôle prépondérant dans la production herbagère, ainsi que les engrais, dont nous avons indiqué l'emploi.

Les plantes des prairies les plus recommandables ont aussi été étudiées avec attention, en évitant l'emploi de termes trop scientifiques. Grâce à des dessins scrupuleusement exécutés, graminées et légumineuses, ainsi que leurs semences, seront aisément déterminées par le cultivateur.

Nous continuons notre étude par des conseils sur l'ensemencement de la prairie, en donnant la composition des mélanges les plus recommandables selon la nature du sol et le but à atteindre.

Le fauchage, la transformation de l'herbe en foin, la fertilisation de la prairie ainsi que les divers soins à lui donner sont l'objet d'une étude spéciale.

Puis, après avoir passé en revue les herbages et les pâturages, nous terminons l'ouvrage par la culture si important des prairies artificielles.

H. C.

PRAIRIES
ET PATURAGES

IMPORTANCE ÉCONOMIQUE DES PRAIRIES

A UTREFOIS le bétail était considéré comme une machine à fumier, comme un « mal nécessaire ». Il trouvait sa nourriture sur les routes, dans les landes; il était maigre et ne donnait aucun bénéfice. Aujourd'hui il n'en est plus ainsi : l'exploitation du bétail est considérée comme une source importante de revenus. La consommation de la viande a augmenté dans des proportions considérables et ne fera qu'augmenter avec les progrès du confort et avec la diminution du prix de revient. Mais pour nourrir un plus grand poids de bétail sur une même surface de prés, des soins intelligents et une culture raisonnée sont indispensables. Le fourrage sera ainsi plus abondant et de meilleure qualité.

Il est facile dès lors de se rendre compte de l'influence de la qualité des fourrages sur l'amélioration des animaux en jetant un coup d'œil sur les régions où l'on a le plus soin des prairies.

C'est dans le Charolais, le Nivernais, le Limousin et en Normandie que l'on rencontre les animaux les plus parfaits. Dans le Nivernais, le fermier a abandonné définitivement la culture des céréales, il a relégué la charrue sous un hangar pour s'occuper exclusivement de l'exploitation des bêtes bovines. Dans ce nouveau mode de spéculation, l'agriculteur trouve une existence plus agréable, moins de travail et plus de bénéfice. Aussi dans cette région le bétail est-il l'objet des plus grands soins, et son amélioration est constamment poursuivie.

Jacques Bujault, le grand agriculteur des Deux-Sèvres, qui vivait vers le milieu du siècle dernier, disait : « Une ferme sans bétail est comme une cloche sans battant. » Il a dit aussi : « Si tu veux du blé, fais des prés. » De Gasparin disait avec raison : « On cite souvent des fermiers ruinés pour avoir fait trop de blé, on n'en cite aucun qui se soit ruiné pour avoir fait trop de prés. »

C'est qu'en effet l'exploitation des terres transformées en bonnes prairies offre divers avantages; nous les énumérerons brièvement :

1° Le capital d'exploitation est réduit à son minimum ;

2° Les soins culturaux sont peu nombreux et la main-d'œuvre disponible peut être employée à d'autres cultures ;

3° Avec des prés, les travaux de la ferme sont plus régulièrement répartis ;

4° Les prairies permettent d'utiliser certains terrains qui ne peuvent porter d'autres cultures ;

5° Les terrains en pente transformés en prairies peuvent conserver leur terre arable, alors que cultivés ils se dénudent de plus en plus ;

6° Les terrains situés au voisinage des cours d'eau sujets à des débordements et les terrains qui ont une composition élémentaire incomplète peuvent porter des prairies naturelles, alors qu'il serait difficile de leur faire porter des prairies artificielles ;

7° Lorsqu'une exploitation possède beaucoup de prairies, elle peut entretenir un bétail plus nombreux, qui fournit du fumier en plus grande abondance. Cet engrais, concentré sur les terres arables du domaine, les enrichit et peut dispenser l'agriculteur d'avoir recours aux engrais azotés du commerce, qui sont les plus chers de tous. Il lui suffira d'entretenir ses prairies en bon état de fertilité par l'apport des éléments phosphatés et potassiques. Les propriétaires ont bien vu le rôle important des prairies dans la fertilisation des autres terres de la ferme, et l'une des principales clauses des baux de ferme astreint le fermier à entretenir et à laisser en fin de bail la même surface enherbée. Dans certaines régions, comme dans l'Ouest par exemple, où les industries laitières ont pris beaucoup d'extension, la valeur locative des prairies a augmenté dans de larges proportions. C'est ainsi que des herbages qui se louaient 100 francs l'hectare se louent aujourd'hui 120 francs.

La convention de Bruxelles, qui a eu pour conséquence de

montre que, lorsque les conditions nécessaires pour la production de l'herbe seront réunies, il y aura tout avantage à poursuivre cette production.

LES PRAIRIES SOUS LES DIFFÉRENTS CLIMATS DE LA FRANCE

Notions générales. — Les conditions météorologiques ont une influence très grande sur les végétaux, et le choix des cultures doit être en rapport intime avec le climat d'un pays. Selon que le cultivateur saura plus ou moins bien approprier ses cultures au climat, il en obtiendra des bénéfices plus ou moins élevés, car il ne faut pas perdre de vue que pour avoir le maximum de profits il faut s'aider dans la plus grande mesure des agents naturels. La production de l'herbe exige des quantités considérables d'eau. On compte qu'il faut en moyenne 300 kilogrammes d'eau pour faire 1 kilogramme de matières sèches. Ce n'est donc que dans les contrées où les pluies sont fréquentes qu'il faut songer à créer des prairies, à moins que l'on ne dispose d'une quantité suffisante d'eau pour suppléer à celle qui fait défaut. Dans les contrées tempérées, les pluies suffisent souvent à donner aux prairies l'humidité nécessaire.

Dans l'étude d'un climat, il faut non seulement tenir compte du régime des pluies, de l'état hygrométrique de l'air, mais il faut aussi considérer les maxima et les minima de température, la direction et l'intensité des vents, le nombre de jours ensoleillés. Les observatoires qui sont disséminés sur tout le territoire peuvent donner d'utiles indications. A défaut, on peut s'en rapporter aux observations et aux pratiques locales. La *dépaissance* des animaux en toute saison, le jour et la nuit, la végétation non interrompue des crucifères, la maturité des artichauts et des choux-fleurs au cœur de l'hiver, comme cela a lieu dans la baie de Roscoff, sont l'indice d'une température douce et de la rareté des gelées. Ce sont des conditions extrêmement favorables à la production de l'herbe.

L'action de la chaleur sur la végétation est très grande, et l'on peut dire que le développement des plantes est en raison directe de la *quantité* de chaleur tombée sur le sol et de la présence de l'humidité en proportion convenable. L'activité fonctionnelle de la racine augmente avec la température du sol, mais il ne faut pas que celle-ci soit trop élevée. Lorsque la température est favorable et l'eau en quantité suffisante, la sève circule bien plus activement.

On a remarqué que, quelle que soit la situation occupée par les plantes, chacune d'elles exige dans le cours de son existence une égale quantité de chaleur. Cette constatation peut être utile, car elle permet de prévoir la possibilité d'acclimater un végétal dans une contrée dont la température des mois est connue. Pour ce qui concerne la luzerne, toutes conditions étant égales d'ailleurs, on peut compter autant de coupes qu'il tombe de fois 900° sur le sol au-dessus de la température initiale du développement de la plante, c'est-à-dire 8° centigrades. Il ne suffit pas de tenir compte de la quantité totale de chaleur qui tombe sur le sol ; il importe aussi de connaître les minima auxquels la plante peut résister et les maxima de température au-dessus desquels la végétation s'arrête, quelle que soit l'influence des autres agents.

Les températures minima occasionnent des dégâts sérieux surtout sur les végétaux vivant sur des sols qui retiennent l'eau. Le mal devient particulièrement intense en hiver quand les gels et les dégels sont successifs. Ces alternatives de gel et de dégel provoquent le *déchaussement* des plantes.

Les températures élevées, lorsque les plantes ont suffisamment d'eau à leur disposition, favorisent la production de l'herbe ; mais, par contre, le concours persistant de ces deux actions entrave la production des graines.

Le climat d'une région peut être modifié par un grand nombre de circonstances, parmi lesquelles nous pouvons ranger la *latitude* et l'*altitude*. La quantité de chaleur qui tombe sur le sol va en diminuant au fur et à mesure que l'on s'éloigne de l'équateur ; de même, au fur et à mesure que l'on s'élève au-dessus du niveau de la mer, la température s'abaisse.

La puissance de la végétation diminue à mesure que l'on passe des régions chaudes aux régions tempérées, des régions tempérées aux régions glaciales. Le même phénomène se produit lorsque l'on examine pour une latitude déterminée la végétation d'une montagne depuis la base jusqu'au sommet. A la base, la culture de la plupart des plantes utilisées par l'homme y est possible, puis, lorsqu'on s'élève, leur nombre diminue et on ne rencontre plus à la limite des neiges éternelles que des arbrisseaux et des *pâturages*.

Le *voisinage des grandes masses d'eau* influe aussi sur la régularisation de la température des régions voisines. L'air y est presque constamment sursaturé d'humidité. Pendant l'été, la chaleur est modérée, car la capacité calorique de l'eau est très grande ; le ciel est souvent nuageux, ce qui diminue d'autant l'intensité des rayons solaires ; les froids ne sont pas très rigoureux, les condensations qui ont lieu pendant l'hiver font profiter l'atmosphère de la chaleur latente emmagasinée par l'eau. Ce sont des circonstances qui sont très favorables à la production de l'herbe. Aussi les contrées et les régions qui sont situées dans ces conditions sont-elles particulièrement privilégiées.

Les *grands courants marins*, lorsqu'ils viennent des régions équatoriales, ont une influence analogue. Le Gulf-Stream, courant d'eau chaude qui vient de l'équateur et qui longe les côtes de France, a une action bienfaisante sur tout notre littoral. Il favorise particulièrement les prairies luxuriantes et les herbages plantureux de la Vendée, de la Bretagne et de la Normandie.

La *direction des vents* a aussi une très grande importance. Viennent-ils de la mer, ils apportent une certaine quantité d'humidité qui favorise la production herbacée. Viennent-ils, au contraire, des terres, ils sont desséchants et entravent considérablement la végétation des plantes.

Les *abris*, l'*orientation* et l'*inclinaison* sont autant de circonstances qui modifient le climat ; les surfaces qui sont abritées des vents froids et desséchants sont plus aptes à produire de l'herbe que celles qui ne le sont pas. C'est pour cette raison qu'il est toujours bon de ménager un rideau d'arbres pour protéger les cultures dans les régions visitées par les mauvais vents. Selon que les parcelles seront inclinées au midi ou au nord, elles recevront des quantités de chaleur très différentes : celles incli-

nées au midi,, recevant les rayons solaires perpendiculaire-
ment, s'échauffent plus vite, la végétation qu'elles portent
est plus précoce. Quant aux parcelles inclinées au nord, elles
reçoivent peu de chaleur. La végétation des plantes y est
tardive. La production fourragère y réussit bien pendant
l'été, lorsque la chaleur est grande, parce qu'elles sont généralement plus fraîches que les parcelles inclinées au midi.

Fig. 1. — Carte climatérique de la France.

**Répartition des prairies au point de vue climatérique et
régional.** — Examinons maintenant la répartition des prairies
dans les différentes régions et sous les divers climats de la France.

On a divisé la France en sept climats distincts et caractérisés par les conditions naturelles qui la régissent. Ce sont les climats girondin, armoricain, séquanien, vosgien, rhodanien, méditerranéen, neustrien et du Plateau Central. (Voir carte, *fig.* 1.)

Chaque division climatérique correspond, à peu de chose près, à une région agricole.

Climat girondin. *Région du sud-ouest de la France* (1). — Il comprend les bassins de l'Adour, de la Garonne, de la Charente et de la Sèvre. Il est limité à l'est par le Plateau Central et à l'ouest par l'Océan. L'hiver n'y est pas rigoureux. Il est assez pluvieux : on compte à Bordeaux 107 jours de pluie, donnant une couche de 83 centimètres. Les prairies artificielles, les choux et les navets s'accordent bien de ce climat humide et doux pendant l'hiver.

La répartition des prairies se ressent naturellement des aspects variés que présente cette région. Les coteaux de la Gironde, du Lot-et-Garonne, du Tarn-et-Garonne et du Gers ne donnent que de maigres pâturages, alors que les nombreuses pentes des montagnes auxquelles les neiges éternelles fournissent l'eau nécessaire possèdent de bonnes prairies. Les vallées de ces régions, sillonnées par de nombreux gaves et rivières, portent aussi de bonnes prairies.

Dans la partie qui s'étend du pied des Pyrénées au nord de la région, les prairies sont presque toutes cantonnées le long des cours d'eau et des canaux. Les irrigations sont en général mal conduites, les eaux sont distribuées irrégulièrement. Dans la plupart des cas, on se contente des arrosages dus aux débordements périodiques des rivières et des ruisseaux, qui amènent une eau tellement limoneuse que les foins sont complètement vasés. On pourrait obvier à cet inconvénient en établissant le long des cours d'eau sujets aux débordements de simples digues en branchages, qui auraient pour effet de tamiser l'eau et de retenir les éléments grossiers.

Dans la montagne, au contraire, les prairies sont en général mieux irriguées, les eaux des torrents sont captées et sont ensuite distribuées méthodiquement. Il arrive même parfois que les eaux sont employées en trop grande quantité, ce qui fait développer des plantes de mauvaise qualité.

Dans la plupart des cas on ne fait qu'une coupe, les regains sont pâturés.

Les rendements sont variables suivant la situation des prairies :

(1) Notes extraites du *Dictionnaire d'agriculture,* par MM. Barral et Sagnier (Hachette, éditeur). — Article de M. L. Vassilière.

de 2 000 à 3 000 kilogrammes à l'hectare dans les plus mauvaises situations, ils atteignent parfois 5 000 à 7 000 kilogrammes dans les meilleures.

La répartition des prairies dans les départements compris dans cette région se fait de la façon suivante :

DÉPARTEMENTS	PRAIRIES		
	ARROSÉES naturellement	IRRIGUÉES	NI ARROSÉES ni irriguées
Charente-Inférieure. . .	30 900	7 900	35 700
Charente.	31 000	1 300	18 600
Dordogne.	25 000	10 300	34 100
Gironde	14 500	7 600	53 900
Lot..	8 300	3 650	9 150
Lot-et-Garonne.	11 600	4 330	22 340
Landes.	3 950	3 834	15 150
Tarn.	9 470	15 370	19 680
Tarn-et-Garonne	5 230	1 670	12 400
Gers.	25 130	3 140	32 000
Basses-Pyrénées	12 200	8 790	54 640
Hautes-Pyrénées	5 900	22 140	21 150
Ariège	5 490	12 680	19 550
Haute-Garonne. . .	5 630	7 230	25 500

Climat armoricain. Région de l'ouest. — Cette région est soumise à l'influence de l'océan Atlantique. Elle comprend la Bretagne, l'Anjou, le Maine et le Poitou.

Les presqu'îles de la Bretagne et du Cotentin présentent le type complet du climat armoricain. A de plus grandes altitudes, de profondes modifications se font sentir, les hivers y sont plus rudes.

Déjà à 200 mètres d'altitude la végétation des conifères et des prairies s'arrête en hiver.

C'est, en définitive, un climat doux en hiver, pluvieux, nébuleux, n'offrant jamais de grands écarts de température, ni en hiver ni en été ; les pluies sont régulièrement réparties. Les animaux peuvent rester dehors presque toute l'année. Rentrés pendant la nuit en Bretagne, ils ne quittent jamais leurs pâturages dans le Cotentin.

C'est un climat favorable à la production fourragère ; aussi les prairies naturelles y occupent-elles de très grandes surfaces.

L'aspect montagneux du sol facilite la pratique des irrigations.

Mais là, comme dans beaucoup de régions de la France, elles sont mal conduites, les eaux sont distribuées sans discernement. Aussi les plantes qui y végètent donnent-elles un foin de mauvaise qualité, composé en majeure partie de joncs. Si favorisée que soit cette région au point de vue du climat, la production herbagère est parfois médiocre, par suite de la composition chimique du sol. La chaux et l'acide phosphorique font défaut dans la majeure partie des sols.

C'est ce qui explique la petite taille des races locales qui vivent sur ces terrains. Les roches sous-jacentes qui ont servi à la formation de la terre végétale sont peu profondes, le sol est imperméable, et dans les bas-fonds l'eau reste stagnante. Les carex (rouches), les joncs s'y développent. Cependant, depuis que l'emploi de la chaux et des phosphates se généralise les prairies ont subi d'importantes améliorations. L'emploi de plus en plus fréquent des calcaires marins sur le littoral breton a modifié la flore de cette partie de la Bretagne. Les animaux de la Ceinture dorée sont plus développés que ceux du reste de la contrée.

L'étendue consacrée aux prairies naturelles dans la région de l'ouest est très importante. Elle se répartit entre les départements de la façon suivante :

DÉPARTEMENTS	PRAIRIES		
	ARROSÉES	IRRIGUÉES	NI ARROSÉES ni irriguées
Vendée.	35 970	14 750	34 750
Deux-Sèvres	22 300	8 800	25 630
Vienne.	15 100	5 000	20 200
Maine-et-Loire	32 900	9 870	35 760
Loire-Inférieure	41 100	20 200	49 100
Morbihan.	27 660	10 510	83 650
Finistère.	17 650	19 180	8 080
Côtes-du-Nord	27 820	12 160	16 190
Ilie-et-Vilaine..	31 680	8 440	32 770
Mayenne.	18 922	19 150	30 000

Climat séquanien. Région du centre. — Le climat séquanien embrasse à peu près tout le bassin de la Seine, moins le cours inférieur de cette rivière et une partie du bassin de la Loire.

Les provinces qui jouissent de ce climat sont l'Ile-de-France, la Picardie orientale, la Brie, la Champagne, l'Orléanais, la Beauce, la

Sologne, une partie du Berry et du Nivernais. Le climat séquanien est plus froid en hiver et plus ensoleillé en été que le climat armoricain. Les pluies sont moins fréquentes ; il convient tout particulièrement à la production des céréales, de la vigne et des prairies artificielles. Il n'y a guère que le Nivernais qui possède des herbages et des prairies naturelles.

Dans la partie nord du climat séquanien on se livre à l'engraissement des animaux, tandis que dans la partie méridionale on élève surtout les moutons et les bêtes à cornes. C'est là qu'on rencontre le plus de prairies. Aux environs de Paris, beaucoup d'exploitations entretiennent des vaches normandes ou flamandes pour la vente du lait en nature ou pour la fabrication du beurre ou du fromage.

Dans le Nivernais, on élève la race charolaise, qui est très appréciée pour le travail et la boucherie. Les contrées limitrophes de la région sont soumises aux influences des climats environnants.

Les prairies occupent le bord des cours d'eau et les thalwegs. Les irrigations sont en général bien faites, les agriculteurs savent très bien tirer parti de l'eau dont ils disposent.

Dans cette région l'étendue occupée par les prairies se répartit de la façon suivante :

DÉPARTEMENTS	PRAIRIES		
	ARROSÉES naturellement	IRRIGUÉES	NI ARROSÉES ni irriguées
Allier	21 600	21 430	31 570
Nièvre	28 320	36 254	20 270
Cher.	30 000	11 460	21 260
Indre.	32 200	11 860	13 650
Indre-et-Loire	23 130	1 560	8 270
Loir-et-Cher.	15 630	2 570	10 020
Loiret	10 530	1 610	10 930
Sarthe.	29 800	5 630	23 820
Yonne.	9 900	5 400	15 460
Côte-d'Or.	27 000	7 260	23 970
Haute-Marne	21 120	4 980	13 840
Aube.	19 100	1 720	10 860
Marne	22 420	2 360	12 000
Seine-et-Marne	11 210	400	13 000
Seine-et-Oise	3 760	425	9 150
Eure-et-Loir	8 160	2 360	7 120

Climat vosgien. Région du nord-est. — Ce climat est commun à cinq départements : Ardennes, Meuse, Meurthe-et-Moselle, Vosges et Haute-Saône.

Cette région est montagneuse. Les hivers y sont longs et froids, les étés sont courts et secs. Il n'est pas rare de voir le thermomètre descendre à — 20 et même — 25°. Pendant l'été la température atteint 30 et 36°. La neige reste longtemps sur le sol. On compte cent vingt-trois jours de pluie à Épinal. Les rivières sont nombreuses et bien pourvues d'eau en toute saison. La prairie située en coteau et en vallée occupe la place la plus importante parmi les cultures : intelligemment irriguée, elle donne de très bons rendements.

Les plaines basses des environs de Nancy et des arrondissements de Neufchâteau et de Mirecourt montrent les caractères du climat vosgien très atténués. Là la culture arable devient possible. Dans les montagnes des Vosges, les sommets les plus élevés n'offrent que des bois et des pâturages. Les vallées sont en prairies ou en cultures, suivant qu'elles sont submersibles ou non.

Par suite de la mauvaise composition chimique du sol, les races locales sont de petite taille. Elles ont quelque analogie avec les races bretonnes qui viennent sur des terrains de composition analogue.

Comme dans les régions montagneuses, l'irrigation est largement pratiquée, surtout dans la Haute-Saône et dans les Vosges. Ce sont principalement des eaux de source qui sont utilisées, eaux claires qui peuvent être employées à toutes les périodes de végétation des plantes. Là encore les agriculteurs abusent de l'eau. Elle est distribuée en grande quantité pendant près de cinq mois de l'année. Comme elle est d'une grande pureté et qu'elle est très froide, elle entraîne les principes fertilisants du sol et retarde considérablement la végétation.

Les cinq départements de cette région possèdent en prairies les surfaces suivantes :

DÉPARTEMENTS	SURFACES		
	ARROSÉES naturellement	IRRIGUÉES	NI ARROSÉES ni irriguées
Haute-Saône	36 290	13 960	12 950
Vosges.	16 620	39 220	26 860
Meurthe-et-Moselle. . .	22 500	4 667	22 280
Meuse	32 340	4 200	13 750
Ardennes.	22 920	3 055	25 130

Climat rhodanien. Région de l'est. — Ce climat se trouve compris entre le 47e et le 44e degré de latitude. Il embrasse la Bourgogne, la Bresse, la Dombes, le Lyonnais, le Dauphiné, la Savoie et les Hautes-Alpes. Sous l'influence des massifs montagneux des Alpes et du Plateau Central, l'hiver est froid et pluvieux. L'été les pluies sont rares dans les plaines. Les vents dominants de la région sont ceux du sud, qui sont secs et brûlants en été, et les vents du nord (mistral), toujours froids et occasionnant parfois de grands dégâts. Les écarts de température sont très grands. En hiver le thermomètre descend à — 10 ou — 12°, en été il atteint des maxima très élevés.

Les pluies sont régulièrement réparties pendant les différents mois de l'année.

Dans les vallées sillonnées par les cours d'eau, les prairies occupent la plus large place, notamment dans les départements de Saône-et-Loire, de l'Ain, du Rhône, de l'Isère, de la Savoie et des Hautes-Alpes.

Dans les vallées de la Saône, de la Seille, du Doubs, on n'utilise pour l'arrosage que les eaux qui proviennent du débordement des rivières. Cette immense étendue de prairies est loin de donner le foin que l'on serait en droit d'en attendre si ces prairies étaient mieux entretenues. L'emploi des engrais phosphatés et calcaires s'y est peu répandu.

C'est dans l'arrondissement de Charolles que la belle race charolaise a son berceau. Les herbages (embouches) de cette contrée sont l'objet de beaucoup de soins de la part des cultivateurs.

Les surfaces consacrées à la production herbagère se répartissent de la façon suivante :

DÉPARTEMENTS	PRAIRIES		
	ARROSÉES naturellement	IRRIGUÉES	NI ARROSÉES ni irriguées
Hautes-Alpes	1 270	8 220	7 049
Savoie	2 850	12 400	40 206
Haute-Savoie	2 720	2 170	29 890
Isère	8 560	11 300	32 510
Ain	26 710	16 440	36 435
Rhône	13 430	12 220	12 210
Saône-et-Loire	51 720	36 270	45 170
Jura	17 640	5 750	24 675
Doubs	7 350	3 475	59 225

Climat méditerranéen. Région du sud. — Il comprend les parties
basses de la Provence et du Languedoc méridional. C'est la zone
méditerranéenne, dont les altitudes ne dépassent pas 200 et 300 mètres.

Cette région se prête à la culture arbustive, la vigne, l'olivier,
l'oranger. Cette dernière plante ne peut donner de bons produits
qu'aux environs de Toulon et de Nice.

Les fourrages ne pouvant être obtenus qu'avec une grande quantité
d'eau, on a dû faire des frais considérables pour établir des canaux
sur les sols à irriguer. C'est dans cette région que les cultivateurs
disent, avec raison, que *l'eau fait l'herbe*. On compte qu'il y a plus de
37 000 hectares irrigués, recevant près de 37 000 000 de mètres cubes
d'eau par an.

Les prairies situées sur les flancs des montagnes sont irriguées
pendant tout l'hiver. On n'arrête l'eau que quelque temps avant la
fauchaison. Dans les parties basses arrosées par les eaux provenant
de canaux de dérivation, l'arrosage commence d'ordinaire le 1er avril
pour se terminer du 1er au 15 septembre. La quantité d'eau distribuée varie de 3/4 de litre à 1 litre d'eau par seconde et par hectare.

La région du sud, quoique moins favorisée que la région de l'ouest,
possède une étendue relativement grande de prairies, ainsi que la
statistique l'indique :

DÉPARTEMENTS	PRAIRIES		
	ARROSÉES naturellement	IRRIGUÉES	NI ARROSÉES ni irriguées
Pyrénées-Orientales. . .	790	4 910	3 200
Aude.	2 429	3 880	4 550
Hérault.	4 710	3 730	1 550
Gard.	2 300	4 950	5 200
Ardèche	12 640	9 650	18 830
Drôme.	3 550	7 310	7 230
Vaucluse.	650	4 990	1 850
Bouches-du-Rhône . . .	660	8 350	1 760
Var.	460	2 100	2 960
Basses-Alpes	5 000	11 450	9 020
Alpes-Maritimes. . . .	430	4 260	1 900

Climat du Plateau Central. Région des montagnes du centre. — Il
comprend la Marche, le Limousin, l'Auvergne et la partie montueuse
et septentrionale du Languedoc.

Les altitudes de ces contrées sont comprises entre 600 et 1 800 mètres. La plaine de la Limagne, dont l'altitude est de 426 mètres, ainsi que plusieurs plaines basses, ont un climat tempéré propre à la culture des céréales, des arbres fruitiers, de la vigne et des prairies naturelles et artificielles. Ce climat, sous les altitudes de 600 à 1 000 mètres, a beaucoup d'analogie avec le climat vosgien. Les hivers sont longs et rigoureux, la neige persiste pendant près de six mois sur les pâturages des montagnes. La répartition des pluies n'est pas très régulière ; elles sont surtout abondantes au printemps et à l'automne.

Par suite de la rigueur du climat, la culture est exclusivement pastorale, surtout dans le Cantal.

Pendant l'été, les animaux vivent en permanence en plein air ; lorsque l'hiver arrive, ils sont rentrés et nourris avec les fourrages récoltés pendant la belle saison. La période hivernale est la plus mauvaise pour les bestiaux de la montagne, car les fourrages ne sont jamais en assez grande quantité pour le nombre des animaux.

La litière faisant généralement défaut, les animaux sont obligés de coucher sur la dure, aussi sont-ils dans un mauvais état à la sortie de l'hiver.

Les animaux sont exploités pour le lait et pour la production des jeunes. On se livre rarement à l'engraissement ; les fourrages ne sont pas en quantité suffisante. La vente des jeunes a lieu à l'automne et pendant tout l'hiver ; alors on les envoie par bandes sur les marchés des Charentes, de la Creuse et de la Vienne. Les vaches réformées pour la production du lait sont achetées par les emboucheurs de la Nièvre et de l'Allier, et vont ensuite approvisionner les marchés de Lyon et de Paris.

Par suite de la configuration du sol et de la grande quantité d'eau dont dispose le cultivateur auvergnat, les excréments sont dilués dans l'eau et servent à l'arrosage des prairies situées en contre-bas. Ce sont surtout les prairies de fauche qui sont traitées de cette façon : elles fournissent alors deux coupes par an et servent à alimenter le bétail pendant l'hiver.

L'irrigation dans cette région montagneuse est pratiquée depuis longtemps. Les eaux claires et dépourvues de principes fertilisants ne sont pas toujours employées avec méthode. La plupart du temps les rigoles de distribution sont mal tracées. Dans le Limousin, les prairies sont irriguées pendant presque tout l'hiver jusqu'en mai. L'eau des parties supérieures est captée et maintenue dans des réservoirs appelés « pêcheries » et est ensuite distribuée sur les prairies. Ces réservoirs sont d'une capacité telle qu'ils peuvent se remplir en quarante-huit heures.

La majeure partie des terres de cette région sont dépourvues de chaux et d'acide phosphorique. Les cultivateurs limousins ont déjà fait l'apport de ces deux éléments dans leur sol et ont obtenu des résultats remarquables. La précocité qu'a acquis tout le bétail limousin en est la meilleure preuve.

La surface consacrée à la production herbagère dans cette région se répartit de la façon suivante :

DÉPARTEMENTS	PRAIRIES		
	ARROSÉES naturellement	IRRIGUÉES	NI ARROSÉES ni irriguées
Aveyron	18 250	24 980	22 770
Lozère.	8 110	18 600	14 860
Cantal.	29 350	38 800	29 180
Haute-Loire.	17 530	19 450	27 620
Loire.	20 620	18 940	25 610
Puy-de-Dôme.	23 500	39 130	29 400
Corrèze.	34 750	34 630	8 260
Creuse.	15 340	38 420	13 770
Haute-Vienne.	35 980	51 570	12 100

Climat neustrien. Région du nord-ouest. — Ce climat a beaucoup d'analogie avec celui de l'ouest. Tous les deux sont influencés par le voisinage de la mer, et ce qui a été dit au sujet de l'eau du climat armoricain peut aussi bien se rapporter à l'autre; du reste, certains auteurs les confondent en un seul.

Par suite du relief faiblement prononcé du terrain, l'irrigation y est peu pratiquée, la contrée est tout à fait privilégiée au point de vue du climat. La production herbagère y est très prospère. C'est dans cette région que la belle race normande a son berceau. La composition géologique du sous-sol, la distribution régulière des pluies et l'abondance des ruisseaux et des rivières qui le sillonnent font que les prairies et les herbages donnent de très bons rendements tant au point de vue de la qualité que de la quantité. C'est ce qui explique le développement du bétail qui vit sur ces terrains. Les cultivateurs de la région ont compris le. rôle important que jouent les prairies dans la production agricole. Elles sont l'objet de leurs plus grands soins. L'emploi des composts, des fumiers et des engrais chimiques, les façons culturales, hersage, roulage, ramassage des feuilles, destruction de la mousse, se font couramment. La végétation des prairies ne s'arrête pour ainsi dire pas. Les animaux restent dehors presque toute l'année ; on ne les rentre que lorsque l'eau les chasse des herbages.

Les surfaces réservées aux prairies se répartissent de la façon suivante :

DÉPARTEMENTS	PRAIRIES		
	ARROSÉES naturellement	IRRIGUÉES	NI ARROSÉES ni irriguées
Manche.	29 870	13 570	31 720
Calvados	14 180	9 450	33 060
Orne.	26 980	11 650	35 470
Eure.	5 640	5 000	12 450
Seine-Inférieure	10 000	2 900	17 670
Oise.	3 450	1 700	14 900
Somme.	1 980	1 340	7 540
Pas-de-Calais.	3 400	2 630	13 570
Nord.	9 750	4 650	27 330
Aisne..	14 550	220	20 817

Telle est, approximativement, avec ses différentes catégories, l'étendue des prairies en France. Pour avoir une vue d'ensemble et en tenant compte de la statistique de 1892, on peut la représenter par le tableau suivant :

Prairies naturelles irriguées		
1° Naturellement par les crues de rivières.	1 323 198	hectares
2° A l'aide de canaux d'irrigation ou de travaux spéciaux	1 070 787	—
Non irriguées	2 008 851	--
Herbages pâturés		
De plaines.	905 562	—
De coteaux.	611 827	—
Alpestres.	293 819	—
TOTAL.	6 214 044	hectares

Cette immense étendue de prairies produit en moyenne 163 415 966 quintaux de foin représentant une valeur de 1 236 980 260 fr.

LES PRAIRIES DANS LES DIFFÉRENTES
NATURES DE TERRE

Après avoir passé en revue les prairies sous les climats et dans les régions de France, nous allons étudier les différentes natures de terres dans leurs rapports avec la production herbagère.

Bien que le climat joue un rôle important dans la production de l'herbe, il n'est pas le seul à intervenir : la nature du sol, ses propriétés physiques interviennent pour une large part dans le développement des plantes qui y végètent.

Le climat influe sur *la quantité de produits obtenus*, sur *l'époque du départ et de l'arrêt de la végétation*. Le sol, au contraire, *par sa composition chimique, influe surtout sur la qualité des fourrages*.

Nous en avons un exemple frappant en comparant les prairies de Bretagne avec celles de Normandie, qui jouissent sensiblement du même climat. Les premières, situées en terrains granitiques et schisteux généralement dépourvus de chaux et d'acide phosphorique, donnent des fourrages composés en majeure partie de graminées pauvres en ces éléments, alors que les secondes, situées en terrains calcaires, fournissent des plantes de meilleure composition; les légumineuses (trèfles, luzernes, lotiers) y sont en majorité. Il est donc de toute utilité, pour avoir une idée exacte de la répartition des espèces fourragères sur le territoire français, d'étudier les différentes natures de terres que l'on y rencontre.

Terres provenant de la désagrégation des roches primitives. — Les terres qui proviennent de la désagrégation des roches primitives occupent en France des surfaces considérables, environ 10 millions d'hectares. On les trouve en Vendée, en basse Bretagne, en basse Normandie, en Limousin, en Auvergne et en Corse, dans le Morvan, les Vosges, les Alpes et les Pyrénées.

Certains sols provenant de la décomposition des granits, des gneiss, de la pegmatite, du micaschiste et de la syénite, ont beaucoup d'analogie comme consistance et comme fertilité. Généralement légers et perméables quand la silice domine, ils sont tenaces, compacts, imperméables et froids quand c'est l'argile.

Suffisamment bien pourvus de potasse, ils sont presque tous

pauvres en chaux et en acide phosphorique. Parfois cependant, lorsque l'amphibole entre dans leur composition, ils contiennent un peu de chaux, qui les rend supérieurs aux autres.

La plupart de ces terrains sont peu fertiles; les plantes qui y viennent à l'état spontané sont peu nombreuses. Les graminées occupent la plus grande place, alors que les légumineuses font généralement défaut. Les régions où ces terrains dominent sont ordinairement mouvementées, accidentées, ce qui rend difficiles les irrigations. Les landes y occupent encore de grandes surfaces; mais elles sont cantonnées dans les parties manquant de profondeur et qui ne peuvent produire d'autres cultures. Elles fournissent une certaine quantité de litière, qui sert à entretenir les parties défrichées.

Lorsque les landes situées en terrains profonds sont défrichées et qu'elles sont soumises à l'action des chaulages, des marnages et des phosphatages, elles sont susceptibles de porter de belles prairies; mais les herbes ne peuvent convenir que pour l'élevage et la production du lait, elles ne sont pas suffisamment riches pour permettre l'engraissement des animaux.

La plupart du temps les terres granitiques situées dans les vallées, les bas-fonds, quoique suffisamment riches mais toujours trop humides, ne produisent que de mauvaises herbes. S'il est possible de les assainir, immédiatement la flore change : les joncs et les carex font place aux bonnes graminées. Et si on a soin d'y apporter en même temps de la chaux et de l'acide phosphorique, les légumineuses, trèfles et luzernes apparaissent.

En résumé, les terres granitiques, lorsque leurs propriétés physiques ne sont pas trop accentuées, peuvent porter de bonnes prairies, si l'on a soin de les assainir, de les irriguer et de les amender convenablement.

D'après M. de Lapparent, la composition du granit est la suivante :

Silice	72
Alumine	16
Potasse.	6,5
Soude	2,5
Chaux	1,5
Magnésie	1,5
Oxyde de fer	1,5
TOTAL.	101,5

Terres schisteuses. — Les terres dites « schisteuses » sont formées des débris de terres primitives remaniées par les eaux et soumises ensuite à l'action du feu terrestre et à la compression des roches situées au-dessus d'elles. Il en est résulté des roches ayant des caractères extérieurs qui permettent de les distinguer facilement. Elles fournissent les ardoises, les schistes dont on fait des palisses, des pieux, des auges; elles se clivent, se débitent en lames longues et minces. Les surfaces qu'elles occupent en France sont assez grandes, environ 5 000 000 d'hectares. On en trouve dans la Bretagne, dans l'Anjou, le Maine, le Cotentin, les Ardennes. A Rennes et dans la plus grande partie de la Bretagne, elles sont employées comme pierres de construction. On rencontre des schistes de coloration très différente : il y en a des blancs, des rouges, des verts.

Selon leur texture et suivant que l'action du feu central s'est fait plus ou moins sentir, leur désagrégation est plus ou moins rapide; on les nomme alors « schistes pourris ».

Lorsque les terres schisteuses sont en contact avec les granits, elles contiennent des fragments de quartz plus ou moins grossier et dont on est souvent obligé de débarrasser les champs; celles qui sont mélangées de silice sont généralement perméables, alors que celles formées de débris très fins entraînés par les eaux sont imperméables. Comme la plupart de ces terres manquent de profondeur, elles sont gorgées d'eau en hiver et craignent beaucoup la sécheresse en été. Elles deviennent dures et très difficiles à travailler.

Le domaine de Grandjouan (Loire-Inférieure) possède ces deux catégories de terres; sur les plateaux, le sol est perméable et renferme encore des débris de schistes imparfaitement décomposés. Les roches sous-jacentes affleurent parfois à la surface, ce qui rend le travail très difficile. Les parties basses sont formées d'éléments très fins. Elles sont humides en hiver et très sèches en été. Les bouleaux, les aunes, la bourdaine, la molinie bleue, sont à peu près les seuls végétaux que l'on peut y faire croître. Ce sont des terres très pauvres en éléments fertilisants; aussi les plantes qu'elles portent sont-elles de petite taille. Les petites bruyères, l'ajonc nain, quelques genêts à balais, l'agrostide rouge sont les rares plantes que l'on rencontre à l'état spontané.

Les prairies que l'on établit sur des terres de cette nature ne durent pas longtemps, quoique l'on ait pris le soin de les amender convenablement. Les plantes que l'on a semées disparaissent pour faire place aux plantes qui viennent spontanément. Cependant, dans quelques parties du Maine il y a des terres qui ont été profondément améliorées par la chaux et qui portent de très bonnes prairies. Il en est de même des terres schisteuses situées sur le littoral breton; les calcaires marins les ont modifiées.

Dans toutes les régions où il est possible de les amender et de les fertiliser à bon marché, on peut obtenir de bons résultats dans tous

les sols suffisamment profonds et perméables. Alors ils sont très
aptes à la production fourragère; les animaux eux-mêmes se modifient. La plupart de ces terres se trouvent sous un climat favorable
à la production de l'herbe, de sorte que celles qui ont été améliorées
sont converties en prairies.

Terres provenant de la décomposition des grès. — Le type de ces
terres nous est fourni par la décomposition du grès vosgien, du grès
bigarré. Il y a lieu de distinguer deux sortes de grès : 1° celui dont
les grains de silice sont agglomérés par un ciment ferrugineux ou
siliceux; 2° celui dont les grains de silice sont agglomérés par un
ciment calcaire. La nature des terres qu'ils fournissent est bien
différente. Les premières sont généralement pauvres en chaux, en
acide phosphorique et en potasse. Les sols sont légers, perméables,
faciles à travailler; ils peuvent porter du seigle, des pommes de terre.

Sous le climat des Vosges, qui est humide et froid, les prairies
situées sur le bord des rivières aux eaux limoneuses sujettes à des
débordements périodiques donnent de bons résultats. On cite, en
aval d'Épinal, un sol gréseux qui fut limoné par les eaux de la
Moselle et qui porta dans la suite une très bonne prairie. La valeur
de la terre ainsi amendée atteint le prix de 5000 francs l'hectare;
les frais faits pour obtenir ce résultat ne dépassèrent pas 1100 francs
par hectare.

Les grès dont les grains de silice sont agglomérés par un ciment
calcaire fournissent des sols de meilleure composition. Ils sont toujours légers, perméables, faciles à travailler. Ils sont pauvres en
acide phosphorique et en potasse, mais ils contiennent une certaine
quantité de chaux qui favorise le développement des légumineuses.
Lorsqu'il est possible de les irriguer, de les colmater, ils sont susceptibles de porter de très bonnes prairies.

Terres provenant de la désagrégation des roches volcaniques. —
Bien que l'écorce terrestre soit relativement épaisse, elle ne l'est pas
assez pour résister à la pression exercée de l'intérieur à l'extérieur
par le noyau central encore en fusion. De temps en temps il s'échappe,
par les fissures qui font communiquer la surface du sol avec le noyau,
des roches en fusion qui forment de véritables montagnes. Ce sont
les roches volcaniques, encore appelées « roches éruptives ». Elles sont
apparues depuis les temps les plus anciens, et de nos jours il s'en
forme encore. Ces roches volcaniques sont de natures très diverses;
les unes se désagrègent très rapidement; les autres, au contraire très
dures, résistent plus longtemps à l'action des agents atmosphériques;
elles fournissent des sols de peu de profondeur.

Quoi qu'il en soit, ces roches donnent, par leur décomposition, des terres d'une richesse exceptionnelle. Elles sont incomparablement plus fertiles que les terres schisteuses, granitiques et gréseuses. Les éléments fertilisants, la potasse, la chaux et l'acide phosphorique, s'y trouvent dans une très bonne proportion. Ces terres sont susceptibles de s'améliorer par elles-mêmes. Ordinairement formées d'éléments fins, elles sont généralement perméables, les roches sous-jacentes possédant de nombreuses fissures par lesquelles peut s'échapper l'eau.

On les rencontre dans le Puy-de-Dôme, le Cantal et l'Ardèche, où elles occupent des surfaces importantes. Celles qui manquent de profondeur sont boisées, alors que les autres, plus profondes et mieux situées, sont livrées à la production herbagère et des plantes cultivées.

Les plantes qui croissent à l'état spontané sont bien différentes de celles des terrains granitiques et schisteux. On y trouve de bonnes graminées et des légumineuses en abondance.

Les races locales qui vivent sur ces terres sont généralement développées et donnent de bons produits. Les animaux de la race Salers et de la variété d'Aubrac sont entretenus avec des fourrages qui croissent sur les formations éruptives. Lorsque l'on peut irriguer convenablement les prairies, elles donnent parfois jusqu'à deux coupes par an. Les litières sont généralement peu abondantes, les animaux couchent sur la dure, les excréments sont dilués dans l'eau et répandus sur les prairies situées en contre-bas, ce qui donne d'excellents résultats.

Terres provenant de la désagrégation des calcaires à coquilles (calcaires coquilliers) et des marnes. — Les terres provenant de la désagrégation de ces deux roches ont une composition chimique à peu près identique, mais elles possèdent des propriétés physiques bien différentes.

Les calcaires coquilliers donnent des terres plus ou moins rocheuses, riches en carbonate de chaux, très perméables, faciles à travailler. Lorsqu'il est possible de les irriguer convenablement, elles peuvent porter d'excellentes prairies naturelles où les légumineuses sont abondantes. Si l'eau fait défaut, la culture des légumineuses en prairie temporaire seule y est possible.

Les marnes donnent des terres profondes, aptes à produire de bonnes cultures, mais très difficiles à ameublir. Il n'y a guère que les labours d'hiver, grâce à l'action des gelées, qui puissent les diviser convenablement. A cet état de division elles se montrent assez perméables, elles s'aèrent suffisamment, ce qui permet aux matières fertilisantes de devenir assimilables. Celles qui sont situées en vallée peuvent porter de bonnes prairies, où les légumineuses sont plus ou moins abondantes selon que le calcaire y est en plus ou moins grande proportion.

On en rencontre des surfaces considérables dans les départements de la Haute-Saône, du Jura, des Vosges, de Meurthe-et-Moselle et du Var.

Terres provenant de la désagrégation des roches calcaires dures. — Elles sont aussi appelées « terres jurassiques », en raison de la grande surface qu'elles occupent dans le Jura. On en rencontre dans vingt et un départements de la France, principalement en Bourgogne, en Lorraine, en Franche-Comté, dans le Jura, dans le Languedoc, le Berry, le Poitou, le Lot, le Périgord, les Charentes. Les herbages de la Normandie, du Nivernais et du Charolais appartiennent à cette formation, soit une surface totale de 10 800 000 hectares environ.

Les débris provenant de la désagrégation de ces roches calcaires ont formé des terres ayant sensiblement la même composition chimique, mais qui ne se ressemblent pas au point de vue de leurs propriétés physiques, de la finesse des éléments et de l'assimilabilité du carbonate de chaux.

Celles de formation autochtone manquent de profondeur, les bancs de calcaires non désagrégés par les agents naturels affleurent parfois à la surface, ce qui rend les opérations culturales très difficiles. Ces terres sont formées d'éléments grossiers mélangés à des éléments fins. On y rencontre beaucoup de pierres et de gros graviers. La plupart des sols de ce genre sont arides, ils craignent énormément la sécheresse pendant l'été, ils ne peuvent porter que de maigres pâturages à moutons, comme les causses de l'Aveyron, les coteaux de la Vienne, aux environs de Chauvigny et de Bonnes.

Contrairement à ce qui se passe pour les terres granitiques et schisteuses, la lande ne s'y développe jamais. Il n'y a guère que quelques genévriers et buis qui puissent venir sur ces terres arides. Il ne faut donc pas penser à créer de prairies dans des sols de cette nature. Dans les situations où il est possible de disposer d'eau en grande quantité, on peut obtenir de bons pâturages ; mais le plus souvent il ne faut pas y songer, car les roches calcaires sont généralement très filtrantes, et il serait difficile de se procurer l'eau nécessaire.

Les terres calcaires de formation hétérochtone occupent le plus souvent le fond des vallées. Elles contiennent en proportion convenable le calcaire, l'argile et le sable. Elles sont suffisamment fraîches et perméables. Ce sont elles qui portent les herbages si réputés du

Charolais, du Nivernais, de la Normandie, convenant particulièrement à l'engraissement des bovidés. Les animaux qui vivent sur ces terrains ont le squelette fort et sont de grande taille.

Les prairies naturelles établies en terres jurassiques sont généralement de bonne composition, si on a le soin de les assainir et de les irriguer lorsque cela est nécessaire. Les graminées et les légumineuses s'y trouvent en bonne proportion.

Terres provenant de la désagrégation des calcaires crayeux. — Là encore, nous avons affaire à des terres de fertilité très différente, selon la situation qu'elles occupent. Le calcaire crayeux est plus tendre, plus friable que le calcaire jurassique; il tache les doigts.

Les terres crayeuses occupent une très grande surface, environ 6 400 000 hectares. On en trouve dans les départements de l'Aube, de la Marne, de l'Aisne, où elles constituent la région dénommée « Champagne pouilleuse », en raison de sa stérilité. Généralement perméables, elles sont formées de calcaire très ténu, mélangé de rognons de silex. C'est dans des terres de cette nature que les cultivateurs disent « que les pierres poussent ». L'eau chargée d'acide carbonique dissout le calcaire, et il reste le silex qui n'est pas attaqué.

La majeure partie des terrains de cette formation sont arides, secs, et ne peuvent porter que de faibles récoltes et de maigres pâturages à moutons. La matière organique et l'humidité y font défaut. Il est nécessaire de les fumer souvent et à petite dose. L'aération de ces sols étant très grande, les combustions sont rapides, la nitrification, par suite de la présence de la chaux, est très active; c'est ce qui explique la disparition si rapide de l'humus.

Les terres crayeuses, situées dans les vallées, peuvent, comme leurs congénères des terrains jurassiques, porter de bonnes prairies lorsqu'il est possible de les arroser. Les prairies de la vallée de la Marne fournissent un foin de bonne qualité. Celles qui sont formées d'éléments fins sans rognons de silex et qui ne peuvent être arrosées sont aptes à produire des céréales et à porter des prairies artificielles. Cependant, dans quelques régions, la région du Nord notamment, la craie joue un rôle bienfaisant lorsqu'elle forme le sous-sol et qu'il s'est déposé des limons dessus; il suffit d'incorporer progressivement par des labours profonds la craie avec le sol, pour obtenir des terres de bonne qualité pouvant porter de très bonnes prairies naturelles.

Terres tertiaires. — En suivant l'ordre chronologique de formation de la terre végétale, nous rencontrons des dépôts considérables dans le bassin de Paris, dans la Sologne et dans les landes de Gascogne. Ce sont les terrains tertiaires. On y trouve les terres les plus diverses,

des terres très argileuses, des calcaires, des marnes et de grandes
étendues de sable, notamment dans les Landes et dans la Sologne.
Leur surface est généralement plane, sans brusques dépressions.
Leur aptitude à la production herbagère dépend de leur situation, de
leurs propriétés physiques et chimiques.

Terres de formation alluvionnaire. — A une époque plus récente,
appelée « époque quaternaire » par les géologues, les eaux ont atteint
de grandes hauteurs. Ces eaux, après avoir érodé les parties supérieures, se sont chargées de limon qu'elles déposèrent dans les
thalwegs. Ces dépôts ont formé des terres franches, des terres
riches, suffisamment bien pourvues d'éléments fertilisants et ayant
des propriétés physiques différentes selon que l'argile, le calcaire
ou la silice dominent. Elles couvrent près de 50 000 hectares en
France. On les trouve dans l'Aisne, le Nord, le Cher, l'Indre, le Cal-
vados, en Vendée, dans la Beauce, la Dombes et en Gascogne. Elles
sont situées à une altitude supérieure aux alluvions modernes. Selon
le climat sous lequel elles sont situées, elles sont aptes à produire la
plupart des plantes cultivées; lorsqu'elles sont suffisamment fraîches
elles peuvent porter d'excellentes prairies.

Il existe encore des terres de formation récente; ce sont : les
terres de marais, les terres d'atterrissement, les polders et les terres
tourbeuses, dont nous allons parler.

Terres de marais ou paludéennes. — Les terres de marais ont été
déposées par de petits cours d'eau. Elles peuvent se former de deux
manières différentes, selon la nature des terres que les eaux traversent. Lorsqu'elles traversent des terres calcaires, elles sont toujours
chargées de bicarbonate de chaux, qui finit par se précipiter. Ce sont
généralement des terres complètes, qui, lorsqu'elles ne sont pas trop
mouillées, peuvent porter de bonnes prairies.

Il n'en est plus de même des terres déposées par les eaux qui
ont traversé les sols schisteux ou granitiques, dépourvus de carbonate de chaux. Elles forment des marécages qui se couvrent d'une
végétation de plantes aquatiques, acides. On y rencontre parfois
d'importantes tourbières, qui ne peuvent être transformées en prairies qu'après avoir été assainies et amendées.

Terres d'atterrissement. — Les terres d'atterrissement ne sont
autres que les surfaces abandonnées par la mer. Elles sont de natures
très diverses selon les différents points où on les rencontre. La plupart sont sableuses et ne peuvent porter que des pins maritimes.

On rencontre des sols de cette nature sur tout le littoral de la

Gascogne; sur le littoral breton et normand, les sables sont parfois siliceux, mais le plus souvent ils sont calcaires et d'une grande finesse. Associés à des débris de coquilles et à des vases, ils forment des terres très riches. La *Ceinture dorée de Bretagne* comprend toute la partie du littoral où l'on rencontre ces vases calcaires appelées *tangue*. Lorsqu'il est possible de les assainir et de les dessaler, elles se convertissent en d'excellentes prairies où les légumineuses sont bien représentées. Les herbages si renommés d'Isigny, les plus voisins de la Manche, sont établis sur des terrains de cette formation. On en rencontre aussi d'importantes étendues dans l'anse de l'Aiguillon, sur le littoral vendéen.

Terres des polders. — Elles diffèrent des précédentes en ce qu'il est nécessaire d'établir des digues pour éviter le retour de la mer sur ces terrains, au moment des grandes marées. Dans la baie de Pontorson, les polders ne sont pas convertis en prairies; les cultivateurs ont avantage à y faire des cultures maraîchères, des céréales ou de la luzerne. Cependant, après avoir été dessalés par les eaux fluviales et mis à l'abri de la mer, les polders sont susceptibles de porter des herbages de bonne qualité; les cultures du littoral de la Hollande sont presque toutes établies en polders.

Terres tourbeuses et terres de bruyère. — Les végétaux qui se développent sur les *sols dépourvus de calcaire* laissent, en se décomposant sur place, des débris noirâtres, légers, qui absorbent et conservent l'eau avec une grande facilité.

Lorsque l'amas de matières organiques qui forme le sol provient de la décomposition de végétaux qui ont crû dans l'eau, le sol est dit *tourbeux*.

Lorsque les végétaux appartiennent à la catégorie des bruyères, des genêts et des ajoncs, qui croissent en dehors de l'eau, la matière organique qu'ils forment, mélangée en proportion variable avec du sable ou de l'argile, constitue la *terre de bruyère*.

Quels que soient l'origine et le mode de formation de ces deux natures de sols, ils sont acides. Les végétaux, en se décomposant, produisent des acides divers. Comme il n'y a aucune base pour neutraliser cette acidité, les résidus qui en proviennent sont forcément acides. L'humus, provenant des débris végétaux, se combine avec la chaux du calcaire pour former de l'*humate de chaux*, corps neutre. Lorsque le degré d'humidité, de chaleur et d'aération est suffisant, ce corps devient le siège d'une fermentation appelée « nitrification », due à des êtres organisés; il y a formation de nitrate, qui est ou assimilé par les plantes, ou éliminé par les eaux pluviales. C'est ce qui explique pourquoi l'humus ne peut exister en grande quantité en sols calcaires.

Les terres humifères telles qu'on les trouve sont infertiles, elles manquent de matières minérales. La chaux, l'acide phosphorique et la potasse y font défaut.

Les terres tourbeuses sont souvent trop mouillées. Avant de les mettre en culture, il est indispensable de les assainir. On en rencontre un peu partout sur le territoire français, mais ce sont les départements de la Somme et de l'Oise qui en possèdent la plus grande étendue.

Les terres de bruyère occupent de grandes surfaces dans toute la Bretagne, la Sologne et la Guyenne. Elles manquent des mêmes éléments que les terres tourbeuses, mais elles sont généralement plus saines.

En résumé, pour obtenir de bonnes prairies dans des sols humifères, il faut les assainir et employer de la chaux, de la marne, des phosphates de chaux, des engrais potassiques en quantité suffisante pour neutraliser l'acidité du sol et pour fournir aux plantes les matières minérales dont elles ont besoin.

On pourra les irriguer, mais à la condition de n'employer que des eaux neutres ou chargées de chaux; ce que l'on obtient en les faisant barboter dans une citerne remplie de cette base.

RAPPORTS EXISTANT ENTRE LE CLIMAT, LE SOL ET LA FLORE D'UNE RÉGION

Le climat, avons-nous dit, semble avoir pour effet d'augmenter ou de diminuer la quantité de produits, de hâter ou de retarder l'époque du départ de la végétation et de la maturité des plantes, tandis que la composition chimique du sol modifie surtout la qualité des fourrages. Chaque végétal lui-même a des exigences particulières ; c'est ainsi, par exemple, que les graminées aux racines fasciculées et très exigeantes en *azote* domineront toujours dans les sols granitiques, schisteux ou tourbeux où la matière organique, source de l'azote dans les sols, a tendance à s'accumuler. Les légumineuses, au contraire, qui ont la propriété de puiser une certaine quantité d'azote dans l'atmosphère grâce à la présence d'êtres microscopiques qui se trouvent dans les nombreuses nodosités de leurs racines, prendront le plus de place dans les sols calcaires suffisamment bien pourvus d'acide phosphorique. Il suffit d'examiner la flore des terrains argileux ou siliceux et des terrains calcaires pour se rendre compte de ce fait. Mais parmi ces deux catégories de plantes, il en est qui viennent bien en sols frais, d'autres en sols mouillés, enfin d'autres qui se contentent de sols secs.

Les propriétés physiques des terres ont un rapport des plus étroits avec le climat d'une région.

Sous le climat brumeux de la Bretagne et de la Normandie, les terres siliceuses ou calcaires, perméables et légères, sont très favorables à la production de l'herbe, alors que les mêmes terres situées sous le climat méditerranéen, girondin ou du centre, ne peuvent donner de bons produits qu'étant irriguées copieusement.

Les terres argileuses, au contraire imperméables, compactes et tenaces sous les mêmes climats, donnent des résultats tout autres. Sous les climats où il pleut beaucoup, elles se gorgent d'eau pendant l'hiver, la végétation part très tardivement au printemps, et la flore est celle des terrains mouillés : des joncs, des carex, des patiences, etc. Sous un climat sec, elles accumulent pendant l'hiver une réserve d'humidité qui est très favorable au développement des plantes pendant l'été. C'est seulement dans des terres de cette nature que l'on peut établir des prairies. Les limons des plateaux de la Chalosse (Landes) portent d'excellentes prairies à base de graminées, où l'on ne trouve plus les plantes aquatiques que l'on rencontre dans les mêmes sols de Bretagne. Cependant ce sont, dans les deux cas, des terres dépourvues de chaux.

Connaissant le *climat*, la *composition chimique* d'un sol ainsi que ses *propriétés physiques*, il sera donc facile de prévoir quelle sera la flore spontanée. On ne gardera dans celle-ci que les meilleures plantes. Ces données nous serviront de base pour l'établissement d'une prairie dans une station déterminée.

CLASSIFICATION DES PRAIRIES

Nous classerons les prairies en :

1º Prairies naturelles ou permanentes ;

2º Prairies artificielles ou temporaires.

Les *prairies naturelles* comprennent les surfaces qui se sont engazonnées spontanément ou qui l'ont été par la main de l'homme, mais pour une durée indéterminée.

Les *prairies artificielles* sont les surfaces engazonnées par l'homme dont l'on peut prévoir l'époque probable de défrichement.

PREMIÈRE PARTIE

PRAIRIES NATURELLES

Pour faciliter l'étude du sujet, il est nécessaire d'établir une classification des prairies naturelles ; nous les diviserons en : 1° prairies de fauche ; 2° herbages ; 3° pâturages.

Les *prairies de fauche* sont celles dont l'herbe est coupée pour être convertie en foin.

Il y a lieu de subdiviser ces prairies en :

a) Prairies de fauche dont le regain est *coupé* et *fané ;*

b) Prairies de fauche dont le regain est *pâturé* sur place. Cette sous-division a son importance, car selon que le regain est destiné à être fané ou pâturé les plantes que l'on associera seront différentes, comme nous le verrons plus loin.

Les *herbages* sont les surfaces engazonnées situées sur un sol et sous un climat assez favorable pour permettre la végétation d'espèces qui, pâturées sur place, peuvent mener à bien l'engraissement des bovidés. La Normandie, le Nivernais, le Charolais, la Vendée possèdent de grandes étendues d'herbages.

Les *pâturages*, généralement établis sur les coteaux, les montagnes ou en terrains maigres, sont les surfaces qui produisent une herbe ne pouvant être fauchée et ne se développant pas suffisamment pour permettre l'engraissement des bovidés. Les pâturages sont parcourus par les animaux d'élevage, les vaches laitières et les moutons. On en rencontre de grandes étendues dans le Plateau Central, les coteaux de l'Aveyron (Causses), le Berry, la Sologne, les Pyrénées et les Alpes.

I. — PRAIRIES DE FAUCHE

Procédés employés pour l'obtention des surfaces enherbées. — Les procédés employés pour obtenir les surfaces engazonnées varient avec les régions, le climat, le sol et le but que l'on se propose d'atteindre. Ils sont au nombre de trois : 1° engazonnement naturel ; 2° transplantation des gazons ; 3° ensemencement.

Engazonnement naturel. — Ce procédé est encore très employé sous les climats brumeux, dans les sols argileux et frais qui se couvrent naturellement d'une végétation herbacée, sans qu'il soit besoin d'y répandre de graines. Très usité dans le Marais vendéen, dans les Dombes, un peu dans le Nivernais, le Charolais. Voici comment l'on opère en Vendée, aux environs de Luçon. Lorsqu'une prairie est épuisée, on la retourne à l'automne, à la charrue ou à la bêche ; le terrain est mis en billons afin que l'eau ne nuise pas aux cultures qu'il portera. Puis, en novembre ou au commencement de décembre, on y sème des féveroles d'hiver ; si le terrain n'a pu être préparé à cette époque, on sème des féveroles de printemps. La plupart du temps ces féveroles sont semées à la volée et recouvertes avec la herse ; on ne donne généralement aucune façon d'entretien.

Lorsque les féveroles sont mûres, on les enlève et on les transporte à la ferme pour être battues. On prépare ensuite le sol par un ou deux labours, pour recevoir un froment, une orge ou une avoine. Dans les environs de l'Aiguillon-sur-Mer, l'orge est à peu près la seule céréale que l'on cultive.

On fait ainsi deux ou trois récoltes sur le même terrain sans mettre de fumier. Celui-ci est transformé en gâteaux de 40 centimètres de diamètre qui, après dessiccation, sont employés comme combustible par les habitants. Le peu qu'il en reste est répandu sur les terres légères du domaine. Après l'enlèvement de la dernière céréale que l'on se propose d'y faire, le sol est aplani et on le laisse s'enherber. Comme le climat est favorable, que le sol est suffisamment frais, au printemps on a une surface enherbée que l'on peut faucher ou faire pâturer. Le terrain n'étant pas cultivé pendant longtemps, les graines qui étaient tombées sur le sol sont en quantité suffisante pour permettre l'établissement rapide du gazon.

Ce sont généralement les herbages que l'on traite de cette façon, car lorsqu'une prairie commence à s'épuiser on la livre à la dépaissance. Les parties enherbées du domaine sont successivement livrées à la culture au fur et à mesure que leur épuisement arrive.

Quels sont donc les avantages et les inconvénients d'un tel procédé? Il n'y a qu'un avantage : l'économie de frais d'ensemencement, s'élevant de 60 à 70 francs par hectare.

Par contre, les inconvénients sont nombreux. Les plus importants sont les suivants :

1° *La surface est engazonnée irrégulièrement;* il reste de nombreux vides qui sont occupés dans la suite par de mauvaises plantes, appartenant la plupart à la famille des composées (cirse des champs, barkhausie, seneçon jacobée, etc.), dont les graines, munies d'une aigrette, sont disséminées avec facilité par les vents ;

2° *Les mauvaises plantes dominent.* Les animaux qui pâturent sur les prairies consomment évidemment les meilleures plantes. Il n'y a que celles de mauvaise qualité qui mûrissent leurs graines et sont susceptibles de réensemencer le sol lorsqu'on le laisse s'enherber. On y voit en abondance l'orge faux-seigle, l'orge fausse queue-de-rat, l'orge maritime, la gaudinie, le vulpin genouillé, les chardons, le seneçon jacobée, etc. ;

3° Comme les matières minérales enlevées au sol par les récoltes précédentes ne sont pas restituées, les bonnes espèces finissent par disparaître pour laisser la place à des plantes de qualité inférieure, moins exigeantes ;

4° La quantité de produits se trouve notablement diminuée pendant les deux ou trois premières années.

C'est donc un procédé condamnable à bien des points de vue.

Transplantation des gazons. — Ce mode d'engazonnement est peu usité. On ne l'emploie guère que pour établir des pelouses, des bordures, mais rarement pour de grandes surfaces.

Nous empruntons à Girardin et Dubreuil (1) la description de ce procédé (*fig.* 2 et 3) :

« Le sol étant bien préparé, on y trace, avec un rayonneur, des lignes distantes de 0^m,08 les unes des autres; après quoi, on cherche une partie couverte d'un gazon épais déjà anciennement formé et composé de plantes de bonne qualité et surtout à racines traçantes. On la découpe par bandes au moyen

---

(1) GIRARDIN et DUBREUIL, *Traité élémentaire d'agriculture* (Paris, Masson, 2 vol. in-18).

du tranche-gazon de Rey de Planazu, dont les lames sont disposées de façon à lais-
ser entre elles un espace
de 0ᵐ,08 ; on fait passer ensuite, dans la direction de
ces bandes, une charrue
qui renverse alternative-
ment deux tranches de ga-
zon et en laisse une intacte.
Ces bandes étant coupées
par fragments de 0ᵐ,08 de
longueur, on les enlève,
puis on répète la même
opération, mais dans une
direction perpendiculaire à
la première ; de sorte que
ce champ (A), ainsi partiellement dépouillé, reste couvert de petites plaques de
gazon de 0ᵐ,08 carrés, séparées les unes des autres
par un espace vide de 0ᵐ,16.
La profondeur à laquelle
doit pénétrer la charrue
destinée à lever les gazons
doit être réglée de manière
à conserver à ceux-ci une
épaisseur de 0ᵐ,05 à 0ᵐ,07.

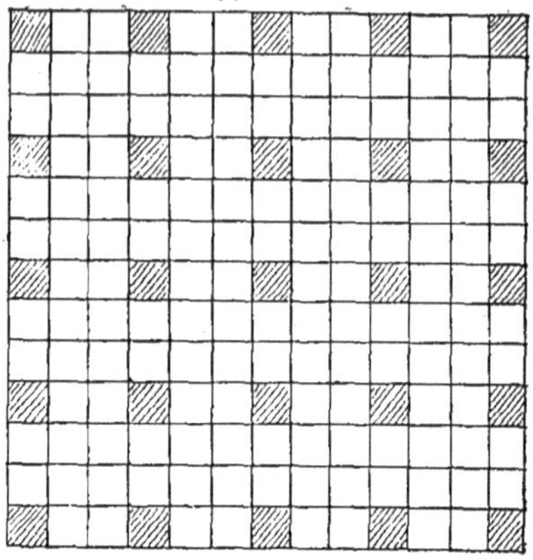

Fig. 2. — Surface d'une prairie
après l'enlèvement partiel du gazon.
Les carrés en hachures indiquent les endroits
où le gazon a été enlevé.

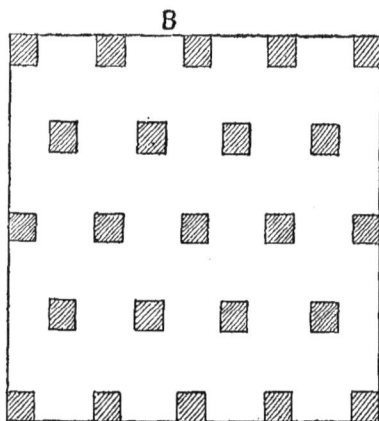

« A mesure que les ga-
zons sont détachés, on les
transporte sur le champ à
engazonner (B), où on les
enterre à moitié en les dis-
posant en quinconce et en
laissant entre eux un espace
vide de 0ᵐ,16. Les lignes
tracées au préalable par le
rayonneur guident les ouvriers. Immédiatement après, on répand

Fig. 3. — Prairie gazonnée au moyen
de la transplantation.
Les carrés en hachures indiquent les endroits
transplantés en gazon.

sur toute la surface du champ un demi-ensemencement avec des graines de très bonnes espèces. Cette semaille hâte l'engazonnement des parties qui restent vides entre les plaques de gazon. On termine en faisant passer un rouleau pesant, qui achève d'enfoncer ces plaques jusqu'au niveau du sol.

« Par ce procédé, un hectare de prairie peut en ensemencer huit, tout en y laissant assez de gazon pour remplacer bientôt celui dont il vient d'être privé.

« Il est bon de prendre certaines précautions pour que la reprise des plantes soit assurée. On ne doit détacher de gazons que ce que l'on pourra placer dans la journée, autrement les racines seraient fatiguées et la reprise serait difficile. Cette opération est pratiquée à l'automne pour les sols légers et au printemps dans les sols compacts.

« Quant à la prairie que l'on a partiellement dépouillée, on y répand un demi-ensemencement de bonnes graines et une bonne fumure pour lui faire réparer ses pertes ; on y suspend la récolte pendant plusieurs années et on lui applique plusieurs roulages. »

Ce mode de procéder a des avantages et des inconvénients. Sur la prairie nouvellement engazonnée, le gazon est très promptement composé des espèces qui peuvent s'associer et donner un bon fourrage. Cette prairie arrive beaucoup plus vite que par l'ensemencement à un état stable et à son plus haut degré de production.

Les inconvénients ne sont pas moins nombreux : les frais de découpage, de transport et de transplantation joints à ceux de fumure, roulage, etc., sont très élevés ; on ne peut avoir un rendement régulier qu'après deux ans de création. On pourra cependant employer ce procédé lorsqu'il s'agira de former une prairie irriguée sur une pente rapide ou sur un terrain très sablonneux ou couvert de galets roulés ; les gazons transplantés seront alors moins facilement déracinés par l'action des eaux que les jeunes plantes résultant de l'ensemencement.

Ensemencement du gazon. — Nous avons vu que les deux procédés précédemment décrits ont des inconvénients nombreux et qu'ils ne peuvent être employés que dans des situations particulières.

La méthode par ensemencement est de beaucoup préférable. En effet, lorsque le sol est bien préparé, amendé et fumé, on obtient tout de suite, en y répandant les semences d'espèces parfaitement choisies, un très bon gazon qui se laisse difficilement envahir par les mauvaises plantes. Certains cultivateurs, dans le but d'obtenir dès les premières années une grande quantité de fourrage, mettent dans le mélange une proportion de légumineuses à grand rendement, telles que le trèfle des prés et la luzerne. Il est évident que les résultats sont bien meilleurs au début; mais les légumineuses ont des racines pivotantes, qui vont explorer très profondément les couches du sous-sol. Elles en drainent les principes minéraux utiles, notamment l'acide phosphorique et la potasse. Comme ceux-ci sont retenus très énergiquement par le pouvoir absorbant du sol, il s'ensuit que les engrais phosphatés et potassiques que l'on mettra à la surface du sol ne descendront que très lentement dans les profondeurs du sous-sol. Lorsqu'il n'y en aura plus en quantité suffisante, les légumineuses disparaîtront, le rendement baissera et les graminées prédomineront. Il ne faut donc mettre dans le mélange que la quantité strictement nécessaire de légumineuses.

En employant des semences de plantes dont on connaît les exigences et en s'appuyant sur la composition du foin obtenu, il sera possible de conserver la prairie au même degré de fertilité pendant un temps illimité.

Si les frais de création sont plus élevés que dans l'engazonnement naturel, ils sont largement compensés par l'uniformité et la qualité de la récolte obtenue dès la première année. La nécessité d'avoir recours au semis d'espèces déterminées pour obtenir promptement un bon gazon étant démontrée, nous allons examiner quels sont les principes et les règles à suivre pour la création d'une prairie.

CRÉATION D'UNE PRAIRIE

Principes généraux. — Nous avons vu qu'il existe une étroite relation entre le climat, la nature du sol, sa composition chimique, ses propriétés physiques et la flore qu'il porte. D'un autre

côté, le cultivateur doit chercher à produire les plantes qui uti-
liseront au mieux toutes ces conditions, ou donneront les meilleurs produits, tant en quantité qu'en qualité. Il est donc
indispensable qu'il connaisse les exigences de ces plantes et
la valeur des produits qu'elles sont susceptibles de lui fournir.

L'analyse chimique du sol et des plantes peut lui donner
d'utiles indications. Il est évident que des plantes qui seront
riches en chaux, en acide phosphorique, en potasse, etc., ne prendront leur complet développement que dans des sols suffisamment bien pourvus de ces éléments; *les plantes ne sont que le
reflet du sol.*

L'analyse chimique n'est pas la seule dont doit tenir compte
le cultivateur; l'analyse botanique des végétaux qui viennent
spontanément sur les terrains voisins de celui que l'on se propose d'ensemencer est aussi bonne à consulter.

Parmi les nombreuses espèces de plantes qui peuvent venir
sur un sol de composition déterminée, on n'en prendra que
deux ou trois, celles qui rempliront les meilleures conditions
au point de vue de la quantité et de la qualité du foin. On évitera
avec soin, par exemple, de semer dans un sol argileux des
agrostides, de la houlque laineuse, de la flouve odorante, qui sont
des plantes très envahissantes et donnant un foin de faible
valeur. En ayant soin de mettre les deux ou trois meilleures
espèces qui végètent spontanément sur un terrain, associées
avec celles dont l'on veut faire la base de la prairie, elles s'opposeront à l'envahissement du sol par les espèces de mauvaise
qualité.

Certains auteurs prétendent qu'il faut contrarier le moins
possible la flore d'une région déterminée, que tôt ou tard les
espèces locales les plus envahissantes finiront toujours par faire
le fond de la prairie. Nous pensons, au contraire, que si les espèces locales ont des tendances à prédominer dans les prairies
laissées à l'abandon, le cultivateur peut éviter de les laisser
apparaître en maintenant un milieu favorable au développement
des espèces introduites.

D'autres vont jusqu'à conseiller l'addition dans les mélanges
d'une série de plantes diverses appartenant à la famille des
composées, comme les centaurées, l'achillée mille-feuilles, etc.

Quoique ces plantes soient acceptées par les animaux, elles ne fournissent qu'un fourrage grossier, de mauvaise qualité; de plus, elles apparaissent toujours trop tôt dans les sols secs qui commencent à s'épuiser. On n'introduira donc dans le mélange que les plantes appartenant à la famille des graminées et des légumineuses.

Avant d'aller plus loin, il est nécessaire de connaître la quantité d'éléments fertilisants enlevés au sol par les plantes de ces deux familles. Lorsque nous aurons ces données, il nous sera facile de préparer le sol en connaissance de cause.

Éléments fertilisants enlevés au sol par les plantes des prairies de la famille des graminées et de celle des légumineuses. — L'analyse chimique de ces plantes nous indique la quantité d'éléments fertilisants enlevés au sol.

Des chimistes consciencieux ont fait de nombreuses analyses d'une même plante. Ils ne sont pas tous arrivés aux mêmes résultats, tout simplement parce qu'ils opéraient sur des plantes venues sur des sols de composition chimique différente.

M. Joulie a interprété d'une façon heureuse les résultats si divergents des analyses faites par ces divers chimistes. Nous lui empruntons le tableau suivant, qui donne la composition moyenne des deux catégories de plantes qui nous intéressent :

ÉLÉMENTS FERTILISANTS	DANS 1000 KILOGRAMMES de fourrage sec	
	GRAMINÉES	LÉGUMINEUSES
Azote.	12,39	27,48
Acide phosphorique.	4,68	6,48
Acide sulfurique.	3,66	3,56
Chaux	4,95	23,45
Magnésie.	1,39	3,92
Potasse.	18,14	23,07
Soude	1,34	3,70
Oxyde de fer	2,21	1,77
Silice.	75,31	21,81

L'examen de ce tableau nous montre que les légumineuses sont plus riches en azote, en acide phosphorique, en chaux et en potasse ; ce qui nous explique pourquoi les graminées sont si abondantes sur les terrains primitifs et granitiques, alors que les légumineuses se trouvent en proportion plus grande sur les terrains jurassiques, crétacés et volcaniques.

L'apport de ces éléments dans un sol qui en est dépourvu devra donc précéder l'introduction des plantes légumineuses. Les plantes de ces familles associées dans de bonnes proportions peuvent vivre sur le même sol.

Nous l'avons déjà vu, les légumineuses, avec leurs racines qui s'enfoncent profondément dans les sous-sols, y puisent les éléments minéraux qui sont utiles à leur alimentation. Les graminées, au contraire, avec leurs racines fasciculées traçantes, explorent surtout la partie superficielle du sol, de sorte que l'association bien comprise des légumineuses et des graminées est avantageuse à deux points de vue :

1° On fait utiliser par les plantes un plus grand cube de terre, l'épuisement de celui-ci est moins rapide, le produit est obtenu à un prix de revient plus faible ;

2° Les légumineuses, ainsi que nous l'indiquent les nombreuses analyses qui ont été faites, sont plus riches en principes alimentaires que les graminées ; de sorte que le foin résultant du mélange des plantes de ces deux familles est de meilleure qualité.

M. Joulie, qui s'est beaucoup occupé de cette question, dit que 1 000 kilogrammes de foin séchés à 100° devraient contenir en :

Azote   19,93
Acide phosphorique   5,58
Chaux   14,20
Magnésie   2,65
Potasse   20,60

Les graminées, même les plus riches, sont loin d'avoir la composition des légumineuses, ainsi que l'indique le tableau suivant, emprunté à l'ouvrage de M. Boitel :

Composition de 1 000 kilogrammes de plantes séchées à 100°

ESPÈCES	AZOTE	ACIDE phosphorique	CHAUX	MAGNÉSIE	POTASSE
Graminées					
Pâturin commun..	10,08	4,66	4,32	0,95	16,82
— des prés..	9,86	4,22	6.06	2,11	15,08
Fléole........	7,72	4,13	3,21	0,16	16,61
Vulpin des prés...	10,60	5,94	6,47	1,70	20,91
Ray-grass vivace..	10,00	4,32	5,04	2,31	21,11
*Fromental.......	13,46	6,75	3,35	0,85	36,30
Avoine jaunâtre...	15,76	5,98	4,45	1,16	26,55
Dactyle........	9,70	4,49	3,45	1,45	30,87
Fétuque élevée...	9,64	3,69	4,80	2,08	26,64
Fétuque des prés...	18,86	5,54	6,03	1,20	21,83*
Brome des prés...	10,60	3,62	3,67	1,11	13,59
Houlque laineuse..	9,22	4,76	5,30	1,78	13,10
Légumineuses					
Trèfle ordinaire...	19,78	7,21	19,65	3,38	37,57
Trèfle hybride....	20,32	12,05	20,84	7,54	22,15
Sainfoin........	25,50	10,82	14,34	3,89	27,37

A l'aide de ce tableau, il sera facile, en tenant compte de la proportion des différentes espèces dans le foin, de calculer les éléments fertilisants enlevés au sol par une récolte d'un poids déterminé. Il suffira de restituer ces principes fertilisants sous la forme qui conviendra le mieux à la nature du sol pour maintenir la prairie toujours au même degré de fertilité.

Composition chimique du sol. — Les végétaux contiennent de l'azote, de l'acide phosphorique, de la chaux, de la potasse, de la magnésie, etc.

L'azote est puisé à deux sources, soit dans l'atmosphère, soit dans le sol. Les légumineuses, grâce à la présence de bactéries dans les nodosités de leurs racines, jouissent de la propriété d'en soutirer une grande quantité à l'atmosphère.

Quant aux autres éléments, ils sont pris exclusivement dans le sol. Il faut donc que celui-ci les contienne si nous voulons voir les plantes pousser vigoureusement.

Nous allons examiner successivement sous quel état chacun de ces éléments se trouve dans le sol, sous quelles formes ils sont assimilés par la plante, et l'influence de chacun d'eux sur la végétation.

Azote. — Les eaux météoriques apportent au sol une certaine quantité d'azote nitrique et d'azote ammoniacal, qui est loin d'être négligeable; certains savants l'évaluent à 10 ou 13 kilos par an à l'hectare.

Le sol, par suite des végétations antérieures qui se sont développées à sa surface et des modifications diverses qu'ont subies les débris des végétaux, contient de l'azote sous trois formes : 1° l'azote organique; 2° l'azote ammoniacal ; 3° l'azote nitrique.

L'azote nitrique et l'azote ammoniacal peuvent seuls être absorbés directement par les plantes. Quant à l'azote organique, il ne peut être utilisé qu'après avoir subi certaines transformations qui le feront passer à l'état minéral. Nous verrons, dans le chapitre suivant, quelles sont les conditions que doit remplir le sol pour que ces transformations aient lieu.

La quantité d'azote contenue dans un sol, toujours limitée, est très variable. Il en est de même des formes sous lesquelles il se présente. Certains sols dans lesquels la matière organique fait défaut ne contiennent cet élément qu'en faibles proportions; d'autres, riches en humus, en renferment un taux élevé. M. Joulie estime qu'une terre qui renferme 2 pour 1 000 d'azote est assez bien pourvue de cet élément.

Les sols dans lesquels se sont accumulés les débris végétaux, les sols tourbeux ou les sols de vieille prairie, sont bien plus riches en azote. Seulement, cet azote n'est pas assimilable. Il faut qu'il soit transformé en ammoniaque ou nitrate. Les conditions nécessaires à cette transformation ne sont jamais remplies dans les sols où les matières organiques se sont accumulées outre mesure. En effet, pour que cette transformation se fasse, il faut un milieu neutre ou légèrement alcalin, aéré, suffisamment humide et à température élevée. Or, les sols tourbeux et les sols des vieilles prairies mal entretenues sont toujours acides et insuffisamment aérés, et c'est ce qui explique pourquoi les matières organiques ont tendance à s'y accumuler. Malgré cela, le cultivateur est obligé parfois d'en ajouter sous une forme assimilable, telle que le nitrate de soude, ou de modifier le milieu pour que la nitrification ait lieu.

L'azote pris par les plantes favorise le développement des parties herbacées des végétaux ; il hâte le départ de la végétation et en retarde l'arrêt. Lorsqu'il y a une quantité suffisante d'azote assimilable dans une prairie, les graminées se développent beaucoup et toutes les plantes prennent une teinte verte caractéristique. Si l'azote n'est pas en quantité suffisante, les plantes prennent une teinte glauque.

Acide phosphorique. — L'acide phosphorique est, de toutes les substances minérales utiles aux plantes, celle qui a le plus d'importance pour la pratique. On le trouve combiné dans le sol à des bases très diverses, à la chaux, à l'alumine, au fer ou à la magnésie. Presque toujours à l'état insoluble, il ne rentre dans la circulation végétale que grâce à l'acidité des racines. On le rencontre dans toutes les parties de la plante ; mais il se concentre surtout dans les fruits, dans les graines.

Il fait partie du squelette des animaux, et lorsqu'il fait défaut dans le sol, comme cela a lieu dans certaines parties de la France, les animaux restent petits, rachitiques. Au contraire, dans les régions où il est en abondance, les animaux sont de taille élevée.

Il favorise le développement des légumineuses et pousse les plantes à la fructification ; sous son influence, les tissus deviennent plus denses et résistent mieux à la verse ; les plantes mûrissent plus hâtivement.

Il est absorbé constamment par les grains et par les animaux ; aussi est-il nécessaire de le restituer. C'est lui qui, sous la forme de phosphate de chaux, est le grand régulateur de la flore des prairies.

Potasse. — La potasse est également indispensable à la vie des végétaux. On la trouve en grande abondance dans certaines roches primitives et primaires, sous forme de silicates peu assimilables.

Les terres argileuses, provenant de la désagrégation de ces roches, en sont généralement bien pourvues, alors que les terres schisteuses, calcaires, et les tourbes sont, la plupart du temps, pauvres en cet élément.

C'est sous la forme de carbonate de potasse que les végétaux l'utilisent. Il est donc nécessaire que le silicate de potasse subisse des modifications dans le sol. Grâce à la présence de l'acide carbonique et de la chaux, il se forme du carbonate de potasse qui peut, dès lors, être assimilé.

On n'est pas encore très bien fixé sur le rôle exact de la potasse dans l'alimentation des végétaux. Elle paraît augmenter la proportion de sucre dans les végétaux et régulariser l'assimilation des autres substances minérales. Certains sols en contiennent jusqu'à 3 et 4 pour 100, alors que d'autres n'en renferment que des traces. On considère que le sol en est suffisamment bien pourvu lorsqu'il en renferme 2,5 à 3 pour 1000. Dans un sol de cette richesse la potasse est en quantité suffisante ; mais il est nécessaire d'apporter une quantité équivalente à celle enlevée par les récoltes si l'on veut conserver le sol au même degré de fertilité.

Chaux. — La chaux est enlevée en forte proportion par toutes les récoltes. Combinée avec l'acide phosphorique et l'acide carbonique, elle constitue le squelette des animaux.

Les terrains granitiques, schisteux, tourbeux, sont pauvres en chaux ; il est nécessaire de l'apporter dans ces sols, pour éviter la diminution des produits.

Très abondante dans la plupart des terrains de formation secondaire et tertiaire en combinaison avec l'acide carbonique, on la rencontre aussi dans les terres végétales en combinaison avec l'humus, où elle forme l'humate de chaux, corps qui jouit de propriétés chimiques et physiques très importantes. L'*humate de chaux* subit la nitrification sous l'action du ferment nitrique. Il y a formation de *nitrate de chaux*, qui est absorbé par les plantes ou éliminé par les eaux de drainage, le pouvoir absorbant du sol étant presque nul pour ce corps. La matière humique se trouve donc minéralisée. Au point de vue physique, l'humate de chaux joue surtout le rôle de modérateur ; il donne de la consistance aux terres légères et diminue la ténacité et la compacité des terres fortes.

La chaux favorise le développement des légumineuses ; c'est pour cette raison qu'on les rencontre dans les terrains bien pourvus de cette base. Les animaux qui vivent sur les terrains calcaires ont généralement le squelette fort (1).

Magnésie. — On n'a pas encore déterminé d'une façon précise le rôle de la magnésie dans l'alimentation des végétaux. Les cendres des plantes des prairies en contiennent toujours une certaine quantité, c'est tout ce que l'on sait. Certaines roches, les calcaires dolomitiques en renferment parfois de fortes proportions.

Il serait à souhaiter que des expériences fussent entreprises pour

---

(1) On estime que la proportion de 2 à 3 pour 100 de chaux dans le sol est suffisante pour la nutrition des végétaux, mais qu'il en faut au moins de 5 à 6 pour 100 pour favoriser les réactions chimiques du sol.

montrer dans quelle mesure l'apport de la magnésie au sol augmente la production. Les autres substances que l'analyse décèle dans les cendres des végétaux sont presque toujours en quantité suffisante dans le sol. Ce n'est que dans des cas exceptionnels qu'il est nécessaire de s'en occuper.

Action de l'air et de l'eau. — Il ne suffit pas que le sol contienne des substances fertilisantes en proportion convenable pour que les plantes puissent s'y développer, il faut aussi qu'il renferme de l'air et de l'eau. Nous savons que l'air est indispensable aux êtres vivants, qui meurent lorsqu'ils en sont privés. Les plantes, par leurs parties aériennes, prennent dans l'air l'oxygène qui est nécessaire à la respiration de leurs tissus. L'oxygène n'est pas moins indispensable aux racines; situées dans un milieu qui en est dépourvu, elles périssent rapidement; la plante prend alors de l'oxygène au détriment de ses propres tissus et il se forme de l'alcool qui la tue. Cet accident se produit chez les végétaux qui vivent sur des terrains trop mouillés.

L'air est aussi nécessaire dans le sol pour favoriser la combustion de la matière organique, pour entretenir la vie des ferments qui transforment la matière organique en matière minérale.

Enfin, la présence de l'air paraît favorable à certaines réactions chimiques du sol.

Lorsque les végétaux vivent librement dans l'atmosphère, il n'y a pas lieu de s'occuper de fournir de l'air aux parties aériennes. Mais il n'en est pas de même pour les parties souterraines qui, parfois, sont appelées à vivre dans des sols compacts, imperméables ou trop mouillés. C'est par les façons culturales, par l'assainissement et par l'emploi des amendements que l'on arrivera à incorporer dans le sol la quantité d'air nécessaire.

Le rôle de l'eau est aussi très important dans la nutrition des végétaux. Les éléments nutritifs contenus dans le sol ne sont assimilables que s'ils sont solubles dans l'eau, que s'ils sont dialysables, mais cette circulation ne peut se faire que s'il y a une quantité d'eau suffisante pour dissoudre les principes nutritifs. C'est ce qui explique pourquoi les plantes herbacées contiennent parfois jusqu'à 94 pour 100 de leur poids d'eau (feuilles de betterave).

L'eau fait aussi partie intégrante de la plante à l'état de combinaison avec le carbone, où elle forme les matières hydrocarbonées, comme les sucres, les fécules, etc.

Il résulte de ce que nous venons de voir qu'il faut des quantités considérables d'eau pour obtenir une récolte d'un poids déterminé. Ces quantités sont variables avec la nature et la composition du sol, la nature des plantes et le climat sous lequel on se trouve. On estime qu'il faut environ 300 kilogrammes d'eau pour faire 1 kilogramme de matière sèche.

Sous les climats brumeux et tempérés, dans les sols de consistance moyenne, les eaux météoriques suffisent généralement aux besoins de la végétation. Il n'en est plus de même sous les climats méridionaux, où les pluies sont rares et les sécheresses très grandes. Non seulement les eaux météoriques ne sont plus suffisantes, mais on ne peut obtenir de bonnes prairies qu'en pratiquant l'irrigation. Nous aurons à nous occuper de cette question.

Si le défaut d'eau entrave le développement des végétaux, l'excès d'humidité leur est nuisible également : le sol n'est pas suffisamment aéré, et si l'humidité persiste pendant quelque temps les végétaux périssent. L'absence d'oxygène dans le sol entrave la désagrégation des roches; il se produit même des réactions défavorables, des réductions; les matières organiques ne se décomposent plus et donnent naissance à des corps acides; il y a même formation de carbures d'hydrogène qui asphyxient les végétaux, les feuilles jaunissent, les plantes s'étiolent. Les sulfates du sol sont réduits à l'état de sulfures, corps nuisibles. Il peut même se produire, dans les sols trop mouillés, le phénomène de la dénitrification : les nitrates sont réduits à l'état de nitrites, avec dégagement d'azote libre dans l'atmosphère.

Les terres trop humides perdent de leur porosité : l'eau occupe les *interstices* qui existent entre les particules terreuses, et, les échanges gazeux du sol et de l'atmosphère ne pouvant plus se faire, le sol se trouve privé des éléments azotés que l'air et l'eau lui apportent.

De plus de tels sols sont froids. L'eau possédant une grande capacité calorique, la terre humide s'échauffe peu. Le départ de la végétation des plantes qui viennent sur ces terrains est considérablement retardé et les récoltes sont tardives.

Les sols trop humides sont difficiles à travailler. On ne peut y pénétrer que pendant un nombre de jours relativement restreint. Il faut des attelages nombreux pour la mise en valeur de ces sols. Il est difficile, et même dangereux, de soumettre au pâturage les prairies trop mouillées : le piétinement des animaux détériore le gazon; les bestiaux peuvent prendre des germes de maladies (cachexie aqueuse). Les engrais se décomposent mal, les engrais organiques surtout (fumiers). La nitrification est arrêtée. La germination des graines se fait péniblement : le sol n'étant pas suffisamment aéré, les graines pourrissent.

La flore des prairies créées dans ces conditions se modifie rapidement : les joncs, les carex, les laîches, les renoncules, les patiences, la cardamine des prés, etc., prennent la place des graminées. Les fourrages sont plus aqueux, peu nutritifs. Les animaux sont obligés d'en consommer beaucoup pour se nourrir ; ils deviennent ventrus, rachitiques.

A quels signes reconnaît-on un sol trop mouillé ? En parcourant un tel sol, la terre adhère aux pieds, l'eau reste pendant longtemps dans les empreintes de pas des hommes et des animaux. On y remarque pendant trois ou quatre jours, après une pluie, dans les dépressions des champs, des teintes plus sombres. Dans une prairie trop mouillée, les plantes aquatiques (joncs, carex, etc.) sont en grand nombre ; si l'on y passe trois ou quatre jours après une pluie, on entend à chaque pas un bruit particulier qui provient du mouvement des gaz. On peut aussi faire, à l'aide d'un pieu, un trou dans le sol. Après une pluie l'eau y séjournera d'autant plus longtemps que le sol est plus humide. On débarrasse un terrain de l'excès d'eau qu'il renferme par le drainage.

Ayant ainsi montré les exigences des végétaux en air, en eau et en principes fertilisants, nous allons examiner comment et par quels procédés nous ferons remplir au sol toutes ces conditions. Nous étudierons successivement :

1° Les travaux d'ameublissement et de nettoiement du sol ;

2° Les travaux de nivellement et de drainage ;

3° Les travaux d'irrigation ;

4° Les amendements ;

5° La fertilisation du sol ; les substances fertilisantes à employer.

Ameublissement et nettoiement du sol. — Il arrive souvent que les terres ne portent pas exclusivement les plantes que l'on y veut faire croître : à côté de celles-ci un certain nombre de plantes nuisibles y végètent et prennent ainsi la place des bonnes espèces. Si nous voulons obtenir les meilleurs résultats, il est absolument indispensable de débarrasser le sol de toute végétation adventice. En un mot, il est nécessaire d'ameublir et de nettoyer le sol.

Pour obtenir ce résultat, le meilleur mode d'opérer consiste à faire précéder d'une plante sarclée la céréale dans laquelle on sèmera la prairie. A cet effet, il y a lieu de distinguer la nature des mauvaises plantes qui envahissent le sol. Si ce sont des plantes annuelles, il sera assez facile de s'en débarrasser. Il n'en sera plus de même si ce sont des plantes vivaces.

Aussitôt que la céréale sera enlevée on donnera un labour de déchaumage de 5 à 6 centimètres de profondeur ou un scarifiage suivi d'un roulage si le sol est sec, de façon que les mauvaises graines qui auraient pu mûrir se trouvent dans de bonnes conditions de germination. Lorsque ces mauvaises herbes sont levées, qu'elles forment tapis, on donne un hersage en long et en travers. Cette opération, tout en détruisant une certaine quantité de mauvaises plantes, facilite la levée de graines qui n'auraient pu germer.

Au mois de novembre, lorsque les terres sont encore saines, on donnera un labour profond, complété par un sous-solage s'il y a longtemps que le sol a été défoncé. C'est par ce labour que l'on enfouira le fumier de ferme et les engrais phosphatés. Ces substances enfouies à cette époque auront le temps de se disséminer dans le sol et de subir les transformations nécessaires pour devenir assimilables, et les jeunes plantes en profiteront de suite. Le sol sera laissé dans cet état pendant tout l'hiver, de façon que les gelées puissent agir et le désagréger.

Au printemps, lorsque le sol sera suffisamment ressuyé, on donnera un hersage croisé suivi d'un labour moyen de 18 à 20 centimètres.

Environ un mois plus tard, on donnera un hersage et un troisième labour de 15 à 18 centimètres. L'ameublissement du sol sera complété par des hersages et des roulages. Le sol ainsi traité se trouvera dans de bonnes conditions pour recevoir la plante sarclée. La majeure partie des graines de plantes annuelles auront germé et seront détruites, les engrais seront bien disséminés dans le sol et auront subi des transformations importantes, les gelées d'hiver auront contribué puissamment à l'ameublissement du sol.

Pendant le courant de la végétation de la plante sarclée on maintiendra le sol net de mauvaises herbes, de façon qu'il en soit complètement débarrassé pour recevoir la céréale dans laquelle on sèmera la prairie.

Nous venons d'envisager un cas assez simple, celui où la terre est dépourvue de plantes adventices vivaces. En même temps, la terre était complète, c'est-à-dire que les éléments minéraux se trouvaient réunis dans de bonnes proportions. Nous allons examiner le cas où le sol est infesté de plantes vivaces et a besoin d'être amendé.

Les plantes vivaces les plus difficiles à détruire sont, sans contredit, les chiendents, l'avoine à chapelet (chiendent à boulettes), les chardons (cirse des champs), les agrostides. Pour se débarrasser de ces plantes, il est nécessaire de laisser le sol en jachère. Si la jachère bien pratiquée a l'avantage de détruire les mauvaises plantes, elle a l'inconvénient de coûter très cher, car on est obligé de donner de nombreuses façons culturales au sol, de payer le loyer et l'impôt sans retirer aucun produit immédiat; de plus, par suite de l'aération excessive du sol, la nitrification est très intense, et s'il survient des pluies les nitrates formés sont entraînés par les eaux. Pour toutes ces raisons on n'emploiera les jachères que dans le cas où les terres seront tellement infestées de mauvaises herbes qu'il sera impossible de s'en débarrasser par les moyens ordinaires.

Mais lorsqu'il s'agit de la création d'une prairie permanente, il ne faut pas hésiter; car du bon nettoiement du sol résultera un rendement plus élevé en fourrage de meilleure qualité ; la longévité de la prairie sera également accrue.

Voyons comment l'on doit pratiquer la jachère En France elle est généralement mal faite. On se contente tout simplement de laisser la terre s'enherber, de ne lui faire porter aucune récolte pendant un an. Pendant ce laps de temps, elle sert de parcours aux animaux de la ferme, aux troupeaux de moutons. Les chardons ne sont pas consommés, ils mûrissent leurs graines et celles-ci se répandent sur tout le champ. On ne songe à ouvrir le sol qu'un ou deux mois avant les semailles de céréales pour enfouir le fumier. Il faut opérer différemment : le sol est traité comme nous l'avons indiqué plus haut, quand on veut lui faire porter une plante sarclée. Seulement, le fumier, les engrais phosphatés et les amendements ne sont pas mis au mois de novembre; on les réserve pour les employer à la même époque de l'année suivante pour une céréale de printemps.

Vers la fin de mai, lorsque le sol est de nouveau couvert d'herbes, on donne un labour léger de 8 à 10 centimètres de profondeur ou un scarifiage. Le sol peut être laissé ainsi jusqu'en juillet. C'est sur les sécheresses des mois de juillet et d'août que l'on compte le plus pour détruire les plantes vivaces. La terre ayant toujours été maintenue meuble ne deviendra jamais assez dure, quelle que soit la sécheresse, pour ne pouvoir être travaillée par la charrue. Lorsque l'on prévoira une longue période de sécheresse, on donnera un labour suffisamment profond pour soulever les bulbes, les rhizomes et les racines des plantes vivaces. On alternera ensuite les hersages et les scarifiages de façon à enlever les racines. La sécheresse persistante du mois d'août se chargera de détruire le reste des racines. Celles que l'on aura extraites du sol seront mises dans un coin du champ, où l'on en fera un compost avec de la chaux.

Le sol ainsi traité est suffisamment ameubli et nettoyé pour porter une céréale d'automne. Mais lorsque l'on se propose de créer une prairie, on ne fait pas de céréale d'automne. Ou bien l'on sème la prairie sur sol nu à l'automne, ou bien on la sème dans une céréale de printemps. Nous verrons plus loin, lorsque nous nous occuperons des semailles des prairies, dans quel cas on sèmera sur sol nu, dans quel cas on devra semer sur sol ombragé, et quels sont les avantages et les inconvénients de l'un et de l'autre procédé.

Amendements. — Le sol peut avoir besoin d'être amendé. C'est au printemps que l'on devra pratiquer cette opération.

Les nombreuses façons culturales qui suivront faciliteront la dissémination des substances employées dans le sol. Dans le cas où le sol ne devrait pas être traité en jachère, les amendements seraient appliqués au mois de septembre sur le déchaumage. Ils seraient enfouis par un labour léger.

C'est surtout l'élément calcaire qui fait le plus défaut dans les terres, principalement dans celles où l'on se propose de créer une prairie. Nous avons étudié précédemment l'action de la chaux sur les propriétés physiques et chimiques des terres. Nous allons les résumer en quelques mots.

La chaux modifie les propriétés physiques des terres argileuses; en agissant sur l'argile colloïdale, elle en diminue la compacité, la ténacité, elles les rend plus légères, plus perméables, partant plus faciles à travailler.

Elle joue un rôle analogue dans les sols humifères. Elle modifie également les propriétés chimiques des terres, en facilitant l'assimilation des sels potassiques, en désagrégeant la matière organique et en favorisant la nitrification. C'est pour ces diverses raisons qu'il sera toujours bon de chauler ou de marner les terres avant d'y créer une prairie. Les matières organiques ont tendance à s'accumuler dans le sol des prairies, où elles sont plutôt nuisibles qu'utiles, car elles sont acides; la chaux que l'on y mettra les fera disparaître au fur et à mesure de leur formation. L'élément calcaire est fourni au sol sous forme de chaux, de marne, de sables marins, de coquilles marines, de faluns, de craies, etc. Selon le milieu dans lequel on se trouvera, on s'adressera à l'une ou à l'autre de ces substances. On cherchera à obtenir l'élément utile au prix de revient le plus bas.

De tous les amendements calcaires la chaux est de beaucoup le plus énergique. Pour obtenir momentanément un même résultat, il en faut une quantité dix fois moindre que des autres substances calcaires. Cependant, lorsqu'il sera possible, on aura recours à la marne, à la tangue ou aux faluns, car si leurs effets sont moins rapides, ils se font sentir pendant plus longtemps.

C'est à l'automne seulement que l'on enfouira le fumier de ferme, les engrais phosphatés et potassiques lorsque la prairie devra être semée au printemps. On les enfouira vers le commencement de septembre si la prairie doit être semée à l'automne.

Assainissement du sol. — Le sol, tel que nous venons de le préparer, était supposé sain, dépourvu d'excès d'humidité. Telle n'est pas la majorité des cas : il arrive souvent, au contraire, que l'on consacre aux prairies les terres qui sont trop mouillées pour porter avantageusement d'autres cultures, bien que les prairies ne donnent pas de bons résultats dans ces conditions. Il est alors absolument nécessaire de débarrasser le sol de l'excès d'humidité qu'il renferme.

Il arrive aussi que les terrains que l'on se propose d'enherber sont situés soit sur le bord des rivières, soit sur le flanc des montagnes ou des coteaux ; il devient possible de les irriguer. En règle générale, les travaux de drainage, de nivellement et d'irrigation doivent être faits avant l'ameublissement du sol. Si ces travaux n'étaient exécutés qu'après ceux d'ameublissement, le piétinement des ouvriers et des animaux diminuerait les effets de ces derniers.

Procédés d'assainissement. — Les procédés à employer pour débarrasser le sol de l'excès d'humidité qu'il renferme sont extrêmement variables ; mais dans tous les cas il est nécessaire de se rendre compte des causes de l'humidité.

Quand les terres ne souffrent que d'un excès d'humidité peu prononcé, les labours profonds peuvent le faire disparaître ; mais la plupart du temps ils sont insuffisants, surtout pour les terrains destinés à être ensemencés en prairies, car au bout de cinq à six ans, le sol s'étant tassé, leur effet ne se fait plus sentir.

La situation des terres a également une grande importance, et souvent on est obligé d'avoir recours à de grands travaux, tels que la construction de digues protectrices contre les inondations périodiques ou encore l'abaissement du niveau des eaux, en approfondissant, par exemple, le lit des cours d'eau, en rectifiant la direction des rivières et des ruisseaux. Les polders sont assainis par des procédés spéciaux. Outre que l'on est obligé de construire des digues, munies de valves, le terrain est divisé en planches séparées par des fossés. Le rôle des fossés est d'abaisser le plan d'eau.

Tranchées et fossés. — Quand les terrains bas deviennent marécageux par suite de la présence d'une couche imperméable qui arrête les eaux souterraines, il est nécessaire de creuser une tranchée chargée de recevoir ces eaux et de les conduire à l'extérieur. Si l'on avait affaire à une source, le plus simple serait de la capter et de se servir des eaux pour irriguer les parties inférieures.

Les eaux de surface sont éloignées à l'aide de fossés à ciel ouvert. Ce procédé doit être appliqué dans les terrains tourbeux et sableux. Les eaux dans ces sols légers charrient des particules terreuses qui obstruent très rapidement les drains.

La direction à donner aux fossés, le nombre de ceux-ci,

leurs dimensions, leur pente, dépendent de la nature du sol et de la pente générale. Il est nécessaire, pour mener à bien cette entreprise, d'examiner attentivement toutes ces conditions, car si l'excès d'eau est nuisible, il ne faut pas tomber dans un défaut opposé en desséchant trop.

Le système des fossés ouverts a des inconvénients assez nombreux; on ne l'emploiera que lorsque les fossés couverts ne pourront être utilisés. En premier lieu, il y a une perte de terrain résultant de ce que les fossés d'assèchement restent béants. En second lieu, il y a une entrave apportée à la circulation du bétail et des véhicules.

Drainage. — Le drainage est bien préférable; il se distingue du mode précédent en ce que l'écoulement des eaux a lieu par des drains établis à une certaine profondeur et recouverts de terre. Il est plus coûteux, puisque après avoir creusé des tranchées on est obligé d'employer des matériaux et de combler ces tranchées. Avant d'entreprendre l'opération du drainage, il est nécessaire de faire des études spéciales. Il est bon de se rendre compte de la nature du sous-sol et des couches sur lesquelles il repose, de façon à savoir approximativement le prix de revient de l'opération. Lorsque le sous-sol est formé d'argile ou de marne, l'opération est bien plus facile et moins onéreuse que lorsqu'il est formé de cailloux, de meulière, de poudingues.

Une fois cet examen terminé, on opère le nivellement de la terre à drainer. On établit des lignes équidistantes et parallèles pour se rendre compte si le champ présente une ou plusieurs pentes. Lorsque le tracé des horizontales est fait, il est facile de déterminer les points où les collecteurs devront aboutir.

On fait ensuite le plan du drainage à l'échelle de 1 millimètre par mètre. Sur ce plan on trace la direction des drains d'assèchement et celle des collecteurs. Lorsqu'il n'y a qu'une pente, on a un drainage partiel; lorsqu'il y plusieurs pentes, on a autant de drainages partiels qu'il y a de pentes.

La distance qui doit séparer les drains les uns des autres est extrêmement variable; elle dépend de la nature du sol, de sa perméabilité, de la fréquence des pluies, de la quantité d'eau que peuvent produire les sources et les infiltrations. Elle varie

de 7 à 15 mètres en passant par tous les intermédiaires : dans
une terre très imperméable, on les mettra à 8 mètres et à
12 ou 15 dans une terre plus poreuse. La profondeur à laquelle
on place les drains a également son importance; en règle générale, plus les drains sont placés profondément, plus on en
écarte les lignes. Ainsi que nous le montre la figure 4, les drains
B' et C', éloignés de 12 mètres et placés à 1ᵐ,25 de profondeur,
sont sur la même pente ABB' et ACC' que les drains B et C
éloignés de 10 mètres et placés à 1 mètre de profondeur.

La profondeur à donner aux tranchées dépend de la nature
du sol, de la pente générale du terrain, de la profondeur à

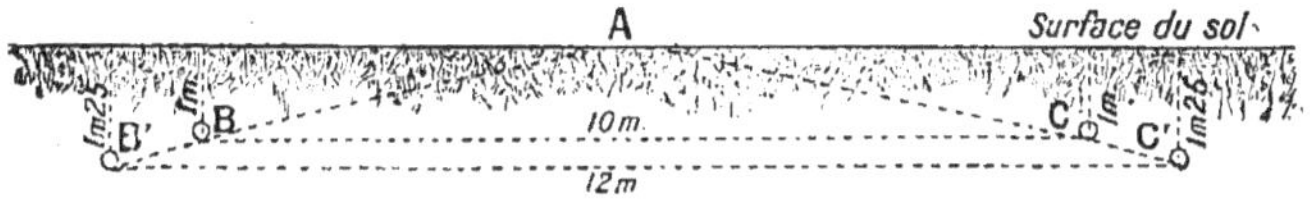

Fig. 4. — Coupe d'un terrain indiquant l'emplacement des drains.
B, B' C, C' Drains placés à deux profondeurs différentes.

laquelle sourdent les sources et les infiltrations. Dans les sols
composés d'éléments grossiers où la capillarité se fait bien
sentir, on considère comme bonne profondeur celle de 1ᵐ,10 à
1ᵐ,20. Ce n'est qu'exceptionnellement que l'on donne 1ᵐ,50 aux
tranchées. Dans tous les cas, les drains doivent être placés
assez profondément pour que les taupes ne viennent pas les
obstruer, ni les instruments aratoires les déranger.

La largeur à donner aux tranchées dépend de la nature des
matériaux employés. Lorsqu'on utilise les tuyaux en poterie, la
largeur est notablement diminuée : à la surface on donne une
largeur telle que la terre ne s'éboule pas. Quant au fond, on lui
donne la largeur nécessaire pour loger le drain.

Les drains collecteurs chargés de recueillir l'eau provenant
des drains ordinaires doivent être placés plus profondément de
quelques centimètres. Dans certains cas, on leur donne 1ᵐ,50 et
même 2 mètres de profondeur.

S'il s'agit de drains ordinaires que l'on se propose de placer
à 1ᵐ,10 ou 1ᵐ,20 de profondeur, on donne à l'ouverture de 50 à
60 centimètres de largeur et au fond 5 ou 10 centimètres.

Lorsque la tranchée doit servir à l'établissement d'un collecteur et lorsqu'elle a 1ᵐ,50 de profondeur, on lui donne 60 à 75 centimètres d'ouverture et 10 à 15 centimètres de large à la partie inférieure (*fig.* 5).

Si le sol est rocailleux ou rocheux, on est parfois obligé de donner 80 centimètres d'ouverture.

Il est nécessaire de donner aux drains une pente convenable pour que l'eau s'écoule facilement; mais il ne faut pas que l'eau acquière une vitesse trop grande, car alors elle dégraderait les drains et déplacerait les tuyaux. On a constaté que le minimum de pente ne pouvait être inférieur à 1 millimètre par mètre et que le maximum ne devait pas dépasser 5 millimètres par mètre. La pente la plus favorable paraît être de 3 millimètres par mètre.

Les matériaux employés pour mettre au fond des tranchées et destinés à jouer le rôle de drains sont très nombreux. Dans tous les

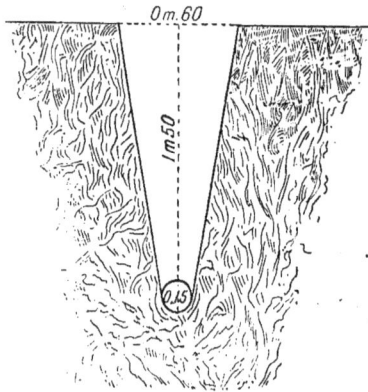

Fig. 5. — Coupe d'une tranchée pour **collecteur**, avec tuyau en place.

cas, on emploiera ceux qui produiront le meilleur résultat avec le minimum de frais. On emploie des pierres, des rondins de bois, des fascines, des briques, des tuiles, des mottes de gazon ; mais les tuyaux en poterie sont les plus employés.

Il arrive parfois que les champs sont couverts de gros cailloux qui gênent le passage des instruments ; bon nombre d'agriculteurs les font ramasser et les utilisent pour faire des drains. Ce drainage à pierres perdues (*fig.* 6) est très bon lorsque ce sont des cailloux anguleux qui laissent beaucoup d'interstices entre eux. Les tranchées doivent être de dimensions plus grandes que pour les tuyaux en poterie. On met les plus gros cailloux au fond de la tranchée, puis les moyens et les petits; on achève de couvrir avec des genêts, des branchages ou des mottes de gazon. La couche de matériaux qui remplit le fond de la tranchée doit être de 25 à 40 centimètres de hauteur.

Fig. 6. — Drainage à pierres perdues.

Lorsque l'on n'a pas de cailloux, on peut employer des pierres plates, et on les dispose de telle façon qu'il y ait un conduit de formé dans le fond de la tranchée (*fig.* 7 et *fig.* 8).

On achève de combler la tranchée avec des cailloux, jusqu'à une hauteur de 30 à 40 centimètres, et l'on met par-dessus la terre provenant de la tranchée.

Nous ne passerons pas en revue les différents matériaux employés, cela nous entraînerait beaucoup trop loin ; néanmoins nous allons dire un mot des drainages avec tuyaux en poterie.

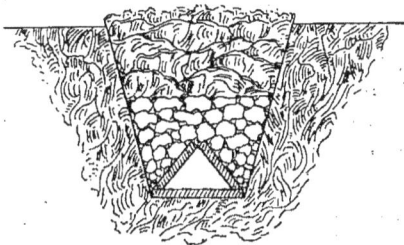

C'est vers 1850 qu'a

Fig. 7. — Drainage avec pierres plates formant conduit.

été importé d'Angleterre le drainage par tuyaux en terre cuite dont on forme des canaux continus reposant au fond des tranchées. Ces tuyaux ont une longueur variant de 30 à 40 centimètres et un diamètre de 25 millimètres à 8 centimètres.

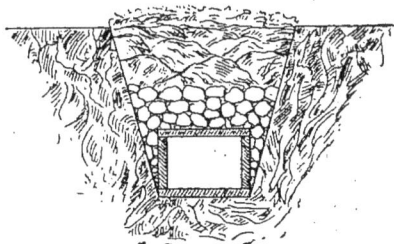

On distingue : les drains ordinaires, longueur 33 et 3 centimètres de diamètre ; les

Fig. 8. — Autre drainage avec pierres plates.

drains collecteurs, qui ont une longueur de 30 à 40 centimètres et un diamètre de 5 à 8 centimètres.

Ces tuyaux sont mis bout à bout dans la tranchée; ainsi disposés, les joints qu'ils laissent entre eux sont parfois couverts de manchons ou colliers d'un diamètre intérieur surpassant de quelques millimètres le diamètre extérieur du tuyau

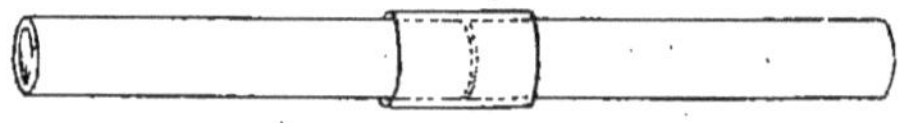

Fig. 9. — Deux drains en poterie réunis par un manchon.

et embrassant les extrémités des tuyaux contigus (*fig.* 9); ces manchons donnent de la solidité à la conduite et s'opposent à à l'entrée des matières terreuses. Ils sont parfois remplacés par des débris de tuile ou de brique. La tranchée est comblée avec la terre qui en est extraite.

Par suite de la section circulaire des tuyaux en poterie, le frottement de l'eau sur la paroi d'écoulement est minimum, c'est-à-dire que la vitesse de l'eau est plus grande, ce qui diminue les dangers d'obstruction; les tuyaux cylindriques offrent aussi plus de résistance aux chocs et aux pressions, leur placement au fond des tranchées est facile et peu onéreux. Comme l'eau circule plus rapidement, on peut diminuer la pente des drains pour obtenir le même résultat.

Il faut éviter de placer les lignes de drains trop près des rangées d'arbres, car ceux-ci

Fig. 10. — Regard permettant de se rendre compte du fonctionnement d'un drainage.

envoient des racines dans les drains et les obstruent. On munira également l'extrémité des collecteurs de grilles qui s'opposeront à l'entrée des taupes et des rongeurs.

On établira de distance en distance sur les collecteurs des regards destinés à se rendre compte de l'activité des drains (*fig.* 10). On aura soin de marquer sur le plan de drainage l'emplacement des regards, de façon à pouvoir les trouver facilement lorsque l'on voudra se rendre compte du fonctionnement du drainage. On peut également marquer cet emplacement sur le terrain à l'aide d'une borne.

Le regard placé comme l'indique la figure 10 permet de recueillir le limon qui aurait pu passer dans les drains. On le retire de temps en temps avec une écope, ce qui évite l'obstruction des collecteurs. C'est pour cette raison que l'on devra donner au regard un diamètre d'au moins 75 centimètres à 1 mètre, afin de faciliter l'opération.

Le prix de revient du drainage varie suivant l'écartement des drains, la profondeur des tranchées, le plus ou moins de facilité avec laquelle on pratique les fouilles et le prix des matériaux employés. On compte qu'il faut de 150 à 300 francs par hectare.

Action du drainage. — Le drainage, en débarrassant le sol de l'excès d'humidité qu'il renferme, facilite son aération. L'eau pénètre dans les drains surtout par les joints qui existent entre les tuyaux. Le drain reçoit ensuite et sans cesse, s'il y a excès, l'humidité foulée par les eaux du dessus. Cet appel continu du drain dessèche et fendille la terre qui l'entoure ; c'est pourquoi l'eau ne coule que lorsque les crevasses se sont produites.

Lorsque le terrain est assaini, le drainage ne coule derechef que lorsque les couches de terrain au-dessus des saignées sont de nouveau saturées d'eau. Le sol drainé se fissure d'autant plus lentement qu'il est plus compact; c'est pour cette raison que le drainage dans les sols compacts, argileux, ne fonctionne normalement qu'au bout d'un an.

On a fait des reproches, mal fondés du reste, au drainage. On a dit qu'il desséchait trop les terres. Il n'en est rien, car il enlève seulement l'eau en excès dans le sol, celle qui gorge les intervalles existant entre les particules terreuses et tenant la place de l'air. A la suite du drainage, les terres restent saines, fraîches, car le pouvoir rétentif du sol se fait toujours sentir. Les terres drainées craignent même moins la sécheresse que celles qui ne le sont pas.

Dans les terres drainées, la nitrification est plus intense, par suite de la plus grande aération ; comme l'eau circule plus activement dans le sol, on pourrait craindre un épuisement plus grand : on a remarqué que les terres drainées ne s'épuisent pas plus vite que les autres.

La figure 11 va nous expliquer l'effet du drainage. Tant que le drain fonctionne et est rempli d'eau, les fissures qui se produisent partent de la surface du sol; mais lorsqu'il est vide, l'air pénètre dans la canalisation et de nouvelles fissures partent du

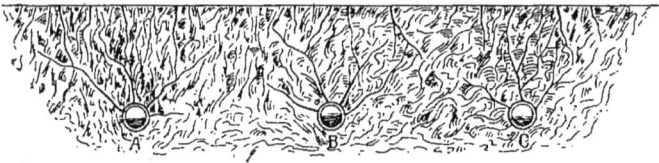

Fig. 11. — Coupe d'un terrain indiquant l'effet du drainage.

drain qui, bientôt, rejoignent les premières. C'est à ce moment que le sol est aéré au maximum.

Comme nous l'avons dit, le drainage devra être fait à l'automne, avant le labour profond.

L'assainissement du sol est une opération encore beaucoup trop négligée pour la création des prairies, car bon nombre de cultivateurs croient que les résultats seront d'autant meilleurs que le terrain sera plus frais. Nous avons vu qu'il n'en est rien et qu'au lieu de porter une végétation de bonnes plantes ils portent surtout des plantes aigres et acides (joncs, carex, etc.).

Une fois l'opération du drainage terminée, il y a lieu de niveler la surface du sol de façon que l'égouttement se fasse mieux et que la coupe de la prairie soit rendue plus facile. On aura soin de laisser la terre un peu plus haute sur l'emplacement des tranchées, parce que lors du tassement il se formerait une dépression.

Travaux d'irrigation. — Nous avons vu le rôle important que joue l'eau dans l'alimentation des plantes et qu'il en faut une très grande quantité pour la formation d'un poids déterminé de matière sèche. Si les eaux stagnantes sont nuisibles, dans bon nombre de cas la végétation peut également souffrir du manque d'eau, les eaux météoriques étant souvent insuffisantes. Il y a donc nécessité de compléter cette quantité d'eau si l'on veut obtenir des rendements élevés. C'est le but principal de l'irrigation.

Étude des eaux employées dans la plupart des cas. — Les eaux employées contiennent, soit en suspension, soit en dissolution, des quantités considérables d'éléments fertilisants, qui peuvent être utilisés avantageusement par les plantes. Hervé Mangon, qui s'est beaucoup occupé de la question, a calculé que la Seine déverse par seconde dans la mer une quantité de matières nutritives capables de faire pousser l'herbe nécessaire pour nourrir un bœuf de boucherie pendant une année. Ce fait n'est pas particulier à la Seine : toutes les rivières, tous les fleuves qui reçoivent les eaux d'égout des grandes villes sont dans le même cas.

Les torrents, les cours d'eau et les rivières qui descendent des montagnes, principalement après la fonte des neiges, sont souvent chargés de matières limoneuses. Lorsque ces eaux sont employées judicieusement, elles peuvent augmenter considérablement la richesse des terrains où elles sont déversées. Elles augmentent leur épaisseur, elles les colmatent, les limonent ; les matières terreuses, en chaussant les plantes des prairies, les mettent, dans une certaine mesure, à l'abri des grands froids.

Il arrive parfois que, pendant l'été, la température est tellement élevée que la végétation est arrêtée, les plantes sont atteintes du sommeil estival ; l'irrigation est encore un moyen de régulariser la température, d'éviter ce sommeil qui est préjudiciable aux intérêts des agriculteurs. L'eau a, en effet, un pouvoir calorifique beaucoup plus élevé que la terre ; elle emmagasine une certaine quantité de chaleur qui est employée à faire de la vapeur d'eau. Cette évaporation occasionne le refroidissement du sol et régularise ainsi sa température.

A l'automne, au contraire, lorsque l'atmosphère se refroidit brusquement, la quantité de chaleur emmagasinée par l'eau pendant l'été s'oppose au refroidissement du sol. En un mot, l'eau joue le rôle de régulateur de la température. Nous avons vu que c'est pour cette raison que les climats marins sont des climats tempérés.

L'irrigation permet encore de lutter avec avantage contre certains insectes. Il arrive parfois que les prairies sont infestées de vers blancs, de larves fil de fer (taupin) qui causent de grands ravages. Il suffit de maintenir le terrain sous l'eau pendant 20 à 25 jours pour en être complètement débarrassé ; l'air ne se renouvelant pas, les insectes périssent par asphyxie.

Selon le climat on attend de l'irrigation des résultats différents. C'est ainsi que sous les régions méridionales on demande surtout à l'irrigation de fournir de l'eau aux plantes. En Provence, les canaux d'irrigation sont nombreux et desservent chacun des périmètres très étendus. Les canaux sont établis à grands frais ; les cultivateurs riverains sont obligés de payer l'eau qu'ils emploient parfois très cher. Des appareils spéciaux sont établis sur les prises d'eau et permettent de contrôler l'eau employée. Toutes les cultures sont soumises à l'irrigation.

Dans les Vosges, le Limousin, en Auvergne, en Bretagne et sous les climats tempérés, on demande surtout à l'irrigation d'apporter des matières fertilisantes au sol. Dans ces régions, ce sont surtout les prairies qui sont irriguées.

Quantité d'eau à utiliser. — La quantité d'eau à utiliser est extrêmement variable selon le but que l'on se propose d'atteindre. Lorsque l'on a en vue l'apport de matières fertilisantes contenues dans l'eau, on peut en répandre des quantités très élevées. Dans les Vosges, les eaux d'irrigation apportent parfois jusqu'à 250 kilogrammes d'azote par hectare, alors que dans la Provence, d'après les calculs d'Hervé Mangon, l'apport d'azote ne dépasserait pas 23 kilogrammes à l'hectare.

La quantité d'eau à employer doit également varier avec la nature du sol. Lorsqu'elle est trop abondante on obtient des résultats contraires à ceux que l'on désire. Dans les sols siliceux, graveleux, très perméables, on peut en répandre des quantités considérables, surtout si les eaux sont limoneuses et chargées de principes fertilisants ; on améliore les propriétés physiques de ces terres en même temps qu'on les enrichit. Dans le cas contraire, elles lessiveraient et appauvriraient le sol.

Il n'en est plus de même s'il s'agit de terrains argileux imperméables. L'eau répandue en excès dans ces sols empêche l'aération de se produire; elle occupe les intervalles existant entre les particules terreuses, d'ailleurs très restreintes.

Dans les terrains perméables, au contraire, l'eau qui filtre à travers la terre produit une succion, une aspiration de l'air qui facilite la décomposition, l'oxydation et la nitrification des différentes substances qui se trouvent dans le sol.

Toutes les plantes n'ont pas les mêmes exigences en eau; l'eau distribuée est loin d'être toute utilisée par les plantes. Une certaine quantité filtre à travers le sol sans être absorbée ; une autre quantité est évaporée et la perte est d'autant plus grande que le sol est composé d'éléments plus grossiers, de sorte qu'il est extrêmement difficile d'évaluer la quantité d'eau nécessaire pour irriguer convenablement une surface déterminée.

De Gasparin comptait qu'il fallait 1 000 mètres cubes par hectare et par irrigation de 24 heures de durée.

Lorsque le sol est peu perméable, une irrigation tous les 15 jours suffit, ce qui fait à peu près 1 200 mètres cubes, soit 8 décilitres par seconde pendant 6 mois.

Si le sol renferme 10 pour 100 de sable, un arrosage semble nécessaire tous les 11 jours, ce qui correspond à $1^l,2$ par hectare et par seconde, alors qu'il faut $1^l,9$ dans le même temps et tous les 7 jours lorsque le sol renferme 60 pour 100 de sable.

Enfin, dans une terre siliceuse une irrigation serait nécessaire tous les 4 ou 5 jours, ce qui correspondrait à $2^l,4$ par hectare et par seconde en moyenne journalière.

Dans la Crau, on emploie 12 000 mètres cubes par hectare et par an ; dans le Roussillon, la quantité employée est moindre.

Dans le diluvium argileux de l'Ain, on utilise parfois jusqu'à 50 000 mètres cubes.

On cite une prairie près de Saint-Dié (Vosges) qui recevait 1 548 661 mètres cubes par hectare et par an, soit $68^l,67$ par seconde.

Nous voyons, par l'examen de ces chiffres, que les quantités d'eau utilisées sont extrêmement variables. Dans les canaux appartenant à l'État, l'administration ne donne qu'un litre ou un litre et demi par seconde et par hectare.

Époques auxquelles il convient d'irriguer. — On peut dire que, suivant les localités, on irrigue toute l'année. Dans les régions septentrionales, on irrigue pendant l'hiver lorsqu'on a des eaux limoneuses à sa disposition. Dans le Midi, on irrigue au printemps, pour faciliter la levée des graines et le développement des plantes fourragères. C'est généralement en mars, lorsque la prairie commence à verdir, que l'on pratique les premiers arrosages ; toutefois, on évitera d'arroser lorsque le froid est trop grand, ou lorsque le sol est couvert de gelée blanche. On évitera également de retirer l'eau d'une prairie lorsque le thermomètre descend brusquement au-dessous de zéro : le rayonnement des végétaux serait trop intense, leurs tissus pourraient être désorganisés par le froid. L'eau qui ruisselle à la surface du sol protège celui-ci contre les hâles et les gelées du printemps. Si l'on craint les gelées blanches et si le sol a déjà été arrosé, il faudra le couvrir d'eau. Si l'on ne peut avoir la quantité d'eau nécessaire à cette époque, il vaudra mieux tenir le sol sec.

Distribution de l'eau. — Lors des premiers arrosages, on donnera peu d'eau à la fois et pendant un court espace de temps. Il sera nécessaire également de changer souvent l'endroit qui la reçoit. En prenant cette précaution, on évite la formation de brouillards, qui sont parfois très nuisibles à la végétation. Ces changements se feront surtout le soir, de façon que l'eau ait le temps de s'infiltrer dans les couches du sol ; il s'en évaporera une moindre quantité. Si on les faisait pendant le jour, l'évaporation serait très grande et amènerait un refroidissement considérable des plantes ; il se produirait des à-coups dans la végétation. Plusieurs jours doivent séparer les arrosages d'une même partie, afin que le sol ait le temps de s'aérer.

D'une manière générale, plus les plantes s'élèvent, plus la chaleur augmente et plus les arrosages doivent être faibles et espacés, principalement pour les plantes des prairies qui doivent fournir des graines. Si on continuait à mettre toujours la même quantité d'eau, la floraison, la maturation se feraient mal.

Pour les prairies, plus la saison s'avance et plus les eaux doivent être claires. Les eaux limoneuses rendraient le foin vaseux ; on les utilisera au début de la végétation. Dans les prairies de fauche on arrête l'irrigation 8 à 15 jours avant la coupe, afin que le sol soit suffisamment assaini. Toutefois, dans la nuit qui précède le fauchage, si celui-ci doit être fait à la faux, on donnera un léger arrosage pour humecter la base des herbes; la coupe s'en fera beaucoup mieux. On évitera de pratiquer cet arrosage lorsque la coupe devra se faire à la faucheuse mécanique : les herbes trop tendres n'offrent pas assez de résistance et la machine fonctionne mal lorsque les plantes sont mouillées.

Quinze jours ou trois semaines après la rentrée du foin, on irrigue à nouveau, pour favoriser la pousse du regain. On pourra utiliser, pour ce premier arrosage, des eaux limoneuses, si l'on en a : elles favorisent le développement des bourgeons adventifs. Pendant cette période, mois de juin et de juillet, les chaleurs sont très grandes : il faudra avoir soin de n'irriguer que pendant la nuit; l'eau est mieux utilisée, le rafraîchissement des végétaux est moindre. On veillera à maintenir le sol continuellement abreuvé, si l'on a de l'eau en quantité suffisante. Dans le cas contraire, on profitera d'une pluie pour pratiquer l'arrosage; l'eau sera mieux utilisée, l'évaporation moindre.

Les irrigations que l'on fait à l'automne et pendant l'hiver ont surtout pour but d'enrichir le sol en éléments fertilisants. On irrigue également à cette époque lorsque la température s'abaisse : les eaux à ce moment de l'année ont toujours une température plus élevée que celle du milieu ambiant, les plantes des prairies pourront en profiter. C'est pourquoi lorsque les derniers regains seront enlevés on pourra couvrir le sol d'eau en laissant huit à dix jours d'intervalle entre deux arrosages.

Généralement, à cette époque de l'année les eaux sont riches en matières utiles, principalement en nitrates, et peuvent fertiliser avantageusement les surfaces sur lesquelles elles sont déversées; elles font taller le gazon, on dit couramment qu'il « s'habille contre le froid ». Dès que le froid devient trop vif on retire les eaux des prairies à sol ferme.

Au contraire, dans les sols marécageux, humides, on continue l'opération jusqu'à ce que l'eau se congèle dans les canaux. Mais si la température se radoucit, on la retire de façon que le sol puisse s'aérer, et l'on recommence ensuite. On évitera d'irriguer un terrain congélé si l'on craint de nouveaux froids, car le sol se soulève et les plantes sont déchaussées.

Si la gelée s'est fait sentir profondément on cesse l'arrosage et l'on ne recommence qu'au printemps. Du reste, un proverbe agricole dit : « Celui qui irrigue en janvier a bien des prairies, maïs n'a pas de foin. »

Sauf le cas des prairies arrosées par les débordements des rivières, l'eau doit atteindre toutes les parties de la prairie, elle doit circuler partout et ne séjourner nulle part. C'est une des opérations agricoles qui demandent le plus d'activité de la part du cultivateur; constamment il doit surveiller les canaux d'amenée. Une prairie irriguée bien entretenue est une source très importante de bénéfices; mais si l'irrigation est mal conduite, si les rigoles sont mal entretenues, l'eau séjourne par places et l'on a du foin de mauvaise qualité, alors que dans les parties élevées la quantité est notablement diminuée.

Aux environs de Plœuc-l'Ermitage (Côtes-du-Nord), nous avons eu le regret de constater que des prairies établies en sol tourbeux étaient irriguées pendant tout l'hiver avec des eaux acides. Les cultivateurs s'ingénient à faire déverser la plus grande quantité possible de ces eaux de mauvaise qualité sur ces sols. Les résultats sont déplorables. La végétation est surtout composée de joncs, de carex, de pédiculaires, etc. On ne rencontre par-ci par-là que quelques touffes d'houlque laineuse. A côté, dans les mêmes sols, un agriculteur instruit, M. Cahours, a obtenu des prairies de bonne qualité grâce à l'observation de quelques principes énoncés plus haut. Le terrain est à la fois drainé et irrigué convenablement. Si l'on se trouve en présence de prairies nouvellement créées, il faut opérer différemment.

Dans les sols sableux ou sablonneux qui viennent d'être ensemencés, on donne de temps à autre un léger arrosage, afin de favoriser la levée et la pousse du gazon, ainsi que pour prévenir la dessiccation sur pied. On laisse un certain temps entre deux arrosages, car les jeunes plantes sont très sensibles à l'action de l'air. Lorsque l'eau séjourne trop longtemps, elles jaunissent et meurent.

Dans les prairies dont le gazon est de mauvaise qualité, les prairies acides, on peut irriguer activement et sans aucune

interruption au début ; si l'on a des eaux de bonne qualité
chargées de sels calcaires, les mauvaises herbes sont détruites,
le sol s'enrichit un peu en carbonate de chaux et les combinai-
sons ferrugineuses qui existent (sulfures) peuvent disparaître.

Eaux utilisées pour l'irrigation. — Les eaux que l'on peut utiliser pour l'irrigation sont de nature et d'origine bien différentes :

1° On peut recueillir dans des bassins ou dans des étangs
les eaux qui ruissellent à la surface ou qui proviennent des
parties supérieures, puis les distribuer au moment opportun
sur les parties que l'on désire irriguer ;

2° Les eaux de source peuvent également être utilisées; mais
dans la plupart des cas le débit n'est pas assez abondant et il y
a lieu de les capter dans des réservoirs où elles s'aèrent, puis
de les distribuer lorsque la quantité accumulée sera assez grande
pour en faire un arrosage.

Le plus généralement, ce sont des eaux de rivière que l'on
a à sa disposition. On fait une prise ou on en élève le niveau
au moyen d'un barrage, pour pouvoir amener l'eau sur le terrain. On peut également se servir de pompes élévatoires, de
norias, ou de béliers hydrauliques.

Qualités des eaux employées. — Les eaux sont ordinairement
classées en deux catégories : les eaux utiles et les eaux nuisibles. Dans la première catégorie on range les eaux de rivière et
de ruisseau dont les qualités sont d'autant plus grandes qu'elles
ont un plus long parcours, qu'elles ont traversé des campagnes
riches et des villes déversant leurs eaux d'égout. A Saint-Denis,
en aval de Paris, la Seine contient jusqu'à 98 grammes d'azote
par mètre cube d'eau.

Indices fournis par la végétation aquatique. — La végétation
aquatique renseigne sur la valeur des eaux. On considère
comme favorables celles qui nourrissent sur leurs bords le
cresson de fontaine, la véronique aquatique, la glycérie, la
fétuque flottante, le nénuphar, le populage des marais. Au contraire, les carex, les prêles, les joncs, la cardamine des prés sont
généralement un mauvais indice.

On considère aussi comme étant bonnes les eaux qui moussent

avec le savon ; cependant les eaux calcaires, qui sont dures, sont parfois très utiles à la végétation, surtout si elles doivent être déversées sur des terrains acides.

On peut être certain que les eaux dans lesquelles vivent des poissons peuvent être utilisées sans aucun danger pour les plantes, car elles sont suffisamment aérées : autrement, les poissons n'y vivraient pas.

Origine des eaux. — Il y a lieu également de tenir compte de la valeur des eaux d'après leur origine ; les eaux des étangs, celles qui proviennent des drainages, sont généralement bonnes ; elles sont riches en nitrate, principalement les dernières. Les eaux de féculerie, de distillerie, de lavage de betteraves, sont également bonnes. Pour les employer, principalement les deux premières, il est nécessaire de les diluer avec de l'eau ordinaire, les matières qu'elles renferment étant trop concentrées.

Toutes les eaux que nous venons d'étudier sont bonnes. Il y en a d'autres qui, après avoir servi aux différents usages industriels, sont nuisibles. Les eaux de papeterie, de tannerie et celles qui ont servi au lavage des minerais ne doivent pas être utilisées directement : elles contiennent du chlore ou des acides.

Les eaux acides proviennent généralement des tourbières, des sols de bruyère, des bois ; elles sont nuisibles à la végétation, elles favorisent le développement des plantes aigres (carex, joncs). Il y a lieu de les améliorer avant de les employer.

Richesse des eaux. — La valeur des eaux dépend beaucoup de la nature des sols d'où elles proviennent. Les eaux qui s'écoulent des montagnes, des coteaux ou des massifs volcaniques sont en général bonnes pour l'irrigation.

En Bretagne, M. Lechartier, doyen de la Faculté des sciences de Rennes, a trouvé :

Chaux. . . . . . . 6 à 7 milligrammes par litre.
Potasse. . . . . . 2 à 5   —   —
Soude. . . . . . . 15 à 20   —   —

Les eaux de l'Auvergne ont été analysées par Truchot.

Chaux. . . . . . . $2^{mg},4$ à 13 milligrammes par litre.
Potasse. . . . . . 1 milligramme à $2^{mg},2$ —
Soude. . . . . . . 2 à 13 milligrammes   —

La quantité de chaux apportée est très faible, mais il est bon d'en tenir compte quand même.

Les eaux des Vosges ont une composition se rapprochant beaucoup de celles que nous venons de voir.

Les terrains volcaniques, généralement perméables, fournissent peu d'eau pour l'irrigation, mais cette eau est très riche. Truchot a trouvé dans une eau du Plateau Central :

Chaux. . . . . 1^{mg},2 par litre.
Acide phosphorique. 0^{mg},9 à 1 milligramme par litre.

Ces eaux ont l'avantage de pouvoir servir à l'irrigation des terres granitiques, qui sont placées à un niveau inférieur, et de leur apporter l'acide phosphorique qui leur fait défaut.

Les terrains schisteux fournissent des eaux limoneuses pauvres en principes fertilisants. On ne pourra les utiliser que pendant la période hivernale. Distribuées trop tard sur les prairies, elles rendraient le foin poussiéreux, impropre à être utilisé par le bétail.

Les eaux des terrains secondaires sont très variables comme composition. Généralement rares, car les terrains sont perméables, elles sont parfois très riches en sels de chaux et pauvres en azote ou en acide phosphorique. Elles ne sont abondantes que lorsque les terrains reposent sur une couche argileuse imperméable.

Amélioration des eaux. — Les terrains tertiaires donnent des eaux contenant souvent du sulfate de chaux. Il faudra éviter de les employer, car elles sont nuisibles à la végétation.

Lorsque l'on a à sa disposition des eaux qui ne remplissent pas les conditions voulues, qui n'ont pas les qualités nécessaires, il y a lieu de les améliorer.

Naturellement les procédés à appliquer varient avec la nature des éléments nuisibles qui sont dans les eaux. Les eaux incrustantes, trop chargées de carbonate de chaux, sont améliorées en les exposant à l'air sur une grande surface, en les faisant passer à travers des fascines. Le carbonate de chaux se précipite et n'entrave plus le développement des végétaux. Un propriétaire de l'Ain a mis ce procédé en pratique ; après avoir utilisé les eaux comme force motrice, il les a distribuées sur les prairies et s'en est très bien trouvé.

Les eaux tuffeuses sont encore rendues utilisables en les faisant séjourner avec du fumier de cheval, qui les bonifie : l'acide humique se combine avec la chaux, il se forme de l'humate de chaux qui joue un rôle important dans les sols.

Les eaux séléniteuses peuvent être améliorées en les faisant passer à travers des cendres ou des engrais potassiques.

Quant aux eaux acides, qui proviennent des bois, des tourbières ou des tanneries, on peut les améliorer en les faisant passer dans une fosse dans laquelle on dépose de la chaux pour neutraliser leur acidité. En y mélangeant du purin on arrive à peu près au même résultat.

Pour faciliter le mélange de l'eau et de la chaux, on peut adop-

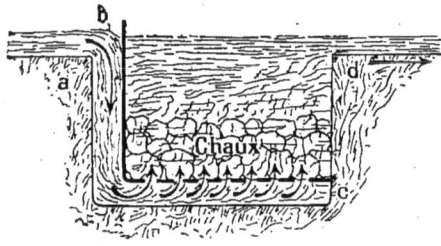

Fig. 12. — Dispositif pour neutraliser l'acidité d'une eau.

ter le dispositif suivant (*fig.* 12), que nous avons fait employer par M. Cahours, à Plœuc-l'Ermitage. Le long de la paroi verticale du bassin, du côté du canal d'amenée, on ménage un couloir en planche ; ce couloir est ensuite prolongé horizontalement ; on y ménage de distance en distance des ouvertures par lesquelles l'eau pourra s'échapper. En ayant soin de maintenir toujours de la chaux dans le bassin, l'acidité de l'eau sera neutralisée. Ce moyen peu coûteux permet de modifier sensiblement la flore d'une prairie.

Les eaux peuvent également être nuisibles à la végétation parce qu'elles sont trop froides : on les fait séjourner pendant un certain temps dans des bassins où elles se réchaufferont au contact de l'air. Les eaux chaudes favorisent le départ de la végétation au printemps. Les prairies arrosées par les sources thermales, à Vichy et dans les Pyrénées, ont une végétation plus précoce.

Quoique l'irrigation bien pratiquée donne de bons résultats, il n'en est pas moins vrai qu'elle a quelques inconvénients. On lui a reproché d'appauvrir le sol en principes fertilisants. Les bonnes eaux en excès peuvent dissoudre les principes fertilisants, principalement les nitrates. Dans la pratique agricole, on exprime couramment cette action en disant que l'irrigation prolongée pendant plusieurs années dégraisse les terres.

Lorsque les eaux ne contiennent pas les principes fertilisants, il y a donc lieu d'en apporter au sol, si l'on ne veut voir diminuer sa fertilité. Au contraire, si l'on emploie des eaux chargées de matières utiles, le rendement en foin est augmenté. Celui qui est consommé par les animaux de la ferme se transforme partiellement en fumier, qui enrichit indirectement les terres cultivées.

Une des objections les plus sérieuses, c'est la difficulté que l'on éprouve lorsqu'il s'agit de faire la récolte des foins. Il est très difficile, pour ne pas dire impossible, d'employer la faucheuse mécanique, car les rigoles portent une entrave sérieuse à son bon fonctionnement.

La dessiccation et la rentrée du foin subissent un retard d'autant plus grand que le sol est plus mouillé. On est obligé d'accumuler le foin dans certains endroits plus élevés, afin que les véhicules puissent y arriver sans détériorer les travaux d'irrigation. C'est toujours pour la même raison que l'on emploie des véhicules à roues ayant des jantes très larges.

Aussitôt que la rentrée des foins est terminée, le cultivateur soigneux doit niveler et refaire les rigoles afin que l'eau puisse se répartir uniformément sur toute la surface. L'eau qui séjourne trop longtemps au même endroit se couvre d'écume.

C'est en automne que l'on effectue de préférence le curage des rigoles. Les terres que l'on en retire servent à égaliser les petites dépressions qui apparaissent et que l'on aperçoit facilement lorsque l'eau est unie sur le terrain.

Dans certaines localités du département des Vosges, on change de place les rigoles d'écoulement tous les deux ou trois ans, si la disposition du terrain le permet.

Pratique des irrigations. — Les différents systèmes d'irrigation employés sont assez nombreux, mais on peut les grouper en quatre systèmes principaux :

1° Par déversement (eau coulant à la surface de la prairie);

2° Par submersion (eau séjournant pendant un certain temps à la surface);

3° Par infiltration (eau distribuée dans des fossés et s'infiltrant latéralement dans le sol);

4° Par aspersion (eau répandue à la lance ou avec l'arrosoir sous forme de pluie).

Le système à employer dépend de la nature du sol, de la quantité d'eau dont on dispose, de la situation et de la configuration du terrain à irriguer. Enfin, on tient également compte du prix de revient de l'eau distribuée.

Nous étudierons seulement les méthodes par déversement et par submersion, l'irrigation par infiltration et par aspersion étant pratiquée plutôt en culture maraîchère.

Irrigation par déversement. — Cette méthode se divise elle-même en plusieurs modes secondaires, selon qu'elle se fait par rigoles de niveau, par rigoles inclinées, en planches, demi-planches, ados, deux ados simples ou étagés.

Quelle que soit la méthode adoptée, on devra s'efforcer d'avoir sur la partie inclinée la même vitesse, de façon que l'eau se déverse régulièrement. On devra également tenir compte de la perte de charge occasionnée par les herbes.

Irrigation par rigoles de niveau. — C'est le système qui s'adapte le mieux à l'irrigation des terrains en pente. En principe, cette méthode consiste à creuser des rigoles de niveau qui contournent le terrain en passant par tous les points situés à une même hauteur. On fait arriver l'eau dans la rigole supérieure, qui déborde lorsqu'elle est pleine. L'eau ruisselle sur la pente du terrain jusqu'à ce qu'elle ait atteint la rigole située immédiatement au-dessous. Lorsque celle-ci est pleine, elle laisse déborder l'eau à son tour, et ainsi de suite jusqu'au bas de la pente.

Pour enlever l'excès d'eau, on creuse des rigoles de colature dans le sens de la plus grande pente. Elles coupent les rigoles de niveau sous un certain angle. Pendant l'arrosage on les tient fermées. Ce n'est que lorsque l'on désire faire évacuer l'eau qu'on les ouvre.

La figure 13 va nous donner une idée de cette méthode d'irrigation. Soit la prairie A B C D à irriguer par la méthode dite « de rigoles de niveau ». Le réservoir d'eau étant en R, on peut faire deux prises d'eau, p et p'. La rigole de niveau pn est chargée d'amener l'eau à la partie supérieure de la prairie. Lorsque cette rigole est pleine, l'eau déborde, ruisselle sur le sol jusqu'à ce

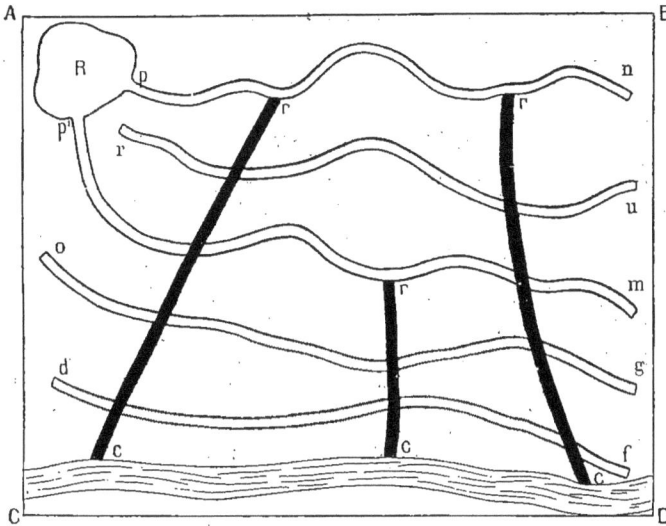

Fig. 13. — Irrigation d'une prairie par rigoles de niveau.
R, réservoir d'eau. — p p', prises d'eau. — p n, rigole de niveau. — r c, rigoles de colature.

qu'elle ait atteint la rigole ru, qui laisse déborder l'eau lorsqu'elle est pleine.

La prise p' est chargée de fournir l'eau au reste de la prairie. La rigole $p'm$ est encore une rigole de niveau, qui distribue l'eau après débordements successifs aux rigoles og et df; les rigoles de colature rc enlèvent l'excès d'eau et la conduisent à la rivière qui passe à la partie inférieure de la prairie.

L'établissement des rigoles de niveau doit être l'objet des plus grands soins. On doit veiller à ce que le bord inférieur soit bien horizontal, de façon que le déversement soit régulier sur toute l'étendue de la rigole.

La distance à observer entre chaque rigole dépend de la nature du terrain et de la pente du sol. Plus le terrain est perméable, plus les rigoles doivent être rapprochées. L'écartement peut varier de 4 à 30 mètres, mais la moyenne est de 10 à 15 mètres. Dans les sols très accidentés, il peut se faire que les rigoles soient très rapprochées en certains points, de même qu'elles peuvent se trouver très éloignées en d'autres.

La section des rigoles est encore variable avec la perméabilité du sol : dans les sols argileux on leur donne une section rectangulaire (*fig.* 14). Dans les sols légers, calcaires ou siliceux, la

Fig. 14. — Coupe d'une rigole d'irrigation en terrain argileux.

Fig. 15. — Coupe d'une rigole d'irrigation en terrain calcaire ou siliceux.

section devra être trapézoïdale (*fig.* 15), car les terres s'éboulent très facilement.

C'est la méthode la plus usitée dans les Vosges, le Limousin, la Creuse ; elle se prête à toutes les pentes, depuis les plus faibles jusqu'aux plus fortes. Son plus grand inconvénient, c'est le soin minutieux qu'elle réclame pour établir les rigoles de niveau.

Irrigation par razes ou épis. — Ce mode d'irrigation, encore appelé « irrigation par rigoles inclinées », consiste à tracer sur le terrain des rigoles principales d'où partent des rigoles secondaires qui font un certain angle avec les premières ; on l'emploie surtout pour les terrains ondulés de pente assez faible. Les rigoles principales sont dirigées dans le sens de la plus grande pente du terrain. Lorsque la pente est trop grande, on établit de petits barrages sur le parcours des rigoles pour ralentir la marche de l'eau. Les rigoles secondaires s'embranchent sur les rigoles principales en suivant une pente de 1 à 2 millimètres par mètre. On assure la distribution de l'eau dans les petites rigoles en mettant une petite vanne à l'embranchement de celles-ci avec la rigole principale. Les rigoles de colature sont placées dans les parties les plus basses au-dessous des rigoles secondaires.

La figure 16 représente approximativement une prairie irriguée par cette méthode. Le canal d'amenée *a b* s'embranche sur la rivière qui passe sur le côté gauche de la prairie. Du canal d'amenée *a b* partent les rigoles principales R P, sur lesquelles s'embranchent les rigoles secondaires *rs*, chargées de déverser l'eau sur le terrain. A l'intersection des rigoles prin-

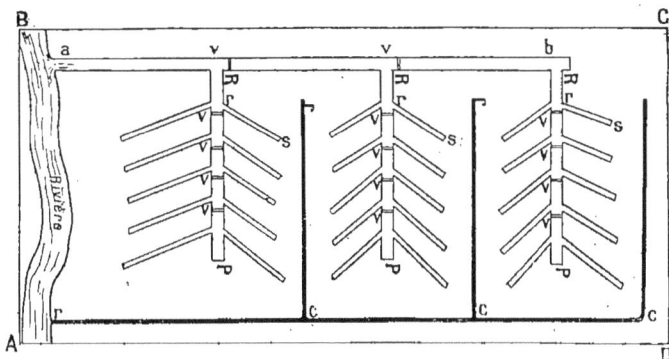

Fig. 16. — Irrigation d'un terrain par raze ou épis.

a b, canal d'amenée. — R P, rigoles principales d'où partent les rigoles secondaires *rs*.
v, vannes retenant les eaux. — *r c*, rigoles de colature ramenant l'excès d'eau à la rivière.

cipales sur le canal d'amenée et des rigoles secondaires sur les rigoles principales se trouvent les vannes V, à l'aide desquelles on règle le niveau de l'eau. Les rigoles de colature *r c* ramènent l'eau qui a déjà servi dans la rivière.

Cette méthode d'irrigation demande également beaucoup de soins pour sa bonne installation; de plus il faut surveiller attentivement la distribution de l'eau dans les rigoles si l'on veut qu'elle soit bien répartie. Les vannes sont d'un grand secours pour arriver à ce but.

Les deux méthodes que nous venons de décrire sont parfois employées simultanément sur le même terrain, principalement en montagne, où l'on a des surfaces très irrégulières.

Irrigation par planches en ados. — Cette méthode est surtout employée dans les terrains situés en pente faible et les sols ma-

récageux. Elle consiste à diviser le terrain en larges planches
bombées qui ont une direction perpendiculaire à la pente du
terrain. On fait arriver l'eau sur le sommet des planches; elle
se déverse de chaque côté sur les versants des planches et arrive
à la partie inférieure dans les rigoles de colature qui limitent
deux plantes adjacentes.

La figure 17, partie du bas, nous montre une coupe de terrain

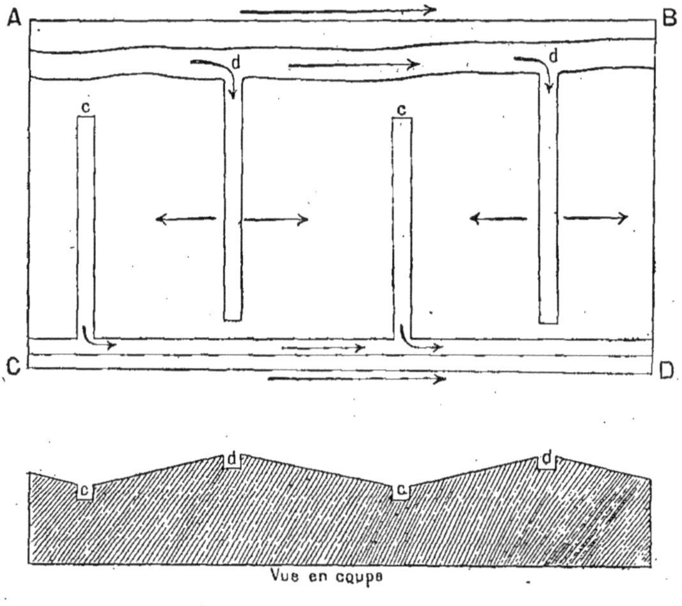

Fig. 17. — Irrigation d'un terrain par planches en ados. (Plan et coupes.)
A B, pente du terrain et canal d'amenée des eaux. — d, rigoles de déversement. — c, rigoles
de colature.

soumis à cette méthode d'irrigation. Les rigoles d d sont les
rigoles de déversement et les rigoles c sont celles de colature.

La même figure, partie du haut, représente le plan d'une prairie
irriguée par cette méthode. La pente du terrain est suivant A B. Le
canal d'amenée est dirigé suivant cette pente; sur son parcours
sont embranchées les rigoles de déversement d d. Les rigoles de
colature c c recueillent l'eau qui a circulé sur les versants des plan-

chès et la conduisent à une rigole principale de colature
rejoignant la rivière.

Les dimensions à donner aux planches sont très variables.
La perméabilité du terrain a une grande influence. La longueur
la plus convenable paraît être de 25 à 30 mètres. Quant à la largeur, elle varie entre 10 et 20 mètres. Dans les terrains légers
on les fait de 10 à 12 mètres; dans les terrains argileux elle peut
aller jusqu'à 25 et même 30 mètres.

Il y a lieu de tenir compte de l'eau dont on dispose pour
donner la pente aux ados; lorsque l'on en a très peu, la pente
sera faible; si l'on en a davantage, on ira jusqu'à 8 à 10 centimètres par mètre. Dans la majorité des cas on ne dépasse pas
5 centimètres.

Les rigoles d'amenée ont généralement 50 centimètres de largeur sur 15 centimètres de profondeur. Leur pente doit être
faible : elle ne doit pas dépasser un demi-millimètre par mètre.
Celles de déversement ont leurs dimensions réduites de moitié;
elles s'arrêtent à 1^m,50 de l'extrémité de la planche.

Les rigoles de colature sont de mêmes dimensions que les
rigoles de déversement; leur profondeur varie du point où elles
commencent au point où elles se jettent dans le fossé de dessé-
chement. Elles commencent à 1 mètre de la rigole d'amenée.

Dans ce mode d'irrigation, on distribue l'eau dans les rigoles
de déversement en enlevant les vannes des canaux d'amenée.
L'irrigation par planches ou ados est très employée dans les
Dombes, en Belgique et en Hollande. Elle exige de nombreux
travaux de terrassement pour la création des planches et le
creusement des rigoles, mais elle permet d'utiliser l'eau au
maximum.

Irrigation par submersion. — Dans ce procédé, l'eau couvre
toute la surface du sol. Il s'emploie pour les terrains horizon-
taux situés à proximité d'une grande quantité d'eau.

Le champ à irriguer est divisé en compartiments ayant de 50
à 60 mètres de côté. On entoure ces compartiments d'un bour-
relet de terre destiné à maintenir l'eau sur la surface de chacun
d'eux.

On donne une inclinaison de 1 millimètre par mètre aux

planches ainsi limitées, de façon que l'eau qui a servi puisse s'écouler facilement dans les rigoles de colature ménagées à cet effet.

La figure 18 montre une application de ce système à une prairie. Le canal d'amenée part en amont du barrage et conduit l'eau dans les canaux de distribution, d'où elle s'écoule, lorsqu'ils sont remplis, pour couvrir les planches à droite et à

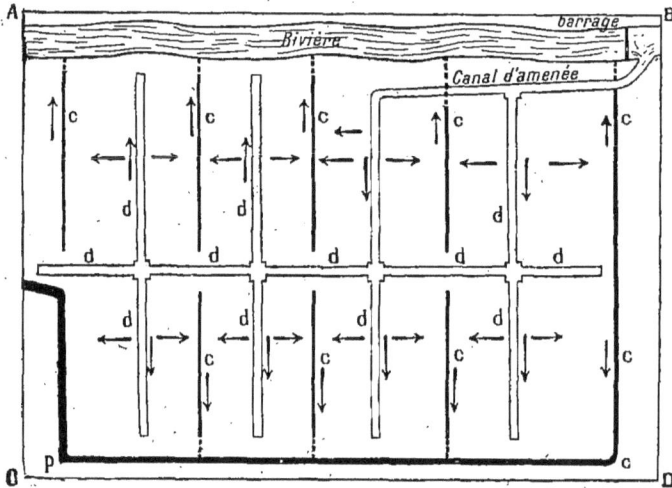

Fig. 18. — Irrigation par submersion.

L'eau arrive par le canal d'amenée, se répartit dans les canaux de distribution *d*, d'où elle déborde, se retire ensuite par les canaux de colature *c*, pour être déversée dans le canal d'évacuation *cp*.

gauche. Au milieu de chaque compartiment se trouve une rigole de colature *c* conduisant l'eau qui a servi dans un canal d'évacuation *cp*. Les rigoles de colature, situées du côté de la rivière, déversent leur eau directement dans celle-ci.

Pour conduire l'eau régulièrement, des vannes servent à ouvrir ou à fermer les canaux de distribution et de colature. Elles permettent de régler l'eau à la volonté de l'irrigateur.

Selon la situation qu'occupe le terrain à irriguer, on emploiera le dispositif qui permettra le mieux d'utiliser l'eau dont l'on dispose.

L'irrigation par submersion débarrasse les prairies des larves d'insectes (hannetons, taupins) qui pourraient s'y trouver.

Lorsque l'on aura choisi le système à employer, on procédera au nivellement du terrain, puis on établira le plan et le tracé des rigoles sur le papier. Ce n'est qu'après cette opération que l'on exécutera les travaux proprement dits. L'importance de ces travaux est variable avec la configuration du sol et sa nature. Nous n'entrerons pas dans le détail de leur exécution, renvoyant nos lecteurs aux ouvrages spéciaux sur les irrigations.

Nous dirons un mot de l'irrigation naturelle des surfaces enherbées par le débordement des fleuves et des rivières. Ce sont les prairies basses dont le niveau est peu élevé au-dessus des cours d'eau qui passent dans leur voisinage. Il est très difficile, sinon impossible, de régler le débit des eaux ; celles-ci couvrent parfois le sol pendant des mois entiers, sans que l'on puisse les faire évacuer. La plupart du temps les eaux sont chargées de limon et tiennent en suspension des débris de toutes sortes (branches mortes, herbes sèches, paille, bois, etc.). Elles fertilisent les prairies, en ce sens qu'elles apportent du limon ; mais elles peuvent être préjudiciables aux bonnes herbes, lorsqu'elles séjournent trop longtemps. Il est rare de voir les prairies sujettes aux inondations porter une bonne flore.

Mais le plus grand préjudice est causé par l'apport de débris et de graines. Lorsque les inondations ont lieu en mai-juin, les herbes sont remplies de limon à la base et l'on ne récolte qu'un foin vaseux, de mauvaise qualité. Dans le Marais vendéen, dans la partie dénommée le « Marais mouillé », ces inconvénients se présentent presque tous les ans.

Nous avons constaté, à maintes reprises, que ces eaux sont le véhicule des graines de chardons, d'orge maritime, d'orge faux-seigle, d'orge des murs et de renoncules. C'est ce qui explique la dissémination et la prédominance de ces plantes dans les prairies de cette contrée.

A la suite d'inondations, une prairie de l'École d'agriculture de Pétré (Fontenay-le-Comte, Vendée) fut complètement envahie par les chardons (cirse des champs) dans les parties basses où l'eau s'était infiltrée.

Il est très difficile de remédier à cet état de choses pour les prairies dont le niveau est trop bas. Cependant, lorsque l'eau monte doucement, on pourrait construire de petites digues de branchages de $0^m,30$ à $0^m,50$ de hauteur à brins serrés, et mettre, du côté d'où vient l'eau, de la paille dont la base serait prise en terre. En filtrant au travers de la paille et des branches, l'eau se débarrasserait d'une partie des corps qu'elle tient en suspension et, probablement, de toutes les mauvaises graines. Il suffirait ensuite de faire un compost avec les matières recueillies.

Nous ne pouvons nous prononcer sur l'efficacité de ce procédé, ne l'ayant pas vu employer ; mais il nous semble qu'il pourrait être de quelque utilité lorsque l'eau débouche sur une faible largeur.

Substances fertilisantes à incorporer au sol avant l'exécution des semailles. — Bien que la plupart des sols contiennent toujours en réserve des principes utiles à la vie des plantes, il n'en est pas moins vrai que, dans bon nombre de cas, ces principes peuvent ne pas être en quantité suffisante pour que l'on obtienne de bonnes récoltes.

Les éléments les plus utiles à la plante et qui font le plus défaut dans les terres sont : l'azote, l'acide phosphorique, la potasse, la chaux, la magnésie. Une terre qui renferme 1 pour 1 000 d'azote, 1 pour 1 000 d'acide phosphorique, 2 à 3 pour 1 000 de potasse et 5 à 6 pour 100 de chaux est considérée comme étant suffisamment bien pourvue en ces éléments.

Mais les nombreuses récoltes de foin auront pour conséquence de faire diminuer la proportion de ces principes utiles. Nous pourrions bien les ajouter au fur et à mesure que les besoins se feront sentir, seulement les résultats ne seront pas toujours marqués. En voici la raison : nos prairies sont formées de plantes appartenant, pour la plupart, à la famille des graminées et des légumineuses ; les graminées possèdent des racines fasciculées, prenant leur nourriture dans les couches superficielles du sol ; les légumineuses ont des racines pivotantes allant chercher leurs principes nutritifs dans les couches profondes. Il est de toute nécessité que ces deux catégories de plantes puissent trouver à leur disposition, d'après la conformation de leurs racines, les éléments dont elles ont besoin.

Le sol de la prairie, après un laps de temps variable avec sa nature, se tasse et laisse difficilement pénétrer l'air et les engrais; le pouvoir absorbant du sol aidant, il n'en arrive que très peu dans les couches profondes. Si nous voulons conserver les légumineuses toujours dans la même proportion, il nous faudra satisfaire à leurs exigences. Pour cela, nous enfouirons, par un labour profond, une forte quantité de matières fertilisantes dont les principes utiles seront retenus par le pouvoir absorbant du sol. On sera sûr, de cette façon, que les plantes végéteront normalement.

Quelles sont donc les substances fertilisantes à employer?

Le fumier incorporé au sol, à l'automne qui précède le semis de la prairie, produit le meilleur effet. Il contient généralement 4 à 5 pour 1 000 d'azote, 2 à 3 pour 1 000 d'acide phosphorique et 5 à 6 pour 1 000 de potasse. En dehors de ces principes fertilisants, il fournit une quantité notable de matière organique qui joue un rôle important dans le sol. La matière organique diminue la ténacité des terres compactes et donne de la consistance aux terres légères, grâce à la formation d'humate de chaux. Cet humate de chaux constitue un excellent milieu pour les agents nitrificateurs. Il fournit de l'azote sous forme de nitrate de chaux.

La quantité de fumier à enfouir dépend de la richesse du sol en matière organique. Dans les terrains tourbeux desséchés ou même après une lande récemment défrichée, on pourra se dispenser d'en mettre; mais dans la plupart des cas on donne de 20 000 à 60 000 kilos (1). Cette forte dose de 60 000 kilos est surtout utile en terres calcaires, qui brûlent rapidement la matière organique.

Le fumier seul ne pourrait fournir, vu sa richesse relative, le stock d'éléments fertilisants nécessaire pour assurer une végétation soutenue; il convient de demander un complément aux engrais minéraux. La nature du sol nous donnera d'utiles renseignements pour le choix des engrais minéraux.

L'acide phosphorique doit être employé sous une forme assimilable dans les terres calcaires, car il ne faut pas compter sur l'acidité du sol pour le rendre soluble. On aura recours aux

---

(1) Ces doses s'appliquent à l'étendue d'un hectare : en pareil cas l'hectare est toujours sous-entendu.

superphosphates, qui renferment depuis 10 jusqu'à 20 pour 100 d'acide phosphorique soluble au citrate d'ammoniaque. La quantité à employer variera avec la richesse du sol de 300 à 600 kilos. Dans les terres dépourvues de calcaire ou riches en matières organiques, c'est sous forme de phosphate de chaux ou de scories que l'acide phosphorique sera appliqué. Sous l'action de l'acidité du sol, l'acide phosphorique sera dégagé de sa combinaison avec la chaux et mis à la disposition des plantes. Les scories de déphosphoration produisent le même effet.

Le phosphate de chaux renferme une quantité d'acide phosphorique variable avec sa provenance. Celui des Ardennes en contient de 16 à 22 ; celui de la Somme (sables phosphatés), de 27 à 36. On choisira celui qui fournira l'acide phosphorique au prix de revient le plus bas.

Les scories de déphosphoration de la fonte ont une richesse de 12 à 15 pour 100 d'acide phosphorique, dont 2 à 3 pour 100 de soluble au citrate d'ammoniaque acide. Elles contiennent, en outre, de la chaux libre ; elles peuvent donc être employées à la fois comme engrais phosphatés et calciques. On les réserve surtout aux sols tourbeux et aux terres de landes récemment défrichées.

C'est surtout lors de la création d'une prairie qu'il convient d'appliquer une dose massive de phosphates ou de scories. L'emploi de 1 200 à 1 500 kilos est à conseiller. C'est ce que l'on nomme un *phosphatage de fond*. Ces substances sont enfouies en même temps que le fumier par le labour profond d'automne.

L'analyse chimique du sol nous fait aussi connaître si le sol renferme un stock suffisant de potasse. Dans bon nombre de cas la nature et le mode de formation du sol donnent des renseignements suffisants. De même que pour l'acide phosphorique, le pouvoir absorbant du sol est très énergique vis-à-vis de la potasse. On pourra en enfouir une quantité importante sans craindre que les eaux en entraînent beaucoup.

Dans les *sols tourbeux* ou les *terres de landes*, il sera utile d'en apporter, ces sols en étant presque complètement dépourvus. Comme ils sont en même temps pauvres en chaux, on appliquera la potasse sous forme de carbonate de potasse ou de cendres vives, si l'on en a à sa disposition. C'est en effet sous la forme de carbonate que les plantes assimilent la potasse. En appliquant du chlorure ou du sulfate de potassium, ces engrais seraient plutôt nuisibles qu'utiles : il n'y aurait pas assez de chaux pour transformer le sulfate et le chlorure en carbonate. Il en resterait une certaine quantité non transformée qui agirait comme poison.

La transformation pourrait-elle se faire, qu'elle ne serait pas avantageuse : il y aurait, du même coup, élimination de la chaux sous forme de chlorure de calcium.

Le fumier contient environ 5 pour 1 000 de potasse. Le fumier employé à la dose de 40 000 kilos pourrait en fournir 200 kilos sous une forme assimilable, mais encore faut-il compter avec les actions contraires qui s'engagent entre le pouvoir absorbant du sol et la plante.

On pourra compléter l'apport du fumier en potasse par l'addition de 200 à 300 kilos de carbonate de potasse, qui donne près de 60 pour 100 de potasse. Malheureusement, le prix de cet engrais est élevé.

Dans les *sols argileux*, la potasse existe presque toujours en assez grande quantité. Celle apportée par les fumiers est largement suffisante.

Dans les *sols calcaires*, la potasse est en petite quantité. On pourra l'employer à l'état de chlorure ou de sulfate ; le carbonate de chaux du sol permettra la transformation du chlorure ou du sulfate de potasse en carbonate de potasse, sans qu'il y ait danger pour les végétaux. On les emploiera à la dose de 200 à 300 kilos, de préférence à l'automne qui précédera le semis de la prairie, pour que la transformation ait le temps de s'opérer.

Dans les *sols sableux* insuffisamment pourvus en potasse, on l'appliquera sous forme de chlorure de sulfate ou de carbonate, selon la teneur en chaux.

Le sol destiné à porter une prairie est profondément ameubli, nettoyé ; les travaux de drainage et d'irrigation sont exécutés. Les substances fertilisantes fournissant le complément des éléments utiles aux plantes ont été uniformément répartie, dans toutes les couches visitées par leurs racines. Il se trouve donc dans les conditions les plus favorables, et nous allons nous occuper de l'ensemencement de la prairie.

Avant d'entrer dans le détail de cette opération, nous décrirons très succinctement les plantes et leurs graines qui devront en former la flore. De l'avis de notre maître en la matière, A. Boitel, le cultivateur doit se tenir à un petit nombre d'espèces recommandables par leurs qualités, tant au point de vue de leur valeur nutritive que de leur rendement.

Elles appartiennent à deux familles : celle des graminées et celle des légumineuses. Nous ne décrirons que les meilleures parmi les plantes de ces deux familles, partant de ce principe que les autres, si elles ne sont pas nuisibles, tiennent la place des bonnes.

ÉTUDE DES PLANTES DES PRAIRIES ET DE LEURS GRAINES

Nous recommanderons le semis du pâturin commun, du pâturin des prés, du vulpin des prés, de la fléole, du ray-grass anglais, du fromental, de l'avoine jaunâtre, de la fétuque des prés, du dactyle, du ray-grass d'Italie. Ce n'est que dans certains cas particuliers que l'on sèmera du brome des prés et du brome de Schrader. Toutes ces plantes appartiennent à la famille des graminées.

Parmi celles appartenant à la famille des légumineuses, le trèfle commun, le trèfle blanc, le trèfle hybride, la luzerne commune, la lupuline, l'anthyllide vulnéraire, le lotier, le sainfoin et la gesse des prés sont les plus recommandables.

Famille des graminées (1). Le *pâturin commun* (*fig.* 19) a une souche courte, fibreuse, produisant des stolons aériens, s'enracinant fortement; les chaumes ont de 60 à 90 centimètres de hauteur, sont dressés ou légèrement couchés, quelquefois radicants aux nœuds inférieurs, rudes sous la panicule. Feuilles linéaires atténuées

(1) Nous empruntons la description de ces plantes à l'ouvrage de M. A. Boitel, *Herbages et Prairies naturelles* (Paris, Didot, 1 vol. in-8°).

en pointes planes même au sommet, carénées, rudes sur les bords et
sur les faces ; les radicales fasciculées plus étroites ; les culinaires
sont munies d'une gaine un peu comprimée et rude et d'une ligule
oblongue et aiguë (*fig.* 20). La gaine supérieure plus courte que le
limbe.

Panicule grande, égale, dressée ou un peu penchée, étalée, très
rameuse ; rameaux très fins, très
rudes et flexueux, unis à la base,
inégaux. Les épillets, rapprochés
au sommet des rameaux, verts ou
panachés de violet, renferment
trois ou quatre fleurs imbriquées
et réunies à leur base par de longs
poils aranéeux. Les glumes lancéolées, mucronées, étroitement
scarieuses sur les bords, rudes
sur les nervures, inégales, l'inférieure plus petite uninervée, la
supérieure à trois nervures sail-
lantes.

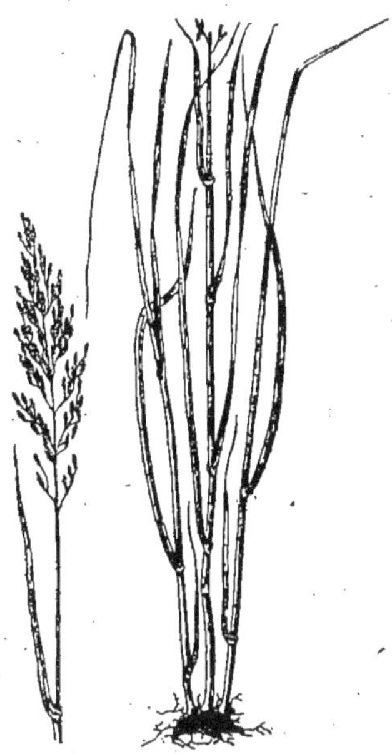

Fig. 19. — Pâturin commun.

Fig. 20.
Ligule du pâturin
commun.

Fig. 21. — Graine
de pâturin commun
(grossie 6 fois).

La semence (*fig.* 21) mesure 2 millimètres de long sur un demi-millimètre de large, et est légèrement comprimée.

Le pâturin commun est une graminée qui fleurit de mai en juin
et jusqu'en juillet, selon la nature et l'exposition du sol. Cette plante
est très commune dans les prairies. Les luzernières soumises à l'arrosage au purin en sont rapidement envahies. Elle réussit bien sur
les sols frais, argileux, peut végéter à une altitude allant jusqu'à
2 000 mètres.

La semence n'est pas très abondante dans le commerce ; souvent
elle est mélangée à celle du pâturin des prés, qui en diffère seulement
en ce qu'elle est plus laineuse. Elle doit renfermer 90 pour 100 de

graines pures, dont 50 pour 100 pouvant germer. La valeur exacte des graines est de $\dfrac{90 \times 50}{100} = 45$ pour 100 susceptible de fournir des plantes. L'hectolitre pèse 14 à 22 kilogrammes. Il en faut un hectolitre à 45 pour 100 de valeur utile. Le prix est environ de 300 francs les 100 kilogrammes.

Le *pâturin des prés* possède une souche rampante émettant des stolons souterrains, écailleux; les chaumes sont dressés cylindriques, lisses sous la panicule, de 60 à 90 centimètres de hauteur; l'aspect de la plante est le même que celui de la précédente, mais elle paraît dans son ensemble plus massive. La gaine supérieure est plus longue que le limbe, la ligule est tronquée (*fig.* 22). La semence ressemble beaucoup à celle du pâturin commun; elle en diffère en ce qu'elle possède des poils aranéeux plus nombreux.

Fig. 22.
Ligule
du pâturin
des prés.

Cette plante convient mieux dans les sols secs que la précédente; c'est ce qui explique pourquoi on la trouve en aussi grande quantité sur les talus et le bord des chemins, alors que le pâturin commun est plus répandu dans les sols cultivés. Elle peut végéter à la même altitude et arrive à la floraison un peu plus tôt, en mai.

La plus grande partie des graines de pâturin des prés nous vient d'Amérique.

La graine contient des impuretés, notamment de la *canche gazonnante*, mauvaise plante à rejeter des prairies. La graine de canche (*fig.* 23) se reconnaît facilement à sa coloration plus claire, à sa légèreté. Elle possède une arête qui prend naissance à la base de la glumelle. Elle est plus longue et possède à la base une houppe de poils qui ne ressemblent en rien à ceux du pâturin.

Fig. 23.
Graine de canche
(grossie 6 fois).

La quantité de graine à semer est la même que pour le pâturin commun, c'est-à-dire de 20 à 22 kilogrammes à l'hectare. Sa valeur agricole est de 47,5 pour 100, d'après Stebler; le prix est moitié moindre, c'est-à-dire 150 francs les 100 kilogrammes.

Le rendement en foin est légèrement inférieur à celui du pâturin commun; ce foin est aussi moins riche en matières utiles.

Le *vulpin des prés* (*fig.* 24) est une des graminées les plus exigeantes. Il aime les terres fraîches et fertiles, les alluvions des vallées. Il peut donner un grand rendement et un bon fourrage, très voisin comme composition de celui fourni par les pâturins. Seulement, il n'a pas la même rusticité et il est très rare de le voir domi-

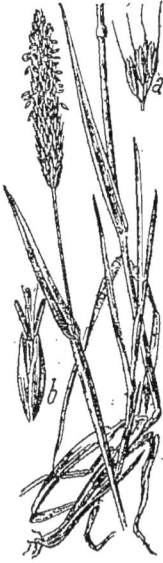

Fig. 24. — Vulpin
des prés.
a, épillet; *b*, fleur.

Fig. 26. — Houlque molle.

ner dans les prairies sur de grandes surfaces. On le reconnaît facilement à l'aspect de sa panicule, qui est tellement serrée qu'elle

Gr. entière.   Gr. décortiquée.
Fig. 25. — Graine de vulpin
des prés (grossie 5 fois).

Gr. entière. Gr. décortiquée.
Fig. 27. — Graine
de houlque laineuse
(grossie 5 fois).

Fig. 28. — Graine
de houlque molle
(grossie 5 fois).

ressemble à un épi. On pourrait le confondre avec la fléole au
premier abord, mais en regardant de près il est facile de s'aper-

cevoir que les glumes du vulpin sont aristées au lieu que celles de la
fléole sont tronquées au sommet et portent deux pointes. La gaine
de la feuille supérieure forme une sorte de jabot très caractéristique
autour de la tige.

Cette plante dépasse rarement 1 600 mètres d'altitude. La souche
à stolons courts ne forme pas de touffes étendues et serrées. Le
chaume atteint de 60 à 90 centimètres de hauteur.

La graine (*fig.* 25), velue, a beaucoup de ressemblance avec celle
de la houlque laineuse et de la houlque
molle (*fig.* 26). Elle en diffère par sa coloration qui est plus foncée, par sa largeur
qui est plus grande, par la présence d'une
arête et par sa forme plus aplatie. La semence de houlque laineuse (*fig.* 27) est
formée d'un épillet composé de deux fruits.
Sa coloration est d'un blanc sale tirant sur
le violet. Celle de la houlque molle (*fig.* 28)
n'en diffère que par quelques détails.

Quoiqu'il soit assez difficile d'obtenir
de la graine de vulpin pure, en raison de
sa légèreté, on peut exiger 90 pour 100
de pureté ; la faculté germinative est
assez réduite, 35 pour 100, ce qui donne
$\dfrac{90 \times 35}{100} = 31,5$ pour 100 comme valeur

agricole. On en sème
de 20 à 25 kilogram-
mes à l'hectare. Le
poids de l'hectolitre
est de 6 à 7 kilogram-
mes, selon son tasse-
ment.

La *fléole des prés*
(*fig.* 29) est une excellente plante pour la
formation des prairies et des pâtures. Elle demande un sol frais et
fertile, vient bien dans les riches alluvions des vallées et peut atteindre de 60 à 90 centimètres de hauteur. Son plus grand défaut est
d'être tardive et de se trouver toujours en retard sur les autres
plantes; mais, par contre, elle est très remontante à l'arrière-saison.

Elle ressemble beaucoup au vulpin; elle en diffère cependant par
ses glumes, qui sont tronquées et qui portent deux pointes.

Graine
avec ses
glumelles.

Gr. dépouillée
de ses
glumelles.

Fig. 30. — Graine
de fléole des prés
(grossie 6 fois).

Fig. 29. — Fléole des prés.
a, fleur.

La graine de la fléole (*fig.* 30) diffère complètement de celle des autres graminées de prairie. Elle est beaucoup plus lourde (50 kilogrammes l'hectolitre environ), luisante et très glissante; ovoïde, munie d'une petite pointe; sa longueur est de 1^{mm},5; son petit diamètre, 0^{mm},5. Elle est assez facile à récolter et on l'obtient à un degré de pureté suffisant, 95 à 97 pour 100. Sa faculté germinative est aussi élevée, environ 90 pour 100. Sa valeur culturale est de $\frac{90 \times 95}{100} = 85,5$.

On en met 8 à 10 kilogrammes à l'hectare; vu sa petitesse et sa densité, on l'associe aux légumineuses dans les mélanges pour la répandre.

Le *ray-grass anglais* (*fig.* 31), appelé *ray-grass vivace*, est une graminée vivace très facile à reconnaître par la disposition de ses fleurs en épi lâche. C'est une plante très commune dans les prairies et les pâturages, sur le bord des chemins; elle vient bien dans les terres saines; ses chaumes atteignent de 60 à 90 centimètres de hauteur, selon la fertilité du sol qui la porte. Lorsqu'on la sème seule, on répand de 55 à 60 kilogrammes de graine à l'hectare; elle est assez précoce, fleurit de mai en juin. Cette plante peut donner

Fig. 31, 32. — Ray-grass.
1, R. d'Angleterre. 2, Épillet grossi.
3, R. d'Italie. 4, Épillet grossi.

1 2
Fig. 33, 34.
1, Pédicelle
du ray-grass anglais.
2, Pédicelle
du ray-grass d'Italie.

Épillet
du chiendent.

Épillet
du ray-grass.
(Le petit cercle de droite
représente l'axe de la plante.)
Fig. 35, 36.

de 6 000 à 7 000 kilogrammes de foin à l'hectare, en deux coupes.

Le pédicelle (tronçon de l'axe de l'épillet) [*fig.* 33] est de forme trapézoïdale, d'une section elliptique, d'une longueur de 1^{mm},5.

On pourrait parfois confondre les ray-grass avec le chiendent, mais la disposition de l'épillet est complètement différente (*fig.* 35, 36). Dans le chiendent, l'épillet regarde l'axe par l'une de ses faces, tandis que l'épillet du ray-grass regarde l'axe par le côté.

La semence du ray-grass est mutique (*fig.* 37); elle mesure environ 6 millimètres de long sur $1^{mm},5$ de large.

On peut obtenir jusqu'à 95 pour 100 de pureté et 75 pour 100 de faculté germinative. La valeur culturale est de $\dfrac{95 \times 75}{100} = 71,25$. Le prix de la graine est de 80 centimes le kilo-gramme.

Le *ray-grass d'Italie* (*fig.* 32) tire son nom de ce qu'il est très commun dans les prairies de la haute Italie;

Fig. 37. — Graine de ray-grass anglais (grossie 5 fois).

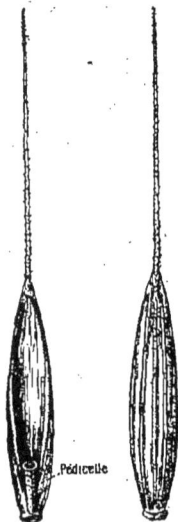

il a l'aspect général du ray-grass anglais. Il s'en distingue par sa coloration, qui est moins foncée et par des épillets pourvus d'arête.

Il résiste assez bien aux hivers rigou-reux et peut végéter à une altitude de 1 500 à 2 000 mètres. Lorsqu'il est mis en sol frais ou irrigué convenablement, il donne des rendements supérieurs au ray-grass anglais. Il peut donner deux coupes par an. Le foin doit être récolté un peu avant la floraison ; si on attend trop tard, les épillets tombent et le foin perd beaucoup de sa valeur. C'est la graminée qui se comporte le plus mal lorsque l'époque de la fenaison est plu-vieuse. A l'École nationale d'agriculture de Rennes, après 5 à 6 jours de pluie, il a donné un foin grossier difficilement accepté par les animaux. Dans les sols frais, il devient très envahissant si on n'a soin de le couper avant la maturité de ses graines.

Très employé pour faire des prairies tem-poraires, il convient mal pour les prairies permanentes. Il disparaît rapidement et laisse des vides qui sont ensuite comblés par des plantes de qualité inférieure.

Face ventrale. Face dorsale.
Fig. 38. — Graine de ray-grass d'Italie (grossie 5 fois).

La semence du ray-grass d'Italie (*fig.* 38) a les mêmes carac-tères généraux que celle du ray-grass anglais ; mais elle s'en dis-tingue nettement par sa glumelle supérieure, qui porte une arête de 5 à 6 millimètres de longueur; en outre, elle est légèrement

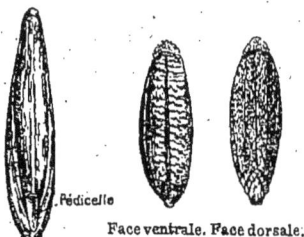

plus étroite. Le pédicelle n'est pas aussi large que celui de la graine du ray-grass anglais (*fig.* 34).

Comme pour le ray-grass anglais, on en répand de 50 à 60 kilogrammes à l'hectare. Le prix est de 80 francs les 100 kilogrammes. Le poids de l'hectolitre est de 20 kilogrammes.

Degré de pureté commerciale, 95 pour 100; faculté germinative, 70 pour 100; valeur culturale $\frac{95 \times 70}{100} = 66,5$ pour 100.

La *fétuque des prés* (*fig.* 39) est une de nos meilleures graminées de prairies; elle fournit un foin de bonne qualité et repousse très bien sous la dent des animaux. La souche est cespiteuse. Les chaumes atteignent une hauteur de 50 à 80 centimètres de hauteur; feuilles linéaires, longuement acuminées, planes, les inférieures lisses, les supérieures rugueuses. La panicule est dressée ou un peu penchée au sommet, allongée, lâche, étroite, subunilatérale, contractée et se met-

Fig. 39. — Fétuque des prés.

Fig. 40.
Graine
de fétuque
des prés
(grossie 5 fois).

Fig. 41, 42.
1, Pédicelle de la
fétuque des prés.
2, Pédicelle du ray-
grass anglais.

tant en épi avant et après la floraison, étalée au moment de la floraison. Les épillets, linéaires, oblongs, sont verts ou panachés de vert et de violet. Les glumes sont lancéolées, largement blanches, scarieuses au sommet, inégales, l'inférieure plus petite, uninervée. Les glumelles sont au nombre de deux, l'inférieure largement blanche, scarieuse; au sommet, mutique ou mucronée.

Elle vient bien dans les alluvions fraîches, les sols profonds; elle

doit entrer dans presque tous les mélanges; elle mûrit assez tardivement, en juin ou juillet, ce qui est un inconvénient pour les prairies
à faucher, mais en revanche elle pousse tardivement et est excellente
pour les prairies à pâturer.

La semence de la fétuque des prés (*fig.* 40) a quelque analogie avec
celle du ray-grass anglais; elle en diffère par le pédicelle, qui a une
forme cylindrique et est surmonté par un
petit chapeau (*fig.* 41, 42); l'ensemble du
pédicelle ressemble à un champignon mi-
nuscule. Elle mesure 6 millimètres de
long sur 1^{mm},5 de large.

Si on la semait seule, il faudrait 50 kilogrammes de graines par hectare; dans
les mélanges, elle entre dans la proportion
de 10 à 15 pour 100, selon la nature du sol.

Le poids de l'hectolitre est de 15 à
20 kilogrammes; degré de pureté, 95
pour 100; faculté germinative, 75 pour 100;

valeur culturale, $\dfrac{95 \times 75}{100} = 71,25$ p. 100.

Le prix des 100 ki-
logrammes est de
155 francs.

La *fétuque ovine*
(*fig.* 43) est une petite
graminée atteignant
de 20 à 30 centi-
mètres; elle est com-
mune dans les prai-
ries sèches, les co-
teaux secs et sur le
bord des chemins.
Son nom lui vient de

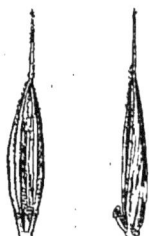

Face.   Profil.
Fig. 44. — Graine
de fétuque ovine
(grossie 5 fois).

Fig. 43. — Fétuque ovine.
a, épillet en fleur.

ce qu'elle forme la base des pâturages à moutons dans les terrains
secs.

Les feuilles sont longues et très étroites. La floraison a lieu de
mai en juin.

La semence est aristée (*fig.* 44); elle mesure 4 millimètres de long
sur 1^{mm},5 de large. Le pédicelle a la même forme que celui des autres
fétuques; mais vu de côté il fait saillie, alors que dans les grandes
fétuques il est logé dans la face ventrale de la glumelle.

Le *froment al* (*fig.* 45), encore appelé *avoine élevée arrhénatère*, est

l'une des plus fortes graminées de nos prairies; il se rencontre partout, sur le bord des chemins; dans les cultures, cette plante préfère les
terres fraîches, profondes, où elle atteint 80 centimètres à 1m,20,
mais elle donne un fourrage grossier; aussi la réserve-t-on pour les
sols un peu secs, où elle fournit un produit moindre, mais de meilleure qualité. Par la disposition de ses fleurs, elle ressemble aux
avoines cultivées; ses épillets sont caractérisés par une arête raide,
longue et genouillée qui se dé-
tache vers le tiers inférieur de
la glume.

Ses graines tombent avec la
plus grande facilité; aussi doit-
on couper le fromental avant la

Fig. 45. — Fromental.

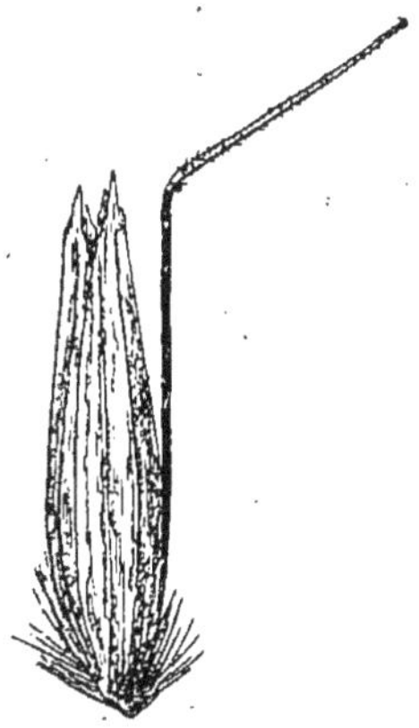

Fig. 46. — Graine de fromental
(grossie 5 fois).

floraison, qui a lieu en juin-juillet, si l'on veut obtenir un fourrage
d'assez bonne qualité.

La semence marchande, qui n'est autre que la graine vêtue, est
blanchâtre (fig. 46), cylindrique au milieu. Elle mesure 8 millimètres
de long sur 1mm,5 de large; elle possède de nombreux poils à la base.
Elle se présente sous la forme de deux fleurs : l'une hermaphrodite,
fertile; l'autre, mâle, stérile; sur la fleur mâle prend naissance au
tiers inférieur une arête qui s'enroule sur elle-même et se déjette
en dehors en formant un angle; la base de cette arête est noire,

l'extrémité est blanche. Dans la semence il y a souvent beaucoup de graines vides.

On rencontre fréquemment 70 pour 100 de pureté avec une faculté germinative de 60 à 65 pour 100, soit $\frac{70 \times 65}{100} = 45,5$ pour 100 de valeur culturale.

Le poids de l'hectolitre est de 10 à 12 kilogrammes. Son prix est de 195 francs les 100 kilogrammes.

L'avoine jaunâtre ou *trisète* est une petite graminée assez commune dans les prés en sols calcaires plus ou moins secs. On la reconnaît facilement à sa coloration jaune, qui lui a valu son nom. Son rendement n'est pas très élevé, mais elle a l'avantage d'être peu exigeante sur la nature du sol. Son foin est d'assez bonne qualité. La souche est rampante, à stolons courts. Les chaumes atteignent rarement plus de 70 centimètres. Les feuilles sont planes, larges, rudes aux bords, poilues sur les faces et les gaines ; la ligule courte ; la panicule oblongue, à rameaux semi-verticillés. Les épillets sont argentés, jaunâtres ou violacés, à deux ou trois fleurs. Les fleurs sont articulées et caduques. La glumelle inférieure est scarieuse, bicuspide. La semence du commerce est le caryopse enveloppé de ses glumelles.

Fig. 47. — Graine d'avoine jaunâtre (grossie 5 fois).

La semence de l'avoine jaunâtre (*fig.* 47) mesure 5 millimètres de long sur $1^{mm},5$ de large ; elle possède une arête qui prend naissance au tiers supérieur de la glumelle supérieure. Sa semence est rarement pure, étant souvent fraudée au moyen de la graine de canche (V. *fig.* 23), avec laquelle il est assez facile de la confondre. Cependant on peut l'en distinguer par la position de l'arête, par l'absence de poils à la base et la présence d'une houppe de poils autour du pédicelle. Il est rare de rencontrer dans le commerce une semence ayant plus de 40 à 50 pour 100 de pureté, avec une faculté germinative de 40 pour 100, soit 16 pour 100 de valeur culturale. Son prix est excessivement élevé, 5 fr. 50 le kilogramme. Il faudrait 30 à 35 kilogrammes à l'hectare si on la semait seule. Vu son prix, sa faible valeur culturale et son faible rendement, on ne la fait entrer qu'en petite proportion dans les mélanges.

Le *dactyle pelotonné* (*fig.* 48-49) est la graminée la plus facile à reconnaître parmi celles que l'on rencontre dans nos prairies. Il

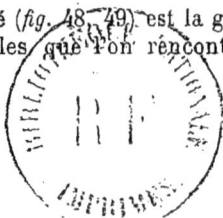

forme des touffes compactes ayant de grosses pousses, qui dans leur jeune âge sont aplaties comme si on les avait comprimées. Avec le fromental, c'est lui qui fournit les tiges les plus grosses. Il croît à toutes les altitudes et sur tous les terrains. C'est une plante forte, vigoureuse, très remontante, repoussant bien sous la dent du bétail.

Fig. 48. — Dactyle pelotonné.
a, épillet en fleur.

Fig. 49. — Dactyle pelotonné.
(Photographie d'après nature.)

Elle peut donner de gros rendements dans les sols frais et profonds. Il ne faut pas laisser le dactyle durcir pour le convertir en foin, il donnerait un fourrage très grossier.

On ne doit mettre qu'une toute petite quantité de graines dans les mélanges pour semailles, car c'est une plante qui prend beaucoup d'extension et finit par faire périr les autres graminées qui se trouvent à côté d'elle. On réserve le dactyle pelotonné surtout aux terres craignant un peu la sécheresse, car il peut fournir un foin de meilleure qualité que dans les sols frais, tout en donnant un rendement supérieur aux autres graminées.

La semence (*fig.* 50) mesure de 5 à 7 millimètres de long et 1 millimètre de large. Sa section est triangulaire. Elle est munie d'une arête qui est déjetée sur le côté. Le pédicelle est petit, cylindrique, de 1 millimètre de long.

Vu le développement de cette plante, il est assez facile d'en récolter la graine, qui peut être fournie avec 75 pour 100 de pureté et une faculté germinative de 70 pour 100, soit 45,5 pour 100 de valeur culturale. Le poids de l'hectolitre est de 16 à 20 kilogrammes. Son prix est de 185 francs les 100 kilogrammes.

Nous avons terminé la description des graminées les plus importantes, celles que nous ferons entrer dans les mélanges. Il en est d'autres qui se trouvent dans le commerce et qui parfois sont ajou-

Fig. 50. — Graine de dactyle et coupe transversale (grossie 5 fois).

tées en quantité plus ou moins grande à celles que nous venons de décrire. Nous nous contenterons d'indiquer les plus communes, en donnant seulement un dessin de leurs graines et une appréciation sur la valeur et la quantité du fourrage qu'elles peuvent nous fournir.

Le *brome des prés* (*fig.* 51) est la graminée par excellence des terrains calcaires secs ; il pousse à toutes les altitudes. Le foin qu'il fournit est un peu dur, de qualité au-dessous de la moyenne. On le fait entrer dans les mélanges pour les terrains craignant la sécheresse. C'est une plante vivace.

La semence du brome des prés (*fig.* 52) mesure 10 millimètres de long sur 1^{mm},5 de large. Lorsqu'on la regarde de côté on aperçoit le pédicelle qui forme saillie.

Fig. 51. — Brome des prés.

Elle est vendue dans le commerce à raison de 105 francs les 100 kilogrammes. Elle est parfois additionnée de semence de brome pinné, mauvaise graminée qui est à peine accep-

tée par les animaux. Elle s'en distingue par l'arête, qui est beaucoup plus longue dans le brome pinné.

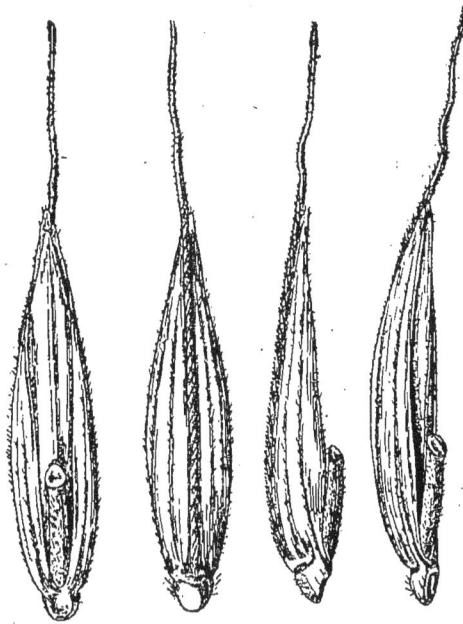

Face ventrale.   Face dorsale.   Vues de côté.
Fig. 52. — Graine de brome des prés (grossie 5 fois).

Le *brome mou* (*fig.* 53), encore appelé *brome doux*, est parfois très
abondant dans les prairies naturelles. Il fleurit de mai en juillet. La
graine, très lourde, tombe avec la plus grande facilité ; la plante se
propage très rapidement, son foin est de qualité moyenne. Les ruminants l'acceptent mieux que les équidés. Pour éviter sa propagation
rapide, il faudrait faucher la prairie avant la maturité des graines,
car c'est une plante annuelle. Très abondante dans les prairies des
environs de Rennes.

La semence du brome mou est aristée (*fig.* 54) ; elle mesure 7 à
8 millimètres de long sur $1^{mm},5$ à 2 millimètres de large. Elle se distingue de celle du brome des prés par ses glumelles qui sont plus
larges à la partie supérieure. La glumelle inférieure possède une
échancrure au milieu de laquelle sort l'arête. La semence du brome
mou est facile à récolter ; elle vaut 65 francs les 100 kilogrammes.

La *crételle des prés* (*fig.* 55) est une jolie petite graminée que l'on rencontre fréquemment dans nos prairies. Elle forme rarement touffe et on la trouve disséminée parmi les autres plantes; elle est peu envahissante et ne nuit pas à la qualité du foin;

Fig. 53. — Brome mou.

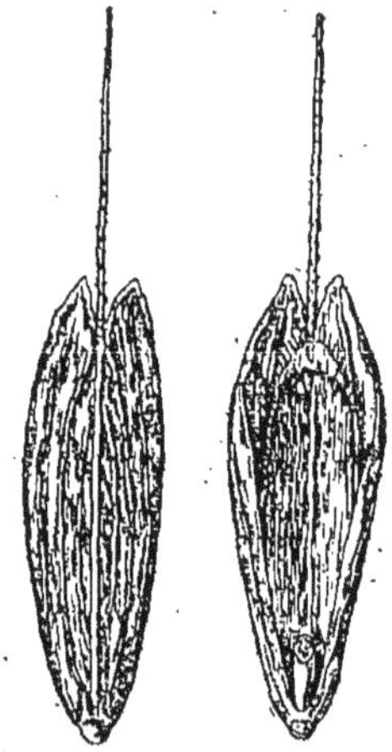

Face dorsale.   Face ventrale.

Fig. 54.
Graine du brome mou
(grossie 5 fois).

elle est plus abondante dans les terrains siliceux que dans les terrains argileux.

On ne la fait entrer dans aucun mélange : son peu de valeur en tant que plante fourragère et le prix élevé de sa graine la font complètement rejeter.

La semence de la crételle des prés (*fig.* 56) mesure $2^{mm},5$ à 3 millimètres de long sur 1 millimètre de large. Le pédicelle est très court. Dans son ensemble, la semence présente des graines de colorations différentes, depuis le rouge brun jusqu'au jaune vif.

La *flouve odorante* (*fig.* 57) est une des graminées les plus précoces. C'est une plante vivace à souche fibreuse, dont l'odeur balsamique a beaucoup contribué à surfaire les qualités fourragères. Cette odeur est due à l'aldéhyde benzoïque qu'elle renferme. La précocité est un de ses plus grands inconvénients. Sa graine est toujours mûre lorsqu'on fauche la prairie, ce qui la rend envahissante ; elle se propage rapidement dans les terres argileuses. Son foin est très aromatique à la floraison, mais a perdu promptement son arome lorsqu'on fauche la prairie, car la plante est sèche alors. Ce n'est donc pas une espèce à multiplier ; la prairie en renferme toujours assez.

Face ventrale. Face dorsale.
Fig. 56. — Graine
de la crételle des prés
(grossie 5 fois).

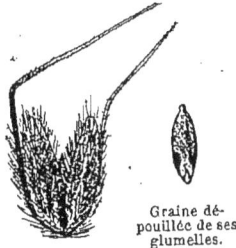

Graine dépouillée de ses glumelles.
Fig. 58. — Graïne
de la flouve odorante
(grossie 5 fois).

Fig. 55.
Crételle des prés.

Fig 57.
Flouve odorante.
a, épillet en fleur.

Le semence de flouve odorante (fig. 58) mesure environ 3 millimètres de long sur 1 millimètre de large. Le fruit est enveloppé de ses glumelles et des deux glumes supérieures qui sont poilues et aristées. La coloration est brun chocolat.

Lorsque les glumes sont enlevées, le fruit reste enveloppé de la glumelle inférieure et ne mesure ensuite que 1^{mm},5.

La *brize tremblante* (*fig.* 59, 60), encore appelée *langue de femme*, *amourette*, se reconnaît facilement à sa panicule lâche, tremblotante, portant des épillets cordiformes, ovales, plus larges que longs, panachés de vert et violet. Cette graminée est commune sur les talus, dans les prairies un peu élevées. Elle est très gracieuse. Elle prend peu de développement et donne peu de foin. On n'a aucun intérêt à favoriser son extension.

La semence (*fig.* 61) mesure 3 millimètres de long sur 1 milli-

Fig. 59. — Brize tremblante.

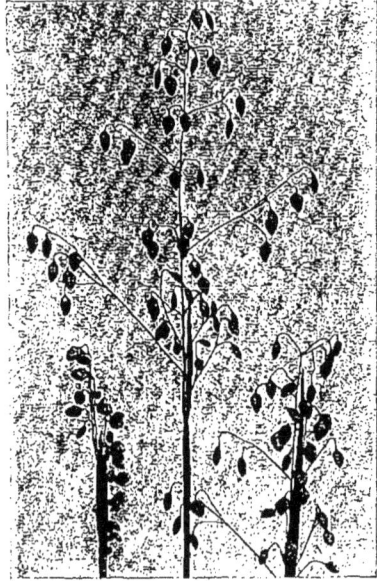

Fig. 60. — Brize. (Photogr. d'après nature.)

mètre 1/2 de large. Elle se présente sous la forme d'une écaille ; le fruit est dans le renfoncement.

La *gaudinie fragile* est une graminée de 20 à 50 centimètres de hauteur, qui se trouve en abondance dans les prairies de la Vendée et de l'Ille-et-Vilaine. Elle tire son nom de la fragilité de l'axe de son épi, qui se casse au moindre choc.

Vue de face.   Vue latérale.   Coupe transversale
Fig. 61. — Graine de brize tremblante
(grossie 5 fois).

C'est une plante annuelle, qui ne donne pas beaucoup de foin. On n'a aucun intérêt à en favoriser le développement. Aussi sa graine (*fig.* 62) ne se trouve-t-elle pas dans le commerce. On ne la fait entrer dans aucun mélange.

· La *molinie bleue*, dont nous représentons la graine (*fig.* 63), est une forte graminée pouvant atteindre jusqu'à 1ᵐ,20 de hauteur. Toute la plante a une teinte bleue. Elle se cantonne dans les prés bas, humides, et affectionne tout particulièrement les terrains de landes et de bruyères. Très abondante dans les landes de Bretagne, dans les landes de Gascogne, dans les forêts, etc.

Les animaux ne la consomment pas à l'état vert. Tout au plus peut-on l'utiliser pour leur faire la litière.

Elle indique une terre manquant de calcaire.

Les *agrostides*, encore appelés *traînasse*, sont les graminées les plus répandues dans les prairies et les herbages établis en terrains argileux. Ce sont des plantes très envahissantes, peu nutritives ; les chevaux ne les acceptent pas, les ruminants les utilisent mieux. Elles fournissent un foin mou, de qualité médiocre. C'est un inconvénient sérieux lorsqu'elles forment la base d'une prairie, car ce sont des plantes tardives dont on est obligé d'attendre la montée avant de couper l'herbe. Pendant ce temps les mauvaises plantes ont le temps de mûrir leurs graines et de se multiplier. Ce serait une faute grave de faire entrer l'agrostis dans les mélanges de graines de prairies.

L'épillet ne renferme qu'une fleur donnant une graine (*fig.* 64).

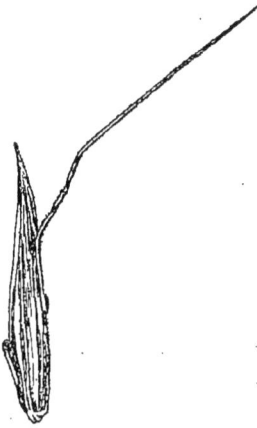

Fig. 62.
Graine de gaudinie fragile
(grossie 5 fois).

Fig. 63.
Graine de
molinie
bleue
(grossie 5 fois).

Fig. 64.
Graine
d'agros-
tide
(gr. 5 fois).

Famille des légumineuses. — Dans toutes les prairies il existe et il doit exister une certaine proportion de légumineuses, qui augmentent la quantité et la qualité du fourrage. Ce sont les luzernes, les trèfles, les lotiers et le sainfoin que l'on rencontre le plus communément.

La *luzerne cultivée* (*fig.* 65, 66) est peu répandue dans les prairies naturelles. On a cependant intérêt à en introduire une certaine proportion dans les mélanges destinés à ensemencer les prairies. Pour qu'elle puisse réussir, il est nécessaire que le sol soit profond, perméable, sain et bien pourvu d'acide phosphorique et de potasse : on en met tout au plus 2 à 3 kilogrammes par hectare.

Fig. 65. — Luzerne cultivée.
a, fleur ; *b*, graine.

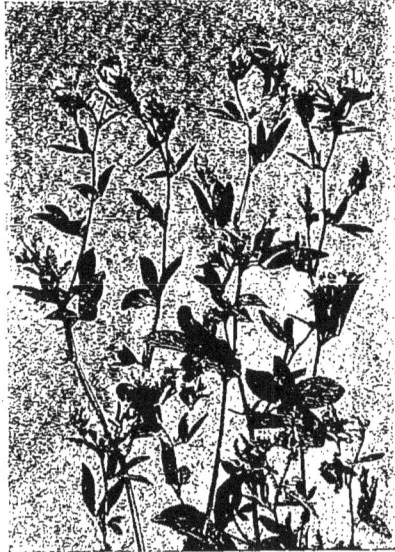

Fig. 66. — Luzerne cultivée.
(Photographie d'après nature.)

La graine de la luzerne cultivée (*fig.* 67) mesure $2^{mm},5$ de long sur 1 millimètre de large. Elle ressemble à un haricot en miniature. Sa coloration est jaune clair ; elle devient rouge en vieillissant.

La semence doit être exempt de graines de cuscute et présenter 98 pour 100 de pureté dont 90 pour 100 en état de germer, soit

Vue de face. Vues latérales.
Fig. 67. — Graine de luzerne cultivée (grossie 5 fois).

$$\frac{98 \times 90}{100} = 88,2 \text{ pour } 100$$

de valeur culturale.

Semée seule, on en met 20 à 25 kilogrammes à l'hectare.

La *luzerne lupuline* (*fig.* 68, 69), encore appelée *minette*, *bujauline*, est assez commune dans nos prairies bien entretenues. On la rencontre à l'état spontané sur le bord des prairies et des chemins.

Elle atteint une hauteur de 15 à 20 centimètres et devient fauchable lorsqu'on la sème sur un sol fertile. Peu exigeante sur la nature du

Fig. 68.
Luzerne lupuline.

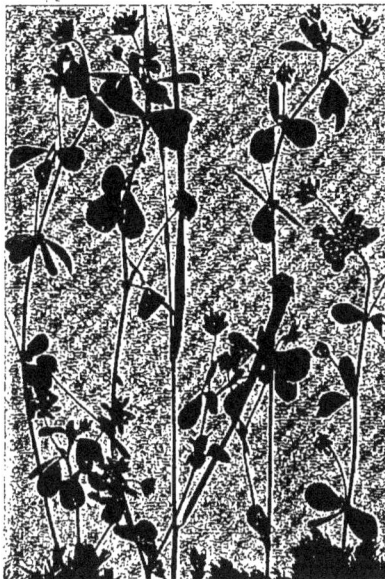

Fig. 69. — Lupuline.
(Photographie d'après nature.)

sol, elle peut végéter dans des stations très diverses. Le foin qu'elle fournit est très fin et délicat; il est réservé pour les petits animaux de la ferme.

C'est une plante annuelle, précoce, qui se multiplie assez rapidement, lorsque le sol lui convient, par ses graines, lesquelles se conservent dans le sol.

Fig. 70.
Graine
de luzerne
lupuline
décortiquée
(grossie 5 fois).

La graine de lupuline (*fig.* 70) mesure 2 millimètres de long sur 1 millimètre de large. Elle a quelque ressemblance avec celle de la luzerne ordinaire. Elle possède au hile une pointe formée par la radicule. Sa coloration est jaune verdâtre; mais lorsqu'elle vieillit, sa coloration passe au rouge brun. Les semences ont à peu près la même valeur culturale que celles de la luzerne, environ 80 à 85 pour 100. On en met de 20 à 25 kilogrammes à l'hectare. Le prix est de 70 francs les 100 kilogrammes; le poids de l'hectolitre est de 75 à 80 kilogrammes. On en met 2 ou 3 kilogrammes à l'hectare.

Les trèfles sont les légumineuses les plus abondantes dans les prairies naturelles, notamment le trèfle blanc, le trèfle des prés et le trèfle hybride.

Le *trèfle blanc* (*fig.* 71) forme le fond des pâturages et des herbages de Normandie et du Nivernais; il donne peu de foin : à peine si la faux peut l'attraper. En revanche, il repousse très bien sous la dent des animaux et constitue une excellente nourriture pour les bestiaux qui le pâturent.

Pendant les grandes sécheresses, c'est la seule plante, avec le *trèfle fraise*, qui alimente les animaux dans les herbages de la Vendée.

On le fait entrer dans la proportion de 5 à 10 pour 100 dans les prairies à faucher.

La graine de trèfle blanc (*fig.* 73) mesure 1 millimètre de long sur $0^{mm},5$ de large. Jeune, elle est de coloration jaune clair. Elle a la forme d'un cœur plus ou moins régulier. Les faces sont d'épaisseur inégale. Cette graine devient rougeâtre en vieillissant. Le commerce la livre généralement avec une pureté de 95 pour 100. Sa faculté germinative est environ de 75 pour 100. Sa valeur culturale est de $\dfrac{75 \times 95}{100} = 71,25$. Le poids de l'hectolitre est de 80 kilogrammes. Le prix est de 300 francs les 100 kilogrammes.

Fig. 71, 72. — 1, Trèfle blanc (*a*, fleur).
2, Trèfle des prés
(*b*, fleur; *c*, coupe de la fleur).

Vue latérale. V. de face.
Fig. 73. — Graine de trèfle blanc
(grossie 5 fois).

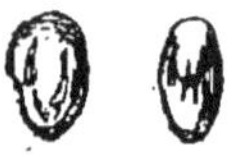

Vue latérale. V. de face.
Fig. 74. — Graine de trèfle des prés
(grossie 5 fois).

Le *trèfle des prés* (*fig.* 72) forme une excellente plante fourragère, que l'on rencontre dans toutes les prairies bien tenues et suffisamment fertiles. Elle repousse bien sous la dent du bétail et doit se

trouver dans toutes les prairies de fauche. Pour qu'elle puisse réus-sir, il faut que la terre soit suffisamment riche en chaux, en acide phosphorique et en potasse.

La graine de trèfle (*fig.* 74) est ovoïde, lisse, jaune clair, violette ou panachée de jaune ou de violet, beaucoup plus grosse que celle du trèfle blanc.

Le *trèfle hybride* (*fig.* 76) tient le milieu entre le trèfle blanc et le trèfle des prés quant aux dimensions; on le reconnaît facilement à sa fleur panachée de blanc et de rose. C'est dans l'est de la France qu'on le trouve le plus abondamment. Il se plaît parfaitement dans les sols frais renfermant de la chaux. Dans de telles con-ditions, on devra toujours le faire entrer dans les mé-langes dans la proportion de 10 à 15 pour 100.

La valeur nutritive du fourrage fourni par le trèfle hybride est comparable à celle du trèfle des prés et du trèfle blanc. Il repousse assez

Fig. 75. — Trèfle blanc. (Phot. d'après nature.)

bien sous la dent des animaux. Il fleurit plus tard que le trèfle des prés.

La graine de trèfle hybride (*fig.* 77) mesure 1 millimètre de long sur $0^{mm},75$ de large. Elle a la forme d'un cœur plus ou moins régulier. Sa coloration est verdâtre, quelques-unes brun violacé; elle passe au rouge brun lorsque les graines sont vieilles. Il est assez facile d'obtenir des graines pures; le commerce les livre avec 97 pour 100 de pureté. Leur faculté germinative dépasse rarement 75 pour 100, soit une valeur culturale de $\dfrac{97 \times 75}{100} = 73$ pour 100.

Si on la semait seule, il en faudrait de 11 à 20 kilogrammes à l'hectare; 1 hectolitre pèse en moyenne de 75 à 80 kilo-grammes.

Le prix de cette graine est de 3 fr. 80 le kilogramme.

Le *trèfle jaune des sables* (*fig.* 78), encore appelé *anthyllide vulné-raire*, croît spontanément sur les terrains calcaires et silico-calcaires, légers et secs. On le cultive seul sur des sols légers pour remplacer le trèfle ordinaire, lorsque le sol ne veut plus en porter; on en fait entrer une certaine quantité dans le mélange des plantes à introduire sur un sol calcaire, perméable et sec, lorsque l'on veut créer une

Vue latérale. V. de face.
Fig. 77. — Graine
de trèfle hybride
(grossie 5 fois).

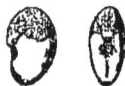

Fig. 79. — Graine
de trèfle jaune
des sables
(grossie 5 fois).

Fig. 76.
Trèfle hybride

Fig. 78. — Trèfle jaune
des sables.

prairie naturelle. Dans des conditions semblables, on en met de 3 à 5 kilogrammes.

La graine de trèfle jaune (*fig.* 79) est ovoïde, un peu aplatie. Elle mesure 2 millimètres de long sur 1 millimètre de large. Elle a un bout coloré en vert et l'autre en jaune. Lorsque la graine vieillit, le bout jaune se colore en rouge.

Les semences se présentent dans le commerce avec un degré de pureté de 95 pour 100 et une faculté germinative de 90 pour 100. Sa valeur culturale est de $\frac{95 \times 90}{100} = 85$ pour 100. Lorsqu'on la sème seule, on en met 20 kilogrammes à l'hectare. Le poids de l'hecto-litre est de 75 à 80 kilogrammes. Le prix est de 1 fr. 80 le kilo-gramme.

Le _sainfoin_ (_fig._ 80, 81) est la légumineuse qui convient le mieux, avec la minette et l'anthyllide vulnéraire, dans les sols légers, calcaires, redoutant la sécheresse. Il donne un foin excellent ; les ani-

Fig. 80. — Sainfoin.
_a_, fleur ; _b_, graine.

Fig. 81. — Sainfoin.
(Phot. d'après nature.)

maux le pâturent avec avidité. Il n'occasionne pas de météorisation comme le trèfle des prés.

On le sème surtout pour obtenir des prairies temporaires en sols calcaires. C'est une plante vivace, dont la durée ne dépasse guère 4 à 5 ans ; sa courte durée est un inconvénient pour une prairie naturelle, mais il finit par disparaître. On mettra le sainfoin en petite proportion, environ 6 à 10 pour 100, dans les mélanges.

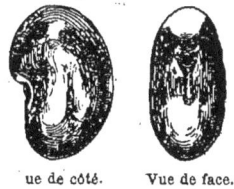

ue de côté.   Vue de face.
Fig. 82.
Graine de sainfoin
(grossie 5 fois).

La graine de sainfoin (_fig._ 82), non décortiquée, mesure 7 millimètres de long sur 5 millimètres de large. La surface est couverte de saillies qui circonscrivent des polygones. Décortiquée, elle a la forme d'un haricot; elle mesure 4 millimètres de long sur 3 millimètres de large. Le commerce livre la graine de sainfoin avec une pureté de

Fig. 83. — Lotier corniculé.
a, fleur; b, fruit.

Fig. 84. — Lotier corniculé.
(Photogr. d'après nature.)

95 à 98 pour 100 et une faculté germinative de 80 à 85 pour 100, soit une valeur culturale de $\frac{85 \times 98}{100} = 83,30$ pour 100. Lorsqu'on la sème seule, on en met de 150 à 180 kilogrammes à l'hectare. Le poids de l'hectolitre est de 30 à 35 kilogrammes. Le prix est de 50 francs les 100 kilogrammes. Elle est souvent additionnée de graine de pimprenelle, qui lui ressemble par sa coloration. Elle en diffère par sa forme, qui est oblongue; par sa surface chagrinée,

Fig. 85.
Graine de lotier
(grossie 5 fois).

sur laquelle passent deux ellipses qui se coupent à angle droit.

On rencontre encore, dans les prairies, de bonnes légumineuses qui fournissent un très bon foin et une excellente herbe à pâturer. Ce sont les lotiers : le lotier corniculé et le lotier velu.

Le *lotier corniculé* (*fig*. 83, 84) est une très bonne plante de prairie naturelle et d'herbage. On le rencontre un peu partout, dans tous les sols et sous tous les climats. Malheureusement, il fournit un fourrage peu abondant; mais, comme cette plante n'est jamais dominante, elle n'influe pas beaucoup sur le rendement.

Les gousses arrivent successivement à maturité et s'ouvrent avec la plus grande facilité. Il est très difficile de récolter sa graine; aussi est-elle très chère, environ 2 fr. 40 le kilogramme. C'est pour ces deux raisons qu'on la fait rarement entrer dans un mélange pour prairies de fauche; parfois on en met un peu dans les herbages : 2 à 3 pour 100.

La graine du lotier corniculé (*fig*. 85) mesure $1^{mm},5$ de long sur 1 millimètre de large. Sa coloration est brun chocolat. Elle est souvent additionnée de graine de plantain lancéolé, qui a la même coloration, mais qui est plus allongée. La graine de plantain porte sur une de ses faces une petite fossette, tandis que l'autre est bombée.

Le *lotier velu* croît principalement dans les endroits humides. Ses tiges sont rampantes et émettent des stolons. C'est la seule légumineuse, avec le trèfle hybride, parmi celles consommées par le bétail, qui végètent dans les sols bas et humides.

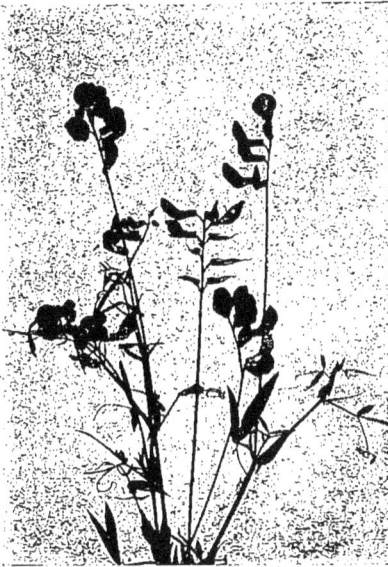

Fig. 86. — Gesse des prés.
(Photographie d'après nature.)

Ses graines ont à peu près la même forme que celles du lotier corniculé; elles sont plus petites et multicolores : on en rencontre de rousses, de jaunes, de noires et de vertes. On pourrait les confondre avec celles du trèfle hybride, mais elles en diffèrent par leur forme; elles sont en outre plus remplies.

La *gesse des prés* (*fig*. 86) est également une bonne légumineuse que l'on rencontre dans les prairies; mais on ne la sème jamais.

Toutes les autres graines que nous trouverons parmi celles que nous venons de décrire sont considérées comme des graines de plantes nuisibles ; car, bien que toutes ne portent pas préjudice à la santé des animaux domestiques, elles sont nuisibles en ce sens qu'elles gênent la prospérité des plantes que nous voulons voir se développer.

ENSEMENCEMENT DE LA PRAIRIE

Trop fréquemment encore le cultivateur emploie pour ensemencer sa prairie des graines dont il ne connaît pas la provenance. Le plus souvent il utilise les balayures des greniers à foin, les débris provenant de l'emplacement des meules. Tous ces débris, appelés *fenasses,* devraient être complètement rejetés et ne jamais être employés pour ensemencer une prairie. Et cela pour plusieurs raisons :

1° En principe, on doit couper la prairie lorsque la majeure partie des plantes qui la composent est en fleur. Par conséquent, toutes les plantes qui ont pu mûrir leurs graines jusqu'à l'époque de la fauchaison ne peuvent être que des plantes précoces, comprenant des graminées, des légumineuses et des plantes nuisibles. Si donc on répand un tel mélange, on est certain d'avoir une prairie où croissent des plantes diverses, dont on ne connaît pas la proportion, fournissant pour la plupart un foin de médiocre qualité ;

2° Les plantes seraient-elles de bonne qualité, que l'on ne sait exactement ce que l'on fait. Il est impossible de déterminer la proportion de chacune d'elles, le nombre de graines pouvant germer, leur degré de pureté.

En répandant un pareil mélange sur un sol bien préparé, on risque fort d'introduire dans sa prairie des mauvaises plantes, notamment des renoncules, des colchiques, etc. Comme la faculté germinative des graines est très faible, il reste de nombreux espaces non ensemencés, alors que dans d'autres le semis est trop épais. Les plantes adventices, dont les graines sont facilement disséminées par le vent, viennent occuper les espaces restés libres. Ce sont : le pissenlit, le cirse des champs, le cirse des marais, le cirse anglais, la barkhausie, etc.

Nous avons analysé une *fenasse* répandue sur le bord des

fossés d'une prairie en Ille-et-Vilaine; nous y avons trouvé du brome doux dans la proportion de 60 pour 100; du ray-grass d'Italie, 20 pour 100; de la gaudinie fragile, 15 pour 100; de la renoncule des prés, 4 pour 100; des légumineuses, 1 pour 100.

On ne saurait donc trop s'élever contre cette mauvaise pratique agricole qui consiste à employer des fenasses pour ensemencer des prairies dans le seul but d'économiser 60 à 65 francs représentant le prix de la graine nécessaire. On est obligé d'attendre cinq à six ans avant d'avoir un rendement régulier. Pendant ce temps, les plantes adventices de la région ont le loisir de s'implanter dans le sol.

On rencontre très fréquemment dans le commerce des mélanges tout préparés convenant à tel ou tel sol. Ce serait encore une erreur que d'employer des formules toutes préparées. Elles ont l'inconvénient de coûter cher. Il est difficile de savoir exactement le nombre de plantes qui entrent dans le mélange, la valeur culturale des graines de chacune des espèces. Pour ces diverses raisons, on évitera donc de les employer et on achètera les graines séparément. Le cultivateur fera lui-même le mélange. Il suivra en cela le même principe que pour les engrais. Chaque engrais est acheté séparément et le mélange est fait ensuite.

Il y a plusieurs avantages à opérer de cette façon : les frais de main-d'œuvre sont diminués ; il est possible de déterminer la faculté germinative des graines de chaque espèce, de faire le mélange dans les proportions voulues en se guidant sur la nature du sol. Avant d'effectuer le mélange, il faut tenir compte de certaines règles relatives à la nature du sol et à la destination de la prairie :

1° Si la prairie doit être fauchée sans être pâturée, on n'associera que des plantes hautes, de façon que la faux puisse les couper ;

2° Il faut, en outre, que l'époque de floraison de ces plantes soit la même pour toutes ;

3° Elles devront repousser rapidement, de façon à fournir une seconde coupe ;

4° Dans les prairies qui sont alternativement fauchées et pâturées, on fera entrer des plantes basses ne souffrant pas de la dent du bétail et végétant rapidement, de façon que les animaux puissent toujours trouver un gazon vert. Dans ce cas, le trèfle blanc sera mis en plus grande quantité ;

5° Dans les herbages où les animaux doivent rester pendant toute l'année, il faut faire entrer des espèces végétant pendant longtemps, des plantes précoces, des plantes à végétation moyenne et des plantes tardives, afin que les animaux aient toujours à leur disposition de l'herbe tendre.

Les plantes qui arrivent en fleur à peu près à la même époque sont : le pâturin des prés, le vulpin, les ray-grass, le brome, le fromental, le dactyle, le trèfle commun, le trèfle blanc, la minette, le sainfoin. Ces plantes, associées dans une certaine proportion, forment des prairies qui sont mûres de bonne heure.

Parfois le cultivateur a avantage à créer des prairies dont les plantes sont précoces, sur lesquelles il lui est possible de conduire son bétail en attendant que l'herbe se développe dans les herbages. Il arrive souvent que les cultivateurs vendéens et normands, lorsque les ressources fourragères font défaut, font primherber leurs prairies de fauche pendant huit ou quinze jours, puis conduisent le bétail ensuite dans les herbages.

Le trèfle hybride, le pâturin commun, la fétuque, la fléole sont plutôt des plantes qui fleurissent tardivement, tandis que le trèfle des prés, la luzerne, le trèfle blanc, le trèfle fraise, l'anthyllide vulnéraire sont des plantes à floraison intermédiaire.

Malheureusement, les exigences des plantes au point de vue de la nature du sol ne coïncident pas avec l'époque de floraison.

Les terres argileuses, qui sont généralement des terres froides, conviennent bien au pâturin des prés, au vulpin, aux ray-grass, trèfle commun, trèfles blanc ou hybride, tandis que le fromental, le ray-grass anglais, le dactyle, le brome des prés, associés au trèfle blanc, à la minette, au sainfoin avec un peu de luzerne, conviennent bien pour les terres calcaires un peu sèches.

Bien des conditions peuvent faire varier la proportion de chaque espèce à faire entrer dans le mélange. Il y aura lieu de tenir compte de la richesse du sol, du climat, de l'exposition, de l'abondance et de la richesse des eaux dont on dispose. C'est pour ces diverses raisons qu'il sera impossible de fournir une formule invariable pour chaque nature de terre. Elle ne peut que

servir de guide, et suivant telle ou telle circonstance il sera nécessaire de la modifier.

Nous empruntons à l'ouvrage de M. Berthault un exemple de
mélange pour quelques natures de terres :

Mélange pour sol argilo-calcaire frais.

ESPÈCES CHOISIES	VALEUR CULTURALE de la semence.	QUANTITÉ A SEMER par hectare si on semait la plante seule.	PROPORTION A INTRODUIRE	QUANTITÉ RÉELLE A SEMER	PRIX DE L'UNITÉ	PRIX TOTAL
		kil. gr.		kil. gr.	fr. c.	fr. c.
Paturin des prés...	40 0/0	24 »	25 0/0	6 »	1,60	9,60
Vulpin des prés...	14 —	55 »	10 —	5,500	3,10	17,05
Ray-grass anglais..	65 —	67,500	20 —	13,500	»,85	11,45
Ray-grass d'Italie..	54 —	68 »	15 —	10,200	1,10	11,20
Trèfle des prés....	89 —	20 »	20 —	4 »	2,60	10,40
Trèfle blanc......	69 —	12,60	10 —	1,250	3,50	4,40
			100	40,450		64,10

Les chiffres de la colonne numéro 2 indiquent la valeur culturale,
c'est-à-dire la quantité pour cent de graines pouvant germer de la
semence. Ainsi qu'on l'a vu précédemment, ces chiffres s'obtiennent
en multipliant le coefficient de pureté par celui de la faculté germinative. Le produit obtenu est divisé par 100. Exemple : coefficient de pureté du pâturin, 80 pour 100 ; faculté germinative,
50 pour 100 ; valeur culturale : $\frac{80 \times 50}{100} = 40$ pour 100.

Les stations agronomiques et les stations de semence déterminent
parfaitement ces deux coefficients. Le cultivateur, connaissant bien
les quinze ou vingt graines dont on peut se servir, séparera facilement les impuretés, ce qui donnera le premier coefficient. Les germi-
nations des semences ainsi triées réussissent très bien en les enfer-
mant dans du buvard maintenu humide dans une salle chauffée ; le
comptage des germes donne le deuxième coefficient.

La colonne numéro 3 renferme la dose qu'il faudrait semer par
hectare de la semence dont on dispose si on la semait seule. Les
nombres qu'elle renferme sont calculés en prenant pour base les

indications fournies à l'étude de chaque plante sur la quantité à semer d'une valeur culturale déterminée. Nous avons admis, par exemple, qu'une bonne semence de pâturin des prés, à valeur culturale de 47,5 pour 100, devait être employée à raison de 20 kilogrammes à l'hectare. La valeur culturale de notre semence n'étant que de 40 pour 100, d'après notre exemple, il est évident que nous aurons le nombre de kilogrammes à répandre par hectare par le calcul suivant :

$$\frac{20 \times 47,50}{40} = 23 \text{ kilogr. } 750.$$

Mélange pour sol calcaire, irrigué.

Pâturin des prés	15	pour 100
Fromental	20	—
Ray-grass anglais.	15	—
Dactyle.	10	—
Brome des prés.	10	—
Trèfle blanc	10	—
Trèfle commun.	10	—
Sainfoin	10	—
Total.	100	

Le praticulteur a souvent intérêt à forcer un peu la dose de semence, mais sans exagération. C'est surtout lorsque le sol n'est pas parfaitement ameubli qu'il est trop mouillé ou trop froid ; dans ce cas, les graines lèvent mal, il s'en perd une certaine quantité : l'engazonnement serait alors mauvais; les espaces non occupés par les bonnes espèces seraient envahis par des plantes adventices.

Mélange pour sol argilo-siliceux, très compact.

Ray-grass anglais.	20	pour 100
Pâturin commun.	20	—
Fétuque des prés	15	—
Fléole.	15	—
Trèfle commun	15	—
Trèfle hybride.	15	—
Total.	100	

Pour les herbages du Nivernais, A. Boitel conseille la for-

mule suivante, en sol d'alluvions riches, plus ou moins calcaires :

Pâturin des prés.	20	pour 100
Fléole des prés	20	—
Ray-grass vivace.	20	—
Fétuque des prés	20	—
Trèfle blanc	20	—
Total.	100	—

Autre formule convenant pour établir une prairie à faucher
sur les alluvions fraîches et fertiles des vallées :

Pâturin commun.	20	pour 100
Fléole.	10	—
Ray-grass vivace.	20	—
Fromental.	10	—
Dactyle.	10	—
Fétuque des prés	10	—
Trèfle blanc.	4	—
Trèfle ordinaire	8	—
Trèfle hybride	5	—
Minette	3	—
Total.	100	

Autre formule. Prairie à faucher sur sol riche, en coteau ou
en plateau moins frais que le précédent :

Pâturin commun.	16	pour 100
Ray-grass vivace.	16	—
Trèfle ordinaire	6	—
Trèfle hybride.	3	—
Fromental.	17	—
Dactyle	15	—
Trèfle blanc.	4	—
Luzerne.	3	—
Minette	3	—
Sainfoin.	17	—
Total	100	—

Le cultivateur détermine la proportion dans laquelle chaque

plante doit entrer dans le mélange, sur le papier. Ce n'est qu'après avoir établi la formule qu'il opère le mélange.

Toutes les graines que nous sèmerons n'ont pas la même densité. Les unes sont légères, les autres sont lourdes. Si on se contentait de répandre le mélange de toutes les graines à semer, on arriverait à de mauvais résultats. Les graines mises dans le semoir en toile, sous l'action des trépidations causées par la marche du semeur, se sépareraient par ordre de densité ; les légères monteraient à la surface, alors que les lourdes descendraient au fond. Les graminées qui ont des semences légères seraient semées par place, il en serait de même pour les légumineuses à semence lourde.

Il y a donc lieu de faire deux ou trois lots établis d'après la densité des graines. Dans le premier lot on mettra toutes les graminées, sauf la fléole, qui a une graine se rapprochant de celle des légumineuses ; dans le deuxième lot on mettra toutes les légumineuses et la fléole, moins le sainfoin, qui sera toujours semé à part.

Nous avons vu, lors de notre étude sur les graines des graminées de prairies, que toutes ne sont pas de même grosseur. En principe, plus les semences sont grosses, plus on doit les enfouir profondément, environ de cinq à huit fois leur diamètre, selon la nature du sol et l'époque du semis. Parmi les graminées, il serait peut-être nécessaire, lorsque le sol destiné à les recevoir est sec, de faire deux lots. Le premier lot comprendrait les ray-grass, la fétuque, le brome, le fromental. Le deuxième lot serait composé des pâturins, du dactyle, du vulpin, de l'avoine jaunâtre.

Voici donc comment on pratiquera le semis. Le sainfoin sera semé le premier et enfoui par un hersage ordinaire. Le premier lot de graminées sera distribué et enfoui avec une herse légère à chaînon ou en épines. On sèmera ensuite le deuxième lot de graminées, puis les légumineuses, que l'on enfouira à l'aide du rouleau. Si l'on prévoit la pluie dans un ou deux jours, on se dispensera de rouler. La pluie en tombant enterrera suffisamment ces petites graines.

Ce n'est que lorsque le sol sera bien ressuyé que l'on donnera un coup de rouleau pour faire adhérer les graines au sol et faire remonter l'eau des couches inférieures. On ne doit confier l'exécution du semis d'une prairie qu'à une personne expérimentée, car il est difficile de bien répandre des graines d'un aussi faible volume. Il faudra, en outre, profiter d'un temps calme.

Époque du semis. — A quelle époque convient-il de semer la prairie? Les avis sont partagés. Cela dépend du climat sous lequel on se trouve, ainsi que de la nature du sol. Dans les sols sains et sous les climats méridionaux où l'on a plus à craindre la sécheresse que les excès de froid, il est préférable de semer en automne. La jeune prairie prend suffisamment de développement et peut résister à la sécheresse de l'été. Sous les climats brumeux et froids, il est préférable d'attendre le printemps, car les jeunes plantes souffriraient énormément des alternatives de gel et de dégel.

En octobre 1902, à l'École nationale d'agriculture de Rennes, nous avions semé, dans nos carrés d'expériences, toutes nos plantes de prairies naturelles. Le sol était humide; toutes, à l'exception du fromental, ont souffert du froid, et au printemps suivant il nous a fallu recommencer le semis.

Le semis doit-il se faire sur un sol nu ou sur un sol ombragé? Les avis sont encore partagés. Lorsque l'on fait le semis sur un sol nu, les plantes prospèrent mieux, elles profitent au maximum de la lumière et de la chaleur, mais on perd une récolte. L'impôt et le loyer du sol ne sont pas remboursés. On sèmera en sol nu dans le cas du semis d'automne ou dans le cas d'un sol ayant subi d'importants travaux de terrassement ou d'irrigation.

On comprend, en effet, que les véhicules détérioreraient les travaux lorsqu'on enlèverait la céréale. Dans la plupart des autres cas, on sèmera comme plante-abri une céréale de printemps, de préférence de l'*orge* (*fig.* 87, 87 *bis*). Cette plante, en effet, talle peu; ses feuilles ont une direction verticale : elle n'empêche donc pas

Fig. 87 et 87 *bis*.
1, orge commun; 2, orge à 2 rangs.

la lumière d'arriver jusqu'aux jeunes plantes. Pendant les sécheresses, elle leur donne un peu d'ombrage, ce qui diminue leur transpiration.

Lorsque le sol a été bien fumé et que la céréale n'est pas trop épaisse, on peut sans grand inconvénient lui laisser mûrir ses graines ; mais si la céréale est trop épaisse, il ne faut pas hésiter à la couper en vert, car elle étoufferait les jeunes plantes. Pour quelques hectolitres d'orge, il ne faut pas sacrifier l'avenir d'une prairie qui doit occuper le sol pendant des années. On sèmera donc l'orge très clair.

Lorsque toutes les opérations culturales ont été bien exécutées, la prairie se développe rapidement et de bonne heure ; au printemps, elle tapisse le sol si le semis a eu lieu à l'automne. On pratiquera un arrosage, s'il est nécessaire, lorsque les plantes commenceront à lever. (V. IRRIGATIONS, p. 63.) A l'automne, on peut se trouver en présence d'une prairie régulièrement ensemencée ou bien irrégulièrement ensemencée, des circonstances diverses ayant empêché la levée des graines.

Certains auteurs ont recommandé, dans le cas d'une prairie irrégulièrement levée, de laisser monter les plantes à graines, de les couper lorsqu'elles sont mûres et de les battre sur le terrain. Nous ne sommes pas de cet avis. Il vaut mieux couper les herbes dès la floraison. En opérant de cette façon, les jeunes plantes talleront plus rapidement, on évitera ainsi l'épuisement des pieds qui produiraient des graines. Les espaces non ensemencés ou insuffisamment garnis recevront des graines mélangées dans la même proportion que pour le semis primitif. Le sol ne sera pas encore trop tassé ; il suffira d'un coup de herse d'épines ou de rouleau pour les enterrer. Si on laissait ces places vides sans les ressemer, les plantes adventices de la région s'y implanteraient.

Dans le but de faire taller les touffes des jeunes plantes, certains cultivateurs, au lieu de la faucher, envoient paître leurs animaux, bœufs, chevaux et moutons, sur la jeune prairie. C'est une faute. Les animaux, notamment les moutons et les chevaux, coupent très ras le collet des plantes et parfois même les arrachent. En outre, ils piétinent le sol par endroits et font disparaître les plantes qui ne sont enracinées que très superficiellement. Il vaut mieux attendre la troisième année pour conduire les animaux sur une jeune prairie. On évite ainsi bien des déboires ; à partir de ce moment, la prairie peut être considérée comme une prairie ancienne et sera traitée comme telle.

EXPLOITATION DES PRAIRIES DE FAUCHE

La plupart du temps l'herbe des prairies naturelles est transformée en foin. Ce n'est que dans certains cas que l'on fait consommer en vert le fourrage. On peut aussi conserver l'herbe par l'ensilage, lorsque le temps n'est pas propice, pour exécuter le fanage des plantes dans de bonnes conditions.

Tout d'abord, à quel état du développement des plantes convient-il de les couper ?

Fauchaison. — Les plantes jeunes sont plus riches que celles qui ont mûri leurs graines ; les analyses diverses qui ont été faites nous l'ont montré. Les animaux qui sont mis au pâturage dès le mois d'avril s'engraissent plus rapidement que ceux qui sont mis au mois de juin. Mais les plantes jeunes, si elles sont plus riches en principes utiles assimilables, ont l'inconvénient de donner peu de foin. Elles sont aussi plus difficiles à faner, car elles contiennent plus d'eau.

Les plantes coupées après la floraison sont faciles à faner ; mais elles sont moins digestibles, elles renferment plus de cellulose, les principes utiles qu'elles contenaient ont émigré en partie dans les ovules fécondés. Ces graines en voie de formation tombent sur le sol lorsque l'on fane la plante, ce qui est une cause de pertes. Les coupes tardives retardent la poussée du regain, ce qui est une autre cause de pertes.

Le moment le plus favorable pour faucher la prairie est celui où la majeure partie des plantes qui la composent est en pleine floraison. Les praticiens disent que la prairie est *mûre*. Elle offre un aspect particulier : les panicules des graminées, au lieu d'être resserrées comme avant et après l'anthèse, sont au contraire très étalées, très ouvertes. Quant aux légumineuses, il est facile de reconnaître leurs fleurs colorées.

Il est des cas où l'on doit devancer l'époque de la fauchaison, c'est lorsque l'herbe est couchée de bonne heure. La base des plantes privée de lumière jaunit, ce qui diminue considérablement la qualité du fourrage. On obvie à cet inconvénient en fauchant plus tôt. Dans d'autres cas on a intérêt à retarder l'époque de la fauchaison de quelques jours, lorsqu'on prévoit une période de pluie. Le préjudice causé par le retard est moins grand que celui causé par la pluie.

Suivant la région, la configuration du sol, l'état des plantes et du sol, l'étendue et l'importance de l'exploitation, on emploie pour faucher les prairies soit la faux, soit la faucheuse. Dans tous les cas, on coupe les plantes aussi près que possible du sol. Lorsque la coupe est trop haute, les chicots qui restent gênent le bétail.

Si l'on donne le fauchage de la prairie à l'entreprise, il faut veiller à ce que la coupe soit régulière. Souvent, pour aller plus vite, l'ouvrier prend un coup de faux trop étendu : le milieu du train est coupé plus court, les bords sont plus élevés (*fig.* 88) ; ou bien la coupe est en crémaillère (*fig.* 89), lorsque la largeur prise par chaque coup de faux est trop grande.

Fig. 88. — Coup de faux trop large.
Andain vu dans le sens transversal.

Fig. 89. — Coupe en crémaillère.
Andain vu dans le sens longitudinal.

Fanage. — Que l'herbe soit coupée à la faux ou à la faucheuse, elle est mise par ces instruments en andains. Lorsque le temps est favorable, rien n'est plus facile que de convertir l'herbe en foin. Malheureusement, il n'en est pas toujours ainsi. Aussi allons-nous parler du fanage en temps ordinaire, et du fanage en temps de pluie.

Le fanage de l'herbe des prairies naturelles ne ressemble pas à celui de l'herbe des prairies artificielles : autant on peut secouer le foin des premières sans perdre de feuilles, autant il faut prendre de précautions pour faner les secondes. Sous les climats chauds, on peut laisser les andains toute la première journée sans les retourner ; la dessiccation des herbes de la surface se fait en partie. Sous les climats tempérés, on éparpille l'herbe sous

la faux jusque vers le milieu de la journée. Celle qui est coupée
le soir est laissée en andains, et éparpillée le lendemain.

L'herbe fraîchement fauchée ne craint pas beaucoup la pluie
ni la rosée, elle peut supporter la pluie pendant deux jours sans
subir trop de dégâts. Il n'en est plus ainsi lorsque la dessiccation
est commencée : la plus petite pluie lave le foin, lui enlève son
arome et une certaine quantité de principes alibiles.

Le lendemain, l'herbe est retournée dans la matinée, lorsque
la rosée est disparue. On la met en même temps en *ronde*; la
ronde est obtenue en retournant cinq andains ensemble. Si
l'on a une faneuse à sa disposition, on pourra aller beaucoup
plus vite, la faneuse mécanique remplaçant à peu près huit
faneurs ordinaires. Vers les deux heures, si cela est possible, on donne un deuxième coup de faneuse ou de fourche
au foin retourné le matin, et vers les cinq ou six heures
on le ramasse en gros andains à l'aide du râteau à cheval;
puis on le met en veillottes ou petits tas, afin de soustraire
le foin à l'action de la rosée qui lui fait perdre son arome et
le fait blanchir.

Le lendemain, lorsque la rosée est évaporée, le foin est étalé
sur une surface plus restreinte, puis mis en tas le soir. Les tas sont
doubles de ceux de la
veille; à partir du troi-
sième jour, le foin est
généralement assez sec
pour rester en tas. On
le laisse pendant deux
ou trois jours ainsi. Il
jette son feu et prend
l'arome.

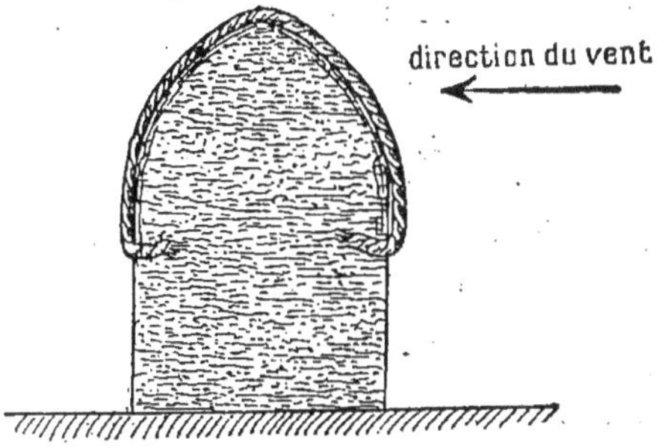

Au bout de ce
temps, toujours s'il
fait beau, on confec-
tionne de gros meu-

direction du vent

Fig. 90. — Meulon de foin.

lons de 700 à 1 000 kilos. Ces meulons sont établis sur les
endroits les plus élevés de la prairie, où ils n'auront pas à craindre l'humidité du sol. On aura soin de les faire très solides,
pour qu'ils puissent résister au vent. Dans ce but, on les incli-

nera très légèrement dans la direction des vents dominants et on les cordera à l'aide d'une corde faite avec du foin (*fig.* 90).

Dans ces gros meulons, il se produit une fermentation qui est favorable à la qualité du foin. Il finit de jeter son feu. Au lieu de rester rude, cassant, il devient doux. Si on le rentrait aussitôt qu'il est sec, il pourrait s'échauffer ou prendre de la poussière (moisissures). Il y a toujours des pertes qui se produisent, mais ces pertes sont compensées par les fermentations qui se développent dans le meulon ; une partie de la cellulose saccharifiable se transforme en sucre et est mieux utilisée par l'organisme animal. Le degré de dessiccation du foin doit être suffisant pour que la conservation se fasse dans de bonnes conditions : mis en meulons trop sec, il ne fermente pas, il a moins de goût et moins d'arome ; mis en meulons insuffisamment sec, la fermentation est trop active, le feu peut se déclarer dans la masse.

Lorsque le foin doit être conservé en meule, au dehors, il est bon de le laisser en meulons pendant un mois ou six semaines. Dans une certaine partie du Marais vendéen, on ne le rentre qu'après les moissons. Le foin qui est resté pendant longtemps en meulons se tasse, se manipule mieux ; la meule est plus facile à dresser ; il est possible de soigner une plus grande quantité de fourrage dans le même temps.

L'herbe des prairies, par suite de sa transformation en foin, perd de son poids. Avant sa mise en meulons, elle contient encore 20 pour 100 d'eau. Après son séjour en meulons, il n'en reste plus que 15 à 16 pour 100. En outre de cette perte occasionnée par la dessiccation, il se produit toujours une certaine quantité de déchet dont l'importance varie avec le développement des plantes. Cette perte est de 5 à 10 pour 100 de leur poids. On estime que 100 kilos de plantes vertes donnent, en moyenne, 25 kilos de foin sec.

Lorsque le temps est à la pluie, le fanage ne se fait pas aussi facilement que nous venons de l'indiquer. Il arrive même parfois que l'on prend beaucoup de peine pour obtenir un résultat médiocre. Par le mauvais temps, on conseille le fanage par *faisceaux*. Nous avons vu employer cette méthode à l'École nationale d'agriculture de Rennes ; elle a donné d'assez bons résultats. Voici comment l'on opère : aussitôt que l'herbe est coupée, deux personnes marchant de front suivent les andains et les relèvent. On met trois ou quatre poignées ensemble; on écarte la base en pieds de marmite et on les réunit ensemble au sommet à l'aide d'un lien fait avec de l'herbe (*fig.* 91). L'eau qui tombe sur le faisceau coule à la surface et ne pénètre pas à l'intérieur. L'air circule dans le faisceau et l'échauffement ne se produit pas. Lorsqu'il a plu, il suffit de déplacer les faisceaux pour que l'eau ne séjourne pas à la base. Au bout de quatre ou cinq jours les plantes sont sèches et peuvent être mises en tas. On attend, pour défaire les faisceaux et les mettre en tas, que le temps soit au beau. Cette méthode revient à 15 ou 20 francs de plus par hectare que le fanage ordinaire. Néanmoins, c'est un excellent procédé, qui a permis de sauver le foin même par les temps les plus mauvais, surtout dans les prairies artificielles.

Fig. 91. — Faisceau.

Lorsque le sol est humide et que la pluie est habituelle, on est obligé de faner le foin en l'entassant sur des supports en bois appelés *cavaliers* ou *perroquets* (*fig.* 92). Dans le Tyrol, ce procédé de fanage est très employé. On peut construire de ces séchoirs très simplement avec des perches que l'on croise en X et que l'on maintient réunies à l'aide d'un anneau. Le foin est mis à sécher sur ce support; l'air circule facilement dans la masse. Au bout d'une quinzaine de jours le foin est généralement bon à rentrer.

Rentrée et conservation du foin. — La rentrée du foin doit se faire par un beau temps. On doit prendre beaucoup de précautions pour charger les voitures, de manière qu'il ne s'en perde pas par le transport. Les véhicules destinés à transporter le foin sont munis de ridelles et de fourragères. Les jantes des roues seront d'autant plus larges que le sol de la prairie sera plus mouillé, afin que le gazon ne soit pas trop endommagé. On leur donne habituellement 10 à 12 centimètres. On veillera, lors du chargement, à faire suivre les râtelures et à les mélanger avec le foin, afin d'obtenir un foin bien homogène.

Il arrive parfois que la base et le sommet des meulons sont trop mouillés. On charge alors la partie qui est sèche et on laisse le reste sur le sol jusqu'au soir ; s'il est suffisamment sec, on le rentre ; s'il ne l'est pas, on en fait de petits tas, que l'on écarte et que l'on rentre le lendemain.

Aux environs de Paris, on a l'habitude de botteler le foin avant de le rentrer. Cette opération facilite le transport et la mise en meule du foin, mais a l'inconvénient de prendre beaucoup de temps, surtout à une époque où l'on

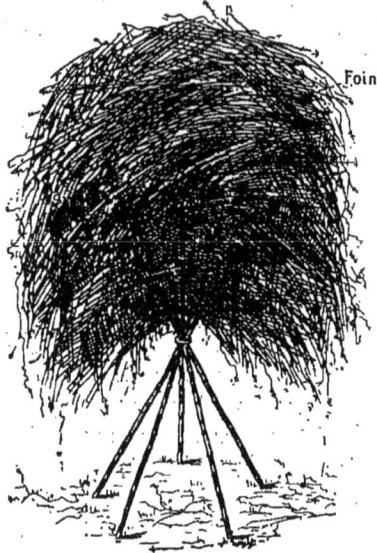

Fig. 92. — Cavalier ou perroquet.

a besoin de la main-d'œuvre pour les différents travaux de la ferme. En outre, le foin mis en bottes se conserve mal et, quelle que soit la précaution que l'on prenne pour les entasser, il reste toujours des vides entre les bottes. L'air qui occupe ces vides facilite le développement des moisissures et le foin prend de la *poussière*.

On conserve le foin dans des fenils, sous des hangars, dans des granges ou en meules.

Les *fenils*, encore appelés « greniers à foin », sont les greniers situés au-dessus des habitations des animaux. Au premier abord on serait tenté de croire que le foin doit très bien s'y conserver. Il n'en est rien. Il est très difficile de conserver le foin dans les fenils.

La hauteur est généralement restreinte, de sorte qu'il y a une surface considérable en contact avec les murs. Le foin qui touche les murs se moisit souvent, sur une épaisseur de 30 à 40 centimètres. Il en est de même de celui que l'on met sous les combles du fenil. La conservation du foin est encore plus mauvaise lorsque le plancher du fenil est mal jointoyé ; les émanations des étables le souillent et facilitent le développement des moisissures.

En somme, le foin se conserve mal dans les fenils parce qu'il y a trop d'air emprisonné dans sa masse. On ne saurait donc trop le tasser.

Il se conserve mieux dans les *granges* ou sous les *hangars*. Le foin se tasse bien ; il n'y a pas d'air emprisonné dans la masse. On aura soin de mettre un bon *soutre* en paille, afin que l'humidité du sol ne vienne pas nuire aux premières couches de foin. On évitera également l'humidité des murs en les revêtant de paille, qui sera prise entre les couches de foin. Les rats et les souris causeront moins de dégâts.

Dans le Marais vendéen, la grange qui abrite le foin sert en même temps d'écurie et d'étable. Cette disposition a l'avantage de faciliter l'affouragement des animaux, mais le foin est encore en contact avec leurs émanations.

C'est en *meule* bien montée que le foin se conserve le mieux. La meule doit être à proximité des étables, afin que les frais de main-d'œuvre soient diminués. Ce mode de conservation est très employé sur le littoral de l'Océan. Dans le Centre, le foin est surtout conservé en grange. La conservation du foin en meule offre plusieurs avantages : outre que le foin se conserve mieux que dans le fenil, les frais de bâtiments sont nuls, et, chose curieuse, c'est dans les pays où l'on a à craindre le plus les pluies que le foin est mis dehors. Nous n'avons pas vu de pays où les meules soient mieux faites qu'en Vendée.

Voici comment on les monte :

On choisit un emplacement sain, de 10 à 15 centimètres plus haut que le sol environnant (*fig*. 93). On prépare une aire de 5 mètres de large et d'une longueur dépendant de la quantité de foin à emmeuler. On ménage une rigole de chaque côté de l'aire pour recevoir et conduire l'eau qui provient de la meule. Sur l'aire, on place le soutre, qui est composé de paille de colza, de paille de froment ou de fagots, sur une hauteur de 1 mètre. On place ensuite le foin par couches de 50 centimètres de hauteur, en ayant soin de les faire bombées au milieu, de façon que l'eau ne pénètre pas dans la meule. On donne à la base une largeur de 4 à 5 mètres. On monte ainsi en élargissant jusqu'à une hau-

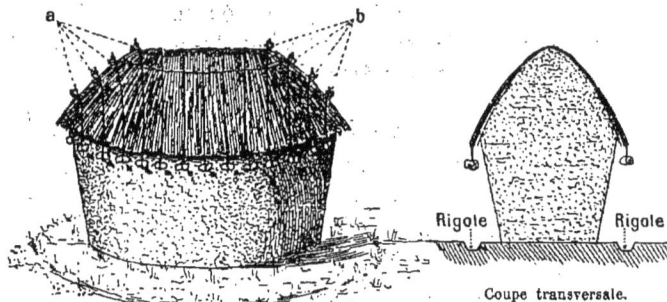

Coupe transversale.

Plan de la meule.

Fig. 93. — Meule de foin.

teur de 7 à 8 mètres. La base de la meule est une ellipse allongée. La direction doit être de l'est à l'ouest, afin que les vents, qui sont très grands dans cette contrée, ne la renversent pas.

L'ensemble de la meule a une certaine ressemblance avec un œuf couché. Il n'y a aucun angle qui puisse donner prise au vent. La meule est recouverte de paille, qui est maintenue en place à l'aide de cordes ou de fils de fer a, b, à l'extrémité desquels on suspend des pierres.

Lorsque les meules sont bien faites, le foin peut rester trois ou quatre ans sans se détériorer. Le foin est tellement comprimé que l'air ne peut y pénétrer. Les rats et les souris n'y entrent pas non plus.

Par suite des pluies ou de la mauvaise qualité des plantes, il arrive que le foin n'est pas bien accepté par les animaux. On obvie à cet inconvénient en le salant. Le sel marin, mis en contàct avec les fourrages imparfaitement secs, absorbe l'humidité et les préserve de toute fermentation malfaisante. Il s'oppose à la formation de moisissures ; il rend les fourrages sapides, appétissants et d'une digestion facile.

Le sel se répand sur la meule au moment de la rentrée du foin ; après avoir monté une couche de foin de 50 centimètres, on répand une couche de sel. La quantité à mettre est variable avec la nature des fourrages. Lorsque les fourrages sont de bonne qualité, 5 kilos par 1 000 kilos de foin suffisent ; mais lorsqu'ils sont altérés ou de mauvaise qualité, on peut aller jusqu'à 20 pour 1 000. On trouve dans le commerce du sel dénaturé dont le prix est très peu élevé et qui convient spécialement pour saler les fourrages.

Non seulement le sel joue un rôle bienfaisant pour la conservation des fourrages, mais il a encore une grande influence sur la qualité de la viande des animaux qui en consomment. Les gigots des moutons de prés salés sont vendus à Paris un prix double de celui des autres.

Il existe encore un autre mode de conservation des fourrages dans les années exceptionnellement humides. C'est l'*ensilage*. On aura surtout recours à l'ensilage pour assurer la conservation des regains coupés tardivement et qui ne pourraient être fanés dans de bonnes conditions. On peut, à son gré, faire de l'ensilage *doux*, en entassant lentement l'herbe verte, ou de l'ensilage *acide*, en entassant rapidement l'herbe verte.

Nous avons surveillé l'exécution d'un silo de trèfle incarnat à l'École d'agriculture de Pétré qui a été bien réussi. M. Vauchez, alors directeur de l'École, a fait à ce sujet une étude très approfondie.

Voici sommairement comment on opère : le silo est en maçonnerie (*fig.* 94) ; on a construit au-dessus un hangar pour le protéger des eaux pluviales. La fosse mesure 4 mètres de largeur, 5 mètres de longueur et 4 mètres de profondeur. Les murs et le fond sont enduits de ciment ; la fosse est plus étroite à la partie inférieure, afin que le fourrage se tasse sans laisser de vides, le fond du silo formant quatre faces triangulaires, légèrement inclinées vers un puits central, où peuvent s'écouler les liquides s'il s'en trouve.

Le fourrage est rentré au fur et à mesure qu'il est coupé, puis entassé sur une hauteur de $1^m,50$. On met au milieu de la masse un tube en fer dans lequel on introduit un thermomètre

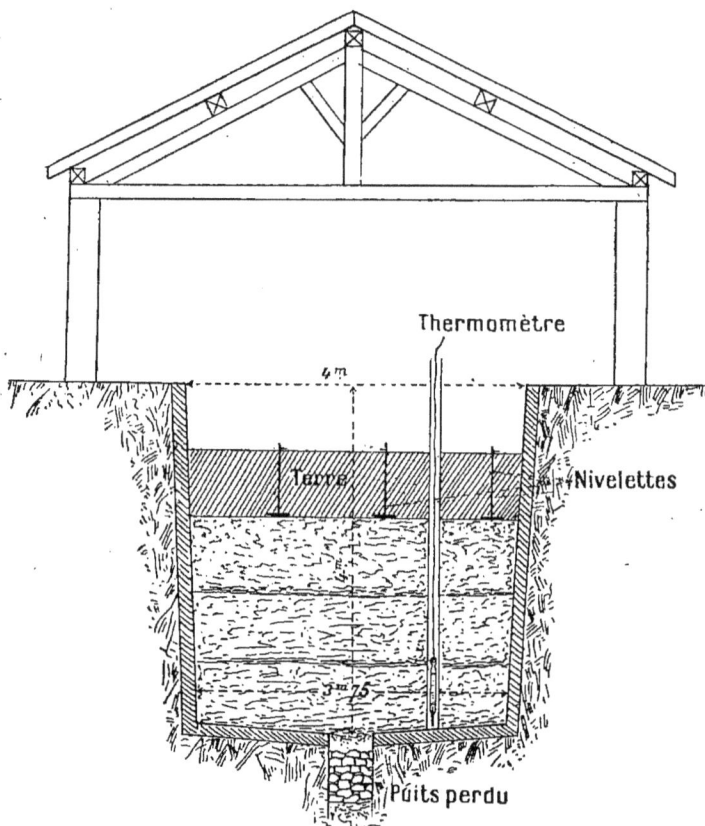

Fig. 94. — Silo de foin.

à maxima pour surveiller la marche de la fermentation. Lorsque la température de la première couche a atteint 70 à 72°, on en met une deuxième qui, par son poids, chasse l'air renfermé dans la première et, par suite, la fermentation est arrêtée.

Le thermomètre est ensuite monté en face la deuxième couche

et on attend encore que la température s'élève à 70 ou 72° avant
d'en mettre une troisième, et ainsi de suite jusqu'à ce que tout le
fourrage à ensiler soit employé. On attend que la dernière couche
soit en pleine fermentation, et on charge le tout avec de la terre
de manière que chaque mètre carré supporte un poids de 800 à
1 000 kilogrammes. On obtient ce résultat très facilement en
mettant une couche de terre de 70 centimètres de hauteur.
Pour répartir uniformément la terre sur la surface, on se sert
de nivelettes, petites planches de 20 centimètres de côté, portant en leur milieu un bâton de 70 cen-
timètres de hauteur (*fig.* 95). On en
distribue 10 à 12 sur la surface.

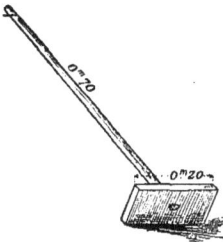

En opérant ainsi, on obtient un ensilage doux, dont les animaux sont
très friands. Cette méthode permet de
conserver sur une même surface une
grande quantité de fourrage, car il se
tasse au fur et à mesure.

Fig. 95. — Nivelette.

Lorsqu'on entasse de l'herbe verte,
on remarque qu'elle s'échauffe au bout
de un à deux jours, selon la température extérieure. Elle entre
en fermentation. Il y a toujours à la surface des végétaux des
êtres microscopiques qui accomplissent des modifications importantes lorsqu'ils sont placés dans des conditions favorables.
La première phase de la fermentation est la transformation du
sucre en alcool. Si on ne l'arrête pas à temps, la fermentation
acétique se développe, pour faire place à la fermentation pu-
tride, lorsque l'air est en quantité suffisante dans la masse.
Une certaine quantité de la cellulose se transforme en sucre
et devient assimilable.

Valeur et qualité des foins. — La valeur du foin dépend d'un
grand nombre de facteurs : de la nature des espèces qui le composent, de la nature du sol sur lequel ces espèces ont vécu, de
leur état de dessiccation et de conservation, etc.

L'analyse botanique et l'analyse chimique des plantes nous
seront d'une grande utilité. L'analyse chimique notamment
nous indiquera la valeur alimentaire du foin. Elle nous permet-

tra de nourrir rationnellement nos animaux domestiques en vue des services que nous exigerons d'eux.

L'époque à laquelle les plantes ont été coupées, la réussite du fanage et l'état de conservation ont également de l'influence sur la valeur du foin ; car il ne suffit pas que le foin soit riche en principes alimentaires, il faut encore qu'il soit accepté par les animaux et qu'il produise le maximum d'effet lorsqu'il est ingéré.

Au point de vue commercial, on distingue trois qualités de foin. Le foin de *première qualité* possède une odeur suave, légèrement aromatique. Il ne répand pas de poussière lorsqu'on le secoue, il est sec sans être cassant. Ce foin est formé en grande partie de graminées avec quelques légumineuses et quelques plantes assaisonnantes. Les animaux le mangent bien et s'entretiennent en bon état.

Le foin de *deuxième qualité* est celui qui, se trouvant sur une terre saine et formé de bonnes plantes, a été récolté dans de mauvaises conditions ou a été mal conservé. C'est encore celui qui provient d'une prairie trop humide. On le reconnaît à ce qu'il est pâle, décoloré, inodore, s'il a été mal récolté ; sec et cassant, s'il a été fauché trop tard où s'il a été trop fané. Il est poudreux et a une odeur forte s'il a été inondé ou conservé trop longtemps en place dans un endroit humide.

Le foin de *troisième qualité* n'est accepté par les animaux que lorsqu'ils sont poussés par la faim. Il est formé de plantes vasées, non nutritives, dures, piquantes ou vénéneuses. Ou bien encore, il a été mal préparé et mal conservé, d'une odeur plus ou moins désagréable. Il est d'une coloration blanchâtre ou bleuâtre, et présente souvent des altérations. On peut le rendre plus acceptable et plus utilisable pour les animaux en l'humectant avec de l'eau salée avant de le distribuer.

Lorsque les prairies sont bien entretenues, il est possible de faire une deuxième ou une troisième coupe. Le foin de regain bien préparé est vert et d'une odeur suave. Il est plus mou et plus vert que le foin de première coupe ; il convient surtout aux ruminants.

Les altérations du foin sont dues soit à une mauvaise composition, soit à un fanage fait dans de mauvaises conditions, soit à une mauvaise conservation. Elles peuvent être atténuées, dans la plupart des cas, par l'addition de condiments et d'aliments concentrés.

Le foin *mal composé* provient des prairies basses, marécageuses ; les plantes qu'il renferme peuvent être dures, irritantes, toxiques, vénéneuses. Il fatigue l'appareil digestif des animaux, détermine des diarrhées ; on atténue le mauvais effet de ce foin par l'addition de grains et de sel marin. Lorsque les mauvaises plantes sont trop abondantes, le mieux est de l'utiliser comme litière.

Dans les prairies basses et humides, les herbes poussent vite, le foin qu'elles fournissent est peu nutritif. Il est long, mou et renferme des plantes de marécages, des joncs, des carex. Il est peu nutritif. Les animaux qui le consomment sont maigres. Par suite de la quantité énorme qu'ils sont obligés de prendre pour subvenir à leurs besoins, leur ventre devient volumineux.

Il arrive que les prairies situées sur le bord des cours d'eau sujets à déborder sont inondées au moment de la floraison des plantes, ou lorsque le foin est coupé. Ce foin est dit *vasé;* il est poudreux lorsqu'on le remue. Avant de le distribuer aux animaux, il faut le secouer, l'humecter d'eau salée, ou le rejeter complètement s'il est trop vasé, car il occasionnerait des désordres intestinaux.

Le *foin fétide* est celui qui provient des prairies sur lesquelles on a répandu des engrais à odeur plus ou moins prononcée lorsque les plantes étaient déjà développées. Les animaux le refusent et ceux qui le consomment perdent leur appétit. On peut l'utiliser haché et mélangé avec des betteraves ; on pourrait également l'additionner de condiments.

Le *foin lavé* est celui qui résulte d'un mauvais fanage. Il a reçu de l'eau lorsqu'il était étalé sur la prairie ; il est cassant, peu sapide et complètement décoloré. Il fatigue les animaux, qui sont obligés d'en consommer une grande quantité pour se nourrir. Les matières ternaires, principalement les sucres, sont entraînées par l'eau, qui les dissout.

Le foin n'est réellement profitable aux animaux que deux mois après le fanage ; à ce moment il a jeté son feu. Après deux ans de conservation, le foin commence à perdre ses qualités nutritives : il devient dur, cassant, poussiéreux ; il est souvent attaqué par les animaux inférieurs qui s'y introduisent et lui donnent une mauvaise odeur. Ce ne sont pas les seuls dégâts que l'on constate dans le foin conservé trop longtemps : les insectes, les araignées notamment, dans les fenils et les granges, nuisent aux fourrages lorsqu'ils sont en trop grande quantité. Ils rendent le foin poussiéreux et déterminent des démangeaisons dans la crinière des animaux.

L'humidité du sol, des murs des fenils, des granges où le foin est conservé, ou provenant des gouttières de la toiture ou d'une dessiccation incomplète altère le foin ; elle peut le faire pourrir. Il prend une odeur fétide, une coloration plus ou moins brune; il est complètement refusé par les animaux.

Mais avant d'arriver à cet état, le foin se couvre de cryptogames (*foin moisi*). Le foin moisi a une odeur *sui generis* qu'il conserve même après avoir été exposé à l'air et desséché. Lorsque les moisissures sont peu développées, on peut utiliser le foin en l'humectant avec de l'eau salée ou en le faisant entrer en mélange dans les fermentations de betteraves ou de topinambours.

La composition des foins varie avec les régions. MM. Müntz et Girard, qui ont analysé du foin provenant des différentes régions de la France, ont trouvé que celui de la Nièvre était le plus riche et celui de Seine-et-Marne le plus pauvre.

Les foins de la Nièvre et de Seine-et-Marne contiennent :

COMPOSITION CHIMIQUE DU FOIN	DANS LA NIÈVRE	DANS SEINE-ET-MARNE
Matières azotées.	8,28	6,57
— grasses	2,24	1,41
Glucose	1,32	2,00
Amidon et cellulose saccharifiable	15,05	19,58
Cellulose brute.	16,84	20,23
Matières carbonées diverses. . .	33,11	28,10
Cendres.	7,16	5,99
Eau.	16,00	16,12
Sel marin	0,395	0,269

L'examen de ce tableau nous montre que l'on doit tenir

compte non seulement des qualités extérieures du foin, mais aussi de sa composition chimique.

Les deux auteurs précités ont montré qu'un foin lavé est plus riche en matières azotées qu'un autre qui ne l'a pas été, mais qu'il est plus pauvre en principes ternaires solubles.

Soins annuels à donner aux prairies définitivement établies. *Roulage.* — Les prairies réclament des soins nombreux, qui malheureusement sont négligés par bon nombre de cultivateurs. Celles qui sont établies en sols humifères ont parfois leur sole soulevée par la sécheresse. Il en est de même après une période de forte gelée. Le gazon est en partie déraciné. On remédie à ces accidents en donnant un fort coup de rouleau lorsque le sol est suffisamment ressuyé : les racines des plantes sont mises en contact avec le sol; elles reçoivent plus d'humidité et s'enracinent plus facilement. On donnera également un coup de rouleau aux prairies qui ont été visitées par des animaux fouisseurs et les campagnols.

Hersage. — Le sol, au contraire, peut se tasser après un certain nombre d'années d'exploitation. L'air n'y pénètre plus et les matières organiques ne sont plus oxydées; elles s'accumulent à la surface du sol, où elles sont plus nuisibles qu'utiles. Par un vigoureux hersage, fait à l'aide d'une herse chargée s'il y a longtemps que le terrain a été travaillé, ou à l'aide d'une herse à chaînons si on fait cette opération tous les ans, on aérera le sol. Cette opération superficielle, en facilitant l'arrivée de l'air, favorise la nitrification de l'azote organique. La nitrification sera encore activée si l'on répand au préalable sur le sol de la chaux, du phosphate de chaux ou des scories de déphosphoration. Le hersage a en outre l'avantage de détruire la mousse, de niveler les taupinières, de ramasser les débris. Aux environs de Rennes, on fait cette opération avec une herse en épines, chargée de madriers; on en profite pour dresser les jeunes chevaux.

Destruction de la mousse. — Dans une prairie bien entretenue on ne doit pas apercevoir de mousse; néanmoins, il arrive parfois que, dans les sols un peu humides, la mousse se développe. Le hersage pratiqué régulièrement avec une herse à chaînons la détruit ; mais le sulfate de fer pulvérisé, répandu à la dose de 200 à 300 kilogrammes à l'hectare, la fait disparaître complètement. On l'applique de préférence en février, avant le départ de la végétation.

Destruction des mauvaises plantes. — Quoiqu'on ait pris le soin de bien nettoyer le sol et de ne semer que des graines de bonnes plantes, il arrive qu'après un certain nombre d'années de création les plantes adventices de la région s'implantent peu à peu dans la prairie. On peut les classer en quatre catégories :

1° Les plantes apéritives ou assaisonnantes ;
2° Les plantes nuisibles aux animaux ;
3° Les plantes nuisibles aux prairies ;
4° Les plantes indifférentes.

Au point de vue du mode de destruction à employer, on peut classer les plantes nuisibles en deux catégories :

1° Les plantes annuelles ;
2° Les plantes vivaces.

Les premières seront détruites en fauchant la prairie une ou deux années de suite avant la maturité des graines. Quant aux secondes, il sera nécessaire de les extirper. Celles qui ont leur habitat dans des endroits humides ou en terrains acides disparaîtront en modifiant le sol par le drainage et par l'application d'engrais calciques et phosphatés. Les joncs, les carex, les laiches ne résistent pas longtemps à ces traitements.

PLANTES APÉRITIVES OU ASSAISONNANTES. — Les plantes *apéritives* ou *assaisonnantes* communiquent une odeur et un arome prononcés. Elles jouent le rôle de condiment et donnent parfois un bon goût au lait des vaches qui les pâturent. Telles sont :

L'*achillée mille-feuilles* (*fig.* 96), qui a les tiges grosses, raides ; elle vient dans les endroits herbeux, un peu secs, sur les talus, elle est amère et repousse bien sous la dent des animaux. A l'état vert, elle est très bien pâturée. Certains auteurs recommandent d'en semer un peu dans les pâturages et herbages en terrains secs.

La *camomille* (*fig.* 97), dont les propriétés sont analogues.

Le *bugle rampant* (*fig.* 98), petite plante rampante de la

Fig. 96.
Achillée mille-feuilles.
a, fleur.

Fig. 97.
Camomille.
a, coupe de la fleur.

Fig. 98. — Bugle rampant.
a, fleur.

Fig. 99.
Centaurée jacée.
a, fleur.

Fig. 100. — Centaurée bluet.
a, fleur; b, fruit.

Fig. 101. — Scabieuse.
a, fleur en capitule ; *b*, fruit.

Fig. 102.
Cardamine des prés.

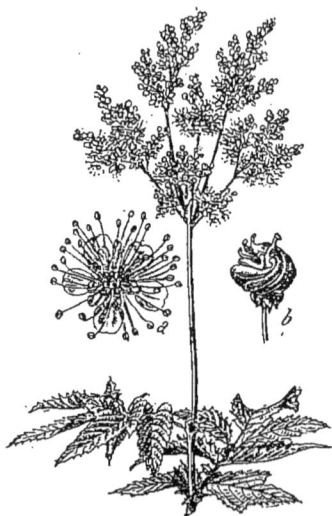

Fig. 103. — Spirée reine-des-prés.
a, fleur ; *b*, fruit.

Fig. 104. — Pimprenelle.
a, fleur; *b*,fruit.

Fig. 105. — Plantain lancéolé.

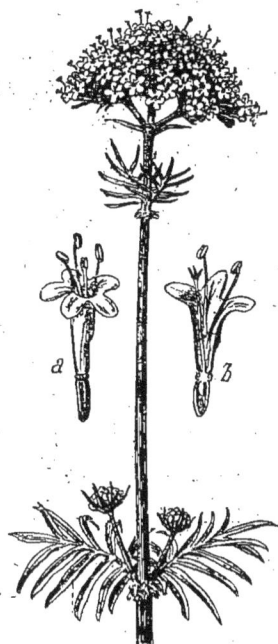

Fig. 106. — Valériane.
a, fleur; b, coupe de la fleur.

famille des labiées, à fleurs bleues. Elle est très précoce, nutritive et tonique.

La *centaurée jacée*, la *centaurée bluet* et la *scabieuse (fig.* 99,
100, 101), plantes de la famille des composées, qui viennent dans
les sols sains, dans les pâturages et herbages. La centaurée
jacée fournit un foin dur; à l'état vert, elle est très bien mangée
par les animaux.

La *cardamine des prés (fig.* 102), de la famille des crucifères,
se développe dans les endroits mouillés; elle est très précoce et
apéritive, très bien mangée par les animaux.

La *carotte sauvage*, de la famille des ombellifères, vient en
terrains secs; très aromatique, elle fournit un foin grossier, cassant, que les animaux délaissent. A l'état vert, elle est bien
consommée.

Fig. 107. — Aconit napel.
a, fleur; b, fruit.

Fig. 108. — Pigamon.
a, fleur.

La *reine-des-prés* (*fig.* 103), la *pimprenelle* (*fig.* 104), le *plantain lancéolé* (*fig.* 105) et la *valériane sauvage* (*fig.* 106) sont aussi des plantes apéritives, acceptées par les animaux.

PLANTES NUISIBLES AUX ANIMAUX. — Les plantes nuisibles aux animaux appartiennent pour la plupart aux familles des *renonculacées*, des *liliacées*, des *ombellifères*.

Les plantes toxiques ou vénéneuses perdent de leur nocuité quand elles sont sèches.

L'*aconit napel* (*fig.* 107), le *pigamon* (*fig.* 108) sont très vénéneux; leur saveur est âcre. Ils conservent leurs propriétés narcotiques, même après la dessiccation.

Les *aulx* (*fig.* 109) sont très nuisibles; ils communiquent un mauvais goût au lait, mais ne portent aucun préjudice aux animaux. Leur destruction est très difficile, car ils possèdent des bulbes très profonds.

Fig. 109. — Ail.
a, fleur; b, bulbe.

Fig. 110.— Colchique.
a, fleur; b, fruit.

Fig. 111. — Berle.
a, fleur; b, fruit.

Fig. 112. — Anémone.

Fig. 113 à 115.
1, Ciguë vénéneuse (a, fruit). 2, Petite ciguë. 3, Grande ciguë.

Fig. 116 à 118. — 1, Renoncule âcre (bouton d'or).
2, Renoncule aquatique. 3, Renoncule des fleuristes.

Le *colchique d'automne* (*fig.* 110), de la famille des liliacées, ne donne sa fleur, qui est d'un rose lilas, qu'à l'automne. Les feuilles consommées à l'état vert sont toxiques. Cette plante se propage surtout par ses graines ; elle est difficile à détruire, car son bulbe est très profond.

La *berle* ou *ache d'eau* (*fig.* 111) vit dans les endroits marécageux.

Les *anémones* (*fig.* 112), jolies petites plantes très précoces, de la famille des renonculacées, sont irritantes, âcres, corrosives.

Les *ciguës* (*fig.* 113 à 115) vivent le long des murs et des haies. Elles donnent le vertige, empoisonnent les animaux.

Toutes les *renoncules* (*fig.* 116 à 118) connues vulgairement sous le nom de « bouton d'or » sont nuisibles à l'état vert ; à l'état sec, elles fournissent un foin de mauvaise qualité, mais elles ne sont plus nocives.

Comme plantes nuisibles aux animaux, nous citerons l'*euphorbe des marais*, les *œnanthes*, notamment l'*œnanthe safrané*, la *lobélie brûlante*, l'*arum* (*fig.* 119 à 122).

PLANTES NUISIBLES AUX PRAIRIES. — Les plantes nuisibles aux prairies sont généralement des plantes parasites qui vivent au détriment des bonnes espèces. Ce sont principalement les *mélampyres*, les *euphraises*, les *pédiculaires*, les *orobanches*, les *rhinanthes*, encore appelées « grelots, racasses », etc. (*fig.* 123 à 130).

Toutes ces plantes se reproduisent par leurs graines, qui arrivent à maturité avant la fauchaison de la prairie ; leurs racines s'implantent sur celles des graminées et des légumineuses et en sucent la substance.

PLANTES INDIFFÉRENTES. — Nous citerons enfin comme plantes à faire disparaître des prairies : les *ajoncs*, les *bruyères*, le *prunellier*, les *genêts*, les *ronces*, l'*ononis*, les *rumex*, les *patiences*, les *sauges*, les *joncs*, les *carex*, les *potentilles*, les *mauves*, le *liseron des champs*, la *morelle noire*, les *prêles*, les *fougères*, les *chardons* (*fig.* 131 à 152), etc.

Fig. 119. — Euphorbe.
a. fleur; *b,* fruit; *c,* graine.

Fig. 120. — Œnanthe.
a, fleur; *b,* fruit.

Fig. 121. — Lobélie.
a, fleur.

Fig. 122. — Arum. *a,* fleur; *b,* fruit.

PRAIRIES.

10

Fig. 123. — Mélampyre.
a, coupe de la fleur.

Fig. 124. — Euphraise.

Fig. 125. — Pédiculaire.

Fig. 126. — Orobanche.
a, coupe de la fleur.

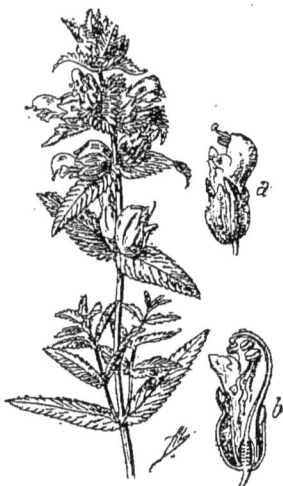

Fig. 127. — Rhinanthe.
a, fleur; *b*, coupe de la fleur.

Fig. 128. — Spergule.

Fig. 129. — Nielle.

Fig. 130. — Coquelicot.

Fig. 131. — Ajonc.

Fig. 132. — Bruyère. *a*, fleur.

Fig. 133. — Prunellier.

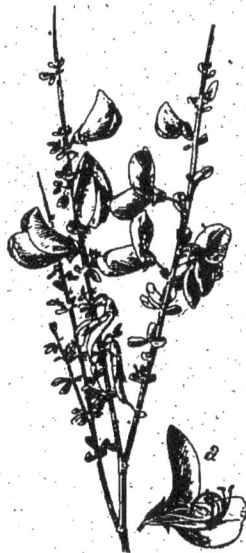

Fig. 134. — Genêt. *a*, coupe de la fleur.

Fig. 135. — Ronce.
a, fruit.

Fig. 136. — Ononis (arrête-bœuf).

Fig. 137. — Rumex. a, fleur; b, fruit.

Fig. 138. — Patience. a, fleur.

Fig. 139. — Sauge des prés.

Fig. 140. — Jonc. *a*, fleur ; *b*, fruit.

Fig. 141. — Carex. *a*, fleur ; *b*, fruit.

Fig. 142. — Potentille ansérine.

Fig. 143. — Mauve.
a, coupe de la fleur ; b, fruit.

Fig. 144. — Liseron des champs.
a, fruit.

Fig. 145. — Morelle noire.
a, fleur ; b, fruit.

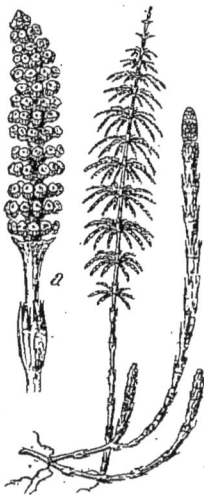

Fig. 146. — Prêle.

a, épi fructifié

Fig. 147. — Fougère.

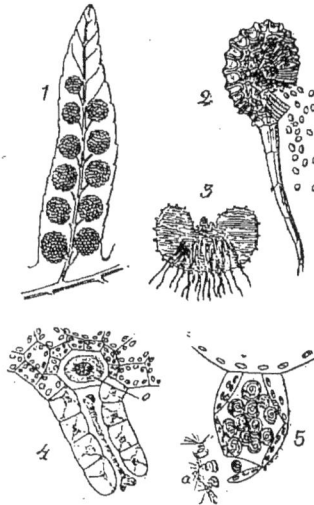

1, feuille et sporanges. 2, sporange laissant échapper les spores. 3, prothalle. 4, archigone. 5, authéridie.

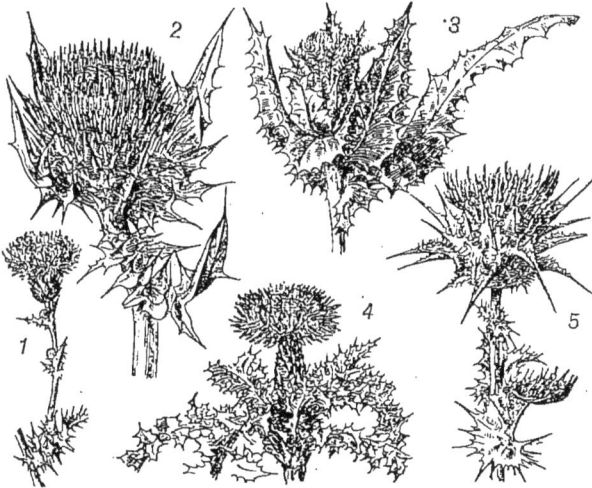

Fig. 148 à 152. — 1, Chardon des champs. 2, Ch. porte-soie. 3, Ch. bénit. 4, Ch. nain. 5, Ch. Notre-Dame.

Destruction des taupinières, des taupes, des campagnols, des taupins et des fourmis. — Les animaux fouisseurs, par les petits monticules de terre qu'ils élèvent, sont souvent préjudiciables à la prairie. Ces petites buttes, lorsqu'elles sont nombreuses, occupent une surface qui ne produit pas d'herbe; elles gênent considérablement le passage de la faux ou de la faucheuse. Si on les laissait, l'herbe finirait par s'implanter à leur surface et la prairie serait dénivelée. Il faut donc les faire disparaître. On peut se servir de la bêche pour épandre la terre, mais c'est un procédé long et coûteux.

On emploie plus avantageusement des instruments appelés *étaupinières*, sorte de herses niveleuses. Dans la plupart des cas on peut arriver au même résultat en faisant traîner sur le sol un cercle de roue de charrette.

Fig. 153. — Taupe dévorant une courtilière.

Bien que les *taupes* (*fig.* 153) soient des animaux insectivores, elles causent parfois des dégâts sérieux par les galeries et la terre qu'elles accumulent à la surface de la prairie. Doit-on détruire les taupes? Certains auteurs recommandent de le faire, parce qu'elles occasionnent plus de dégâts qu'elles ne détruisent d'insectes. Nous sommes de cet avis. Elles consomment surtout des lombrics, qui facilitent l'aération du sol et la circulation de l'eau par les petits trous qu'ils percent et qui sont conséquemment très utiles dans les prairies. Il n'est nullement démontré qu'elles se nourrissent de larves de taupin ou de hanneton (vers blancs).

On peut détruire les taupes par plusieurs procédés, soit en les empoisonnant, soit en les prenant à l'aide de pièges.

Pour arriver à ce résultat, il est nécessaire de connaître les mœurs de l'animal. Les taupes mâles font des galeries très superficielles et, par ce fait, elles soulèvent le gazon sur leur parcours. Ce sont donc les plus nuisibles. Les taupes femelles font des galeries profondes de 10 à 25 centimètres, et ce sont elles qui font le plus de monticules ; elles sont obligées de sortir la terre qui les gêne dans leur parcours.

Ces animaux ont un terrain de chasse et un lieu de repos. Le terrain de chasse est une prairie, un champ ou un jardin ; le lieu de repos est le plus souvent sous une haie, un arbre ou un mur, une touffe d'arbrisseau. Du lieu de repos part une galerie principale qui conduit la taupe au terrain de chasse et sur laquelle s'embranchent un grand nombre de galeries secondaires.

Les taupes chassent le matin, au lever du jour, ou le soir, au coucher du soleil.

Si l'on décide de prendre la taupe avec des pièges, il est nécessaire de les placer dans la galerie principale, qui est plus profonde et qui a les parois plus solides que les autres. Comme la taupe y passe plusieurs fois par jour, on a beaucoup plus de chances de la prendre. On reconnaît cette galerie à ce que de temps en temps on voit apparaître un peu de terre fraîchement remuée sur son parcours. Elle se dirige d'un abri quelconque vers le terrain de chasse. On aura soin, après avoir ouvert les pièges, de les passer sur la flamme pour détruire l'odeur laissée par les mains.

Si on désire empoisonner les taupes, on ramasse des lombrics que l'on saupoudre de strychnine ou de noix vomique. On recouvre le poison avec de la farine. On a soin de ne pas toucher les vers de terre avec les mains, on se sert de pinces. Les vers sont placés dans les galeries. Les taupes, très avides de lombrics, s'empoisonnent rapidement.

Fig. 154. — Campagnol.

Les *campagnols* (*fig.* 154) causent parfois, par leurs sentiers et galeries, des dégâts importants. Nous avons vu, en 1893 et 1899, les prairies de la Vendée complètement envahies par ces rongeurs. Les luzernières et les semailles d'automne avaient eu également à souffrir de leurs ravages. Ils étaient si nombreux dans les prairies de l'École d'agriculture de Pétré qu'ils gênaient par leurs corps et leurs nids le fonctionnement de la faucheuse.

Il ne faut pas songer à les prendre à l'aide de pièges. On arrive à en détruire une certaine quantité en les asphyxiant au moyen de l'acide sulfureux, que l'on fait pénétrer dans les galeries à l'aide d'un soufflet; on ferme tous les trous que l'on aperçoit. On les détruit aussi en distribuant, à l'entrée des trous, des grains ou des bouchées de pain enduits de strychnine ou de noix vomique; ce procédé n'est pas sans inconvénient : les chiens et les chats qui mangent les campagnols empoisonnés risquent de s'empoisonner eux-mêmes. On a utilisé avec succès le virus Danyzs qui est fourni par l'Institut Pasteur.

Enfin, comme dernier procédé, nous conseillerons l'utilisation de chiens ratiers, qui suivront les instruments, faucheuses ou charrues, et qui en détruiront un grand nombre.

Les prairies sont souvent envahies par les larves d'insectes nuisibles, notamment par les larves de taupin (*fig.* 155) ou par les vers blancs.

Les *larves de taupin*, encore appelées « larves fil de fer », en raison de la difficulté qu'on éprouve à les écraser, causent des dégâts sérieux. Elles se montrent surtout dans les endroits frais. La surface de

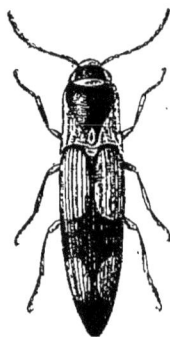

Fig. 155. — Taupin.
(Insecte parfait.)

la prairie où elles séjournent a un aspect particulier : on voit des taches jaunes plus ou moins étendues, à contours irréguliers, tranchant nettement sur le reste de la prairie. Ces larves passent cinq ans sous terre avant de se transformer en insectes parfaits. Les dégâts qu'elles occasionnent sont donc importants. Ce sont des petits vers très durs, d'un blanc sale, longs de 2 à 3 centimètres et d'un diamètre de 1 à 2 millimètres; la tête est brune.

La destruction de ces larves, ainsi que celle des *vers blancs*, encore appelés « turcs », est très difficile. Nous conseillerons de traiter les surfaces envahies au sulfure de carbone, que l'on distribuera à la dose de 180 à 200 kilos à l'hectare, à l'aide du pal injecteur. L'époque la plus favorable pour exécuter ce traitement est le printemps, lorsque le terrain est sain; si le terrain était trop mouillé, l'eau couvrirait le sulfure de carbone et celui-ci ne s'évaporerait pas, le traitement serait inefficace. On fera quatre à cinq trous par mètre carré.

Les *fourmis* font des petites buttes de terre qui ont une certaine analogie avec celles des taupes; elles en diffèrent cependant par leur base, qui n'est pas adhérente au sol; toute la butte est caverneuse. Ces petits monticules nuisent plus au foin qu'aux instruments de culture, car la terre envahit la base des plantes.

Il est assez difficile de détruire les fourmis, elles se tiennent parfois très profondément dans le sol. Aux environs de Rennes, on place, au printemps, de distance en distance, à l'endroit où sont les fourmis, des mottes de gazon dans lesquelles ces insectes montent. On enlève ensuite les mottes et l'on détruit les fourmis.

Nous recommandons encore l'emploi du sulfure de carbone. On exécutera cette opération au printemps, avant la sortie des fourmis. Lorsque les fourmilières ne sont pas très nombreuses, on peut employer le pétrole ou l'eau bouillante.

Ramassage des feuilles. Soins aux haies et aux arbres. — Le *ramassage des feuilles* ne doit pas être négligé. Les feuilles, lorsqu'elles sont très nombreuses, font étioler et périr l'herbe qu'elles recouvrent. En se décomposant, elles forment un terreau acide qui est plutôt nuisible à la prairie. En les ramassant dès qu'elles sont toutes tombées, elles peuvent être utilisées pour les litières, pour la confection des couches de jardin, pour la conservation des légumes. On se sert, pour enlever les feuilles, de râteaux ou de balais en aubépine.

Enfin, on doit entretenir soigneusement les *haies et clôtures*, *surveiller les arbres*. Les haies et les arbres, surtout le peuplier blanc et l'orme, émettent des rejets qui envahissent promptement la prairie. On aura soin de les arracher très profondément au fur et à mesure de leur apparition.

L'entretien des fossés de drainage, d'irrigation et de clôture doit être l'objet des plus grands soins, si l'on veut assurer la circulation régulière de l'eau à la surface de la prairie.

Entretien de la fertilité des prairies. — Les prairies, pour donner d'une façon durable des produits élevés, exigent une restitution des principes fertilisants enlevés au sol par les récoltes.

Or, le rendement en foin des prairies est extrêmement variable : des causes diverses agissent pour le faire augmenter ou
diminuer. Parmi ces causes, la richesse du sol est prépondérante. Les rendements de 1 500 à 3 000 kilos de foin à l'hectare
sont les plus communs. Lorsque les prairies sont créées et entretenues dans de bonnes conditions, on peut obtenir, avec deux
ou trois coupes, de 4 000 à 6 000 kilos.

D'après Joulie, 1 000 kilos de foin emportent :

	Kil.
Azote	19,93
Acide phosphorique	5,58
Chaux	14,20
Magnésie	2,65
Potasse	20,60

Connaissant le poids de la récolte en foin, il sera facile de
déterminer approximativement la quantité d'éléments fertilisants
enlevés chaque année au sol. En tenant compte de l'analyse du
terrain, on verra quels sont les éléments fertilisants à lui restituer et dans quelle proportion il faut le faire.

La flore de la prairie sera également bonne à consulter.

Lorsque les *graminées* prennent beaucoup d'extension et que
leur feuillage est d'un vert sombre, on peut être certain que
l'azote est en quantité suffisante ; si la coloration est jaune, ou
bien les plantes souffrent d'un excès d'humidité, ou bien elles
n'ont pas suffisamment d'azote assimilable.

Les *légumineuses* viennent-elles à disparaître, la chaux et
l'acide phosphorique font défaut.

Lorsque les joncs et les carex sont envahissants, on peut être
certain que la prairie est trop humide et manque de chaux et
d'acide phosphorique.

Lorsque l'azote assimilable fait défaut, on peut avoir recours
soit au fumier de ferme, soit aux engrais minéraux. Le fumier
de ferme n'est pas un engrais économique à employer sur les
prairies, à moins qu'elles ne soient établies en sol sec, calcaire,
très avide de matières organiques. Dans la plupart des cas, il n'y
a que les éléments solubles qui soient utilisables, car la surface

de la prairie est souvent trop riche en matières organiques.
Il est vrai que le fumier appliqué à l'automne protège les collets
des plantes contre l'action du froid ; mais au printemps, avant
le départ de la végétation, on est obligé d'enlever au râteau les
débris qui restent, ce qui est très coûteux.

Il vaut donc mieux conserver les engrais organiques pour les
terres arables, qui en sont généralement très avides, et appliquer des engrais minéraux sur les prairies.

Lorsque les prairies sont nouvellement installées et qu'elles
manquent d'azote, on aura recours directement au nitrate de
soude, qui, employé à la dose de 150 à 200 kilos, produit les
meilleurs effets. Les expériences de Lawes et Gilbert faites en
Angleterre l'ont montré nettement. Celles que nous avons faites
à l'École d'agriculture de Saint-Sever (Landes) nous ont également donné de bons résultats. La prairie, établie en terrain
argilo-siliceux sur le plateau de Saint-Sever, était fumée tous
les ans au fumier de ferme, à la dose de 20 000 kilos environ.
L'application de 150 kilos de nitrate de soude et de 300 kilos de
superphosphates nous a donné des rendements plus élevés.

Si la prairie occupe le sol depuis longtemps, on facilitera la
décomposition et la nitrification des matières organiques en
aérant superficiellement la surface à l'aide du scarificateur ou
d'une forte herse. On complète l'action de ces instruments,
avant leur passage, par l'apport de chaux et de scories de
déphosphoration.

Joulie conseille l'emploi annuel de 1 000 kilos de chaux sur
les prairies établies en terres ne renfermant pas au moins
6 pour 100 de chaux. Il est préférable de l'employer sous forme
de composts ou de tombe.

Les composts sont formés de débris de toutes sortes que l'on
recueille sur la ferme et que l'on mélange en couches alternant
avec de la chaux. Ces composts sont très utilisés dans la
Mayenne et dans l'Anjou.

Dans les fermes, on devrait faire deux composts: dans l'un
on mettrait les débris de toutes sortes qui proviennent des terres
arables et que l'on répandrait sur les prairies; dans l'autre on
mettrait les débris qui proviennent des prairies : feuilles mortes,
curures de fossés, etc., que l'on répandrait sur les terres arables

si besoin était. La propagation des maladies et des mauvaises
plantes, si même la chaux ne détruisait pas complètement les
germes, serait évitée.

Pour faire un bon compost, on opère de la façon suivante :
on met sur le sol une couche de chaux de 5 à 10 centimètres de
hauteur et une couche de débris ou de terre de 10 à 15 centimètres de hauteur, et ainsi de suite, alternativement, jusqu'à
une hauteur de 1^m,50 à 2 mètres. On donne au tas la forme d'un
tas de cailloux.

Trois ou quatre mois après, on opère un premier brassage en
coupant le tas par tranches verticales. Lorsque cette opération est
terminée, on donne au tas la forme qu'il avait primitivement. On
fait ainsi trois ou quatre brassages dans le courant d'une saison.

La richesse de ce terreau est augmentée si on l'arrose copieusement de purin avant de l'employer. La terre humide retient
l'ammoniaque qui pourrait se dégager par suite de la présence
de la chaux.

On applique de préférence les composts et les terreaux à
l'automne. Répandus à cette époque, ils rechaussent les plantes
et les préservent de l'action des gelées.

La forme sous laquelle on donne l'acide phosphorique dépend de la nature du sol. Dans les terrains calcaires, on emploie à l'automne de 300 à 400 kilos de superphosphates, qui
seront enterrés au printemps par un hersage. Dans les terrains
dépourvus de chaux, on a recours soit aux scories, soit aux phosphates fossiles.

L'application des scories dans les prairies de l'École d'agriculture de Pétré a produit des effets merveilleux. Sous leur
action, les plantes aigres ont disparu pour faire place aux légumineuses, le trèfle filiforme principalement. On les répand également à l'automne.

La potasse est restituée sous forme de cendres, de chlorure
de potassium, de sulfate ou de carbonate de potassium, selon la
nature du sol. Dans les terres contenant de la chaux, on emploiera le chlorure ou le sulfate ; dans les tourbes, on aura recours
aux cendres ou au carbonate de potassium. L'application se fera
à l'automne pour les chlorures et les sulfates. Les cendres et le
carbonate pourront être mis seulement au printemps.

L'emploi de la suie produit aussi de bons effets.

Les engrais liquides, le lizier et le purin, distribués sur les prairies, donnent également de bons résultats.

Le purin ne peut être appliqué que lorsque les herbes sont en végétation. Il faut alors le diluer dans trois ou quatre fois son poids d'eau, ce qui rend son application coûteuse. Il devient d'un emploi économique lorsqu'il est possible de le faire arriver automatiquement dans les rigoles de niveau. Ce cas se produit quand les prairies sont situées en contre-bas de la ferme. On peut cependant l'employer à l'état pur, sans qu'il occasionne aucune brûlure aux plantes, lorsque la prairie est fraîchement fauchée.

C'est pour ne pas avoir tenu compte de la restitution des principes fertilisants enlevés par les récoltes et les animaux qui pâturent que les agriculteurs du Marais vendéen voient la fertilité de leurs prairies diminuer chaque année. Dans cette contrée, où le combustible fait défaut, les habitants utilisent pour le chauffage le fumier transformé en gâteaux, qu'ils font sécher. Si les cendres provenant de la combustion étaient restituées à la prairie, il n'y aurait que demi-mal ; mais le plus souvent elles sont vendues aux cultivateurs du Bocage, qui les distribuent aux choux fourragers. L'argent provenant de la vente de ces cendres serait utilement employé à l'achat d'engrais phosphatés.

DÉFRICHEMENT DE LA PRAIRIE

Après un certain nombre d'années d'exploitation, malgré les soins donnés à la prairie, les rendements baissent et les mauvaises plantes deviennent envahissantes ; il peut être avantageux de la défricher. Les opérations culturales qui suivent le défrichement mettent en circulation les réserves d'azote organique.

Pour mobiliser le stock d'azote organique, il est nécessaire de compléter l'action des instruments agricoles par l'emploi de la chaux, de l'acide phosphorique et de la potasse.

Lorsque l'opération est décidée, on opère différemment selon la nature du sol. On attaque le sol avec une charrue puissante, munie d'un coutre circulaire s'il n'y a pas de pierres, d'un coutre ordinaire s'il y en a. La profondeur du labour ne doit pas dépasser l'épaisseur de la couche sombre. Si on allait trop profond, on ramènerait à la surface une couche de terre improductive, et les matières organiques, enfouies trop profondément, ne pourraient se décomposer ni se nitrifier.

On exécutera de préférence le défrichement à l'automne, lorsque les terres sont encore saines, et on laissera le labour subir l'action des frimas. Vers le mois de février, on répandra des scories, qui seront incorporées au sol par un hersage énergique. En mars, on sèmera une avoine, des féveroles, du sarrasin ou des plantes sarclées. Il serait imprudent de semer une céréale à l'automne dès la première année ; le sol ne serait pas suffisamment raffermi. Ce n'est qu'à l'automne suivant que l'on pourra semer un froment ou un seigle.

Dans le cas d'une prairie envahie par les carex ou les joncs, il serait nécessaire de chauler énergiquement et de pratiquer la jachère.

On peut obtenir de bonnes récoltes pendant cinq à six ans sans apport de fumier de ferme. L'application d'engrais minéraux est suffisante.

Le défrichement des prairies en sol tourbeux offre quelques difficultés. Souvent il est nécessaire de pratiquer l'*écobuage*, ce qui rend l'opération très onéreuse. On devra prendre beaucoup de précautions lorsqu'on allumera les tas, car le feu peut se communiquer à la tourbe, comme cela s'est produit chez M. Cahours, à Plœuc-l'Hermitage (Côtes-du-Nord). Dans ce cas, il est très difficile de l'éteindre ; on y arrive néanmoins en circonscrivant la partie en combustion à l'aide d'une tranchée.

A la suite du défrichement d'une prairie, on n'obtient pas toujours les résultats attendus. Il arrive quelquefois, comme nous l'avons observé à l'École nationale d'agriculture de Rennes, que les insectes développés pendant la période d'engazonnement occasionnent des dégâts sérieux aux plantes cultivées. Le premier semis d'avoine fait à Rennes fut totalement dévoré par les larves de taupin et par les vers blancs.

Il est bon de compter avec toutes ces causes de non-réussite avant d'entreprendre le défrichement d'une prairie. Il est parfois plus avantageux d'en tenter la régénération.

II. — HERBAGES

Considérations générales. — Nous avons défini les *herbages,* des prairies naturelles qui permettent l'engraissement direct des bovidés. La dénomination d'« herbages » varie suivant les régions de la France. Ainsi, dans le Charolais et le Nivernais, on les désigne sous le nom d'*embauches.* Dans la Vendée et la Loire-Inférieure, on les appelle *herbages* et les exploitants sont des *herbagers.* Dans la région du Nord on leur donne plus communément le nom de *pâtures grasses* ou de « pâtures à graisse ».

Pour que les animaux puissent s'engraisser directement au pâturage, les prairies naturelles doivent être de toute première qualité. Les herbes seront abondantes et riches, afin que les animaux puissent s'engraisser rapidement. Le capital représentant l'achat des animaux sera disponible plus tôt et pourra être employé à nouveau dans une nouvelle spéculation. L'exploitation d'une prairie par la dépaissance est plus avantageuse que par la conversion des herbes en foin. Les frais de fauche, de fanage, de rentrée et de conservation sont nuls. Les bâtiments de la ferme peuvent être réduits; les risques d'incendie et de maladie sont notablement diminués. Ces conditions ne se rencontrent que dans des situations privilégiées. Celles actuellement exploitées sous ce régime sont incontestablement les meilleures, et il n'est pas rare de voir des herbages atteindre le prix de 5 000 et 6 000 francs l'hectare. Le prix de location de ces mêmes prairies varie de 100 à 250 francs l'hectare.

Les industries laitières ont eu pour effet de faire changer le mode d'exploitation des herbages. Certains herbagers de la Vendée, centre des laiteries coopératives, ont diminué le nombre de leurs animaux d'engraissement pour augmenter celui de leurs vaches laitières. Pendant que cette modification se produisait, le prix de location des prairies pâturées allait de 100 francs à 130 francs et même 140 francs l'hectare.

On trouve des herbages dans tous les pays, mais c'est surtout sous les climats tempérés qu'ils ont beaucoup d'étendue. Les climats marins sont également plus favorables à la production de l'herbe que les climats continentaux. La nature physique du sol et sa composition chimique jouent encore un très grand rôle. La production abondante d'herbes de bonne qualité sera donc dépendante de ces trois facteurs.

Tout ce que nous avons dit à ce sujet pour les prairies de fauche s'applique également aux herbages. Nos lecteurs voudront bien s'y reporter.

La nature du sol influe beaucoup sur la qualité des herbes, mais le climat surtout modifie le mode d'exploitation des herbages. Alors que sous les climats marins l'herbe pousse continuellement (Normandie), sous les climats du plateau central et de l'est de la France la végétation est arrêtée depuis novembre jusqu'en avril. Il n'est pas rare de voir en Normandie des herbages qui engraissent deux têtes et demie de gros bétail à l'hectare alors que sous des climats plus rudes la même surface en nourrit à peine une tête. Ces différences se traduisent par des variations dans le prix de vente et de location des prairies pâturées.

Les régions où l'on se livre à l'exploitation des prairies naturelles par la dépaissance sont assez nombreuses. L'étude en a été faite par M. Berthault, professeur à Grignon (1).

Nous nous contenterons d'étudier les herbages de l'Ouest et leur exploitation au chapitre de l'exploitation des herbages.

Les prairies naturelles et les herbages ont beaucoup d'analogie. Tout ce qui a été dit au sujet de la préparation mécanique du sol, de sa fertilisation est loin d'être exagéré pour les herbages; leur surface étant constamment piétinée par le bétail, le tassement se produit plus rapidement que dans les prairies de fauche. L'air y circulant plus difficilement, la combustion des matières organiques se fait mal. Le sol a tendance à s'acidifier et à produire une végétation de plantes aigres. Dans les sols contenant une notable proportion de calcaire, ce phénomène se produira plus lentement.

La présence d'acide phosphorique dans le sol est également indispensable pour assurer la végétation des légumineuses.

---

(1) F. BERTHAULT, les Herbages. (Paris, Masson et Cie; Gauthier-Villars, 1 vol. in-8°.)

Leur richesse en principes nutritifs, plus élevée que celle des graminées, hâte l'engraissement des animaux qui les consomment. Elles ont en outre l'avantage, grâce à leur enracinement profond, de résister à la sécheresse et de bien repousser sous la dent du bétail. Cet avantage est surtout marqué pour le trèfle blanc, le trèfle fraisier, le trèfle hybride, le trèfle enterreur.

Si nous résumons les conditions dans lesquelles les herbages doivent être créés, nous dirons que les terres qui leur conviennent le mieux sont celles situées sous un climat tempéré, à pluies assez fréquentes. Le sol sera profond, perméable et bien pourvu en éléments fertilisants. Au cas où ces conditions ne seraient pas remplies, il faudra faire tous les travaux nécessaires pour procurer aux plantes l'air, l'eau et les principes utiles dont elles ont besoin.

Autrefois on recherchait pour l'établissement d'un herbage les meilleures terres d'un domaine. Cette façon de faire avait sa raison d'être : les agriculteurs n'étaient pas encore familiarisés avec l'emploi des substances fertilisantes. Ils étaient assurés par là d'avoir une bonne production d'herbe. Aujourd'hui cette raison n'existe plus. Pourvu que le climat soit favorable, le sol assez profond et l'eau suffisamment abondante, on peut établir des herbages dans presque tous les sols. Le prélèvement en matières fertilisantes effectué par les animaux qui s'engraissent est plus faible que celui d'une récolte quelconque ; une partie de ces principes fertilisants est restituée au sol par les excréments liquides et solides des animaux.

Une terre qui manque d'un ou de deux éléments fertilisants, placée dans les conditions énoncées plus haut, devient même plus avantageuse à exploiter en herbages qu'en culture à produits récoltés.

Le plus souvent il suffira d'apporter de la chaux et de l'acide phosphorique, éléments fertilisants d'un faible prix, pour maintenir la fertilité de la prairie. On aura rarement à pourvoir la prairie en azote : cet élément, en effet, a tendance à s'accumuler à la surface du sol. En répandant de temps en temps de la chaux et en distribuant l'acide phosphorique sous forme de phosphates de chaux ou de scories, l'azote organique se transformera en azote ammoniacal et en azote nitrique, et, rendu ainsi assimilable, sera utilisé par les plantes.

Choix des espèces. — L'utilité du semis de bonnes espèces a été suffisamment démontrée dans la première partie de l'ouvrage pour que nous n'ayons pas à y revenir. Seule une modification dans l'association des espèces à faire entrer dans le mélange doit être étudiée.

Les règles qui guideront l'herbager dans le choix des espèces seront les suivantes : étudier la flore des herbages en exploitation voisins de la parcelle à ensemencer ; faire deux lots des plantes. Le premier lot comprendra les plantes consommées par les animaux, le deuxième lot comprendra les refus ou rougeons. Le premier lot seul sera examiné, car il comprend les plantes qui sont bien acceptées par le bétail. Parmi ces plantes, les graminées et les légumineuses seules seront semées ; la végétation du sol pourvoira toujours assez tôt à l'engazonnement par les autres plantes.

M. Boitel a analysé la flore d'une embauche du Charolais ; il y a trouvé les plantes suivantes :

GRAMINÉES 5/10 : Pâturin des prés, dactyle pelotonné, houlque laineuse, fétuque des prés, ray-grass anglais, vulpin des prés, vulpin à vessie, brome à grappe, agrostide commune, avoine élevée.

LÉGUMINEUSES 4/10 : Trèfle blanc, trèfle des prés, lotier corniculé.

PLANTES DIVERSES 1/10 : Chardon des champs, renoncule âcre, centaurée jacée, chrysanthème, jonc.

Il conviendra encore de faire un choix parmi les graminées et les légumineuses, toutes n'ayant pas la même valeur alimentaire.

Au lieu de rechercher des plantes ayant la même époque de floraison, comme on le fait pour l'établissement des prairies de fauche, on associera celles à développement hâtif et celles à développement tardif, afin que les animaux aient le plus longtemps possible de l'herbe fraîche à leur disposition.

La proportion des légumineuses et des graminées à faire entrer dans le mélange variera avec la nature du sol ; on met

ordinairement de 30 à 45 pour 100 de légumineuses et de 55 à
70 pour 100 de graminées.

Nous indiquerons à titre d'exemple les mélanges d'espèces
qui peuvent convenir pour quelques sols.

Mélange pour sol argilo-calcaire :

	Kil.
Pâturin des prés.	5
Fétuque des prés.	7
Ray-grass vivace .	6
Ray-grass d'Italie.	4
Dactyle pelotonné .	3
Trèfle des prés.	10
Trèfle blanc.	4
Minette .	2

Mélange pour un sol argilo-siliceux humifère frais :

	Kil.	Gr.
Pâturin des prés.	4	»
Pâturin commun.	4	»
Fléole.	1	»
Vulpin des prés	3,500	
Fétuque des prés.	10	»
Dactyle aggloméré .	1	»
Trèfle blanc .	1	»
Minette .	2	»

Mélange pour un sol pauvre en calcaire et craignant l'humidité :

	Kil.	Gr.
Fléole .	5	»
Pâturin des prés.	3	»
Pâturin commun	3	»
Vulpin des prés.	5	5
Trèfle blanc.	3	»
Trèfle des prés	1	»
Trèfle hybride .	1,500	

Comme nos lecteurs peuvent le voir, nous ne faisons pas
entrer dans nos mélanges la fétuque rouge, les houlques, les
bromes, les agrostides, la flouve odorante, la crételle, les orges
faux-seigle et fausse queue-de-rat, la brize tremblante et les

canches parmi les graminées; le trèfle filiforme, le trèfle fraisier, le trèfle enterreur, le lotier corniculé parmi les légumineuses.

Les raisons qui nous font éliminer les graminées citées sont les suivantes : elles sont pour la plupart mal acceptées par le bétail, les unes fournissant un fourrage trop mou ou trop grossier, comme les houlques, l'avoine élevée, les agrostides, les autres fournissant un fourrage trop dur, trop coriace, comme la crételle. Elles ne sont donc pas à introduire dans les mélanges, car elles tiennent la place de bonnes espèces ; du reste, la végétation naturelle du sol les fera toujours apparaître assez tôt.

Le trèfle filiforme apparait toujours en grande quantité lorsqu'on a répandu sur l'herbage des engrais calciques ou phosphatés : il est donc inutile de le semer; ii a l'inconvénient de durcir trop rapidement et de n'être pas très bien accepté par le bétail.

Le trèfle fraisier et le trèfle enterreur prennent beaucoup d'extension dans les sols argilo-siliceux frais; leur développement est inférieur à celui du trèfle blanc, qui possède une valeur nutritive égale, sinon supérieure.

Quant au lotier corniculé, c'est une plante amère à faible développement, que le bétail accepte assez bien; sa graine est très chère. Pour ces différentes raisons, nous laisserons donc à la nature le soin d'en approvisionner nos herbages.

Nous avons indiqué dans l'étude des prairies de fauche les règles à suivre pour faire le mélange, comment elles doivent être enterrées et les soins à leur donner pour faciliter leur levée. Nous n'y reviendrons pas ; nous allons supposer l'herbage créé et prêt à être pâturé.

AMÉNAGEMENT D'UN HERBAGE

L'herbage, avons-nous dit, permet l'engraissement des animaux. Baudement a défini l'engraissement «le repos au sein de l'abondance ». Non seulement les animaux doivent trouver une nourriture abondante et substantielle, mais il faut encore qu'ils puissent se reposer avec quiétude quand leur faim est apaisée. Pour cette raison, les herbages seront établis sur des points

éloignés des routes passantes. Les bêtes de l'herbage tenues
en éveil se livrent parfois à des courses vertigineuses qui les
empêchent de s'engraisser. Les herbages doivent être clos.

Clôtures des herbages. — Avant de clôturer un herbage, il
est nécessaire de déterminer ses dimensions. Elles dépendent de
plusieurs facteurs : de l'étendue et de l'importance de l'exploitation.

Lorsque les enclos sont petits, les animaux utilisent mieux
l'herbe, elle est mieux pâturée. On met moins d'animaux, il est
vrai, mais ils sont plus tranquilles. Les petits enclos n'ont qu'un
inconvénient : ils augmentent les frais de création et d'entretien des clôtures.

Dans les grands enclos, les animaux ont tendance à courir.
Ils font perdre beaucoup d'herbe par le piétinement. On est
obligé d'augmenter le nombre de têtes et par ce fait même
on introduit parfois des animaux turbulents ou méchants qui
empêchent les autres de s'engraisser.

En Vendée, on adopte les dimensions suivantes : de 2 à 6 hectares pour les petites exploitations et de 6 à 15 pour les grandes. En principe, il vaut mieux, pour la bonne utilisation de
l'herbe, avoir des surfaces plus restreintes et changer les animaux d'enclos au moins une fois pendant la période d'engraissement. Ils auront ainsi à leur disposition des herbes fraîches,
non souillées et engraissant mieux.

Les clôtures destinées à un herbage devront remplir plusieurs conditions :

1° Elles doivent maintenir les animaux de l'enclos et être
assez solides pour résister à leurs chocs ;

2° Être visibles, afin que les animaux s'arrêtent à temps et
ne se blessent pas lorsqu'ils se livrent à des courses ;

3° Être suffisantes pour que les chiens errants ne puissent
pénétrer et troubler les animaux ;

4° Être suffisamment hautes et fournies pour arrêter le regard
des animaux et briser les vents violents ;

5° Elles seront d'un établissement facile, d'entretien peu
onéreux ; elles doivent ne pas émettre de rejets et épuiser peu
le sol.

Les clôtures employées pour les herbages sont de trois types : les haies, les fossés et les murs.

Haies. — Les haies sont de deux sortes : les haies sèches ou mortes et les haies vives.

Les *haies sèches* ou *mortes* (*fig.* 156) sont les clôtures ou palissades faites avec des pieux, des branchages, des treillages, des fils de fer, des ronces artificielles, etc.

Les branchages employés appartiennent à diverses essences;

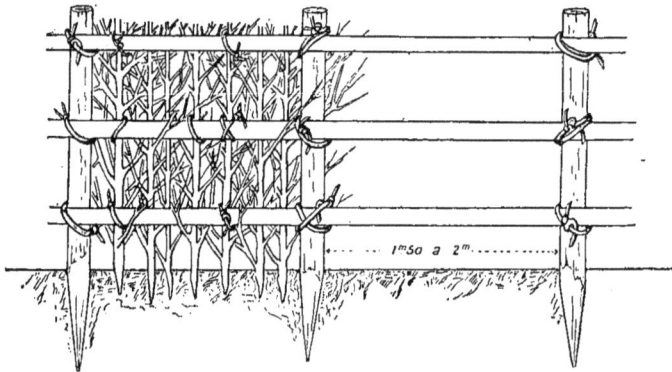

Fig. 156. — Haie sèche.

les branches de chêne, de saule, de châtaignier, d'épine blanche et de prunellier sont les plus utilisées.

Lorsqu'on emploie les branches de chêne ou de châtaignier, on implante aux limites de la prairie, tous les 60 ou 70 centimètres, des pieux que l'on entrelace avec des branchages, en ayant soin que les gros bouts forment le couronnement de la haie ; la partie supérieure des ramilles garnira la base de la haie.

Quand les branchages sont plus petits, comme ceux d'aubépine ou de prunellier (épine noire), on procède différemment. On ouvre une rigole à la limite de l'héritage et, à 1m,50 ou à 2 mètres, on place un pieu de chêne ou d'acacia. Les échalas sont ensuite consolidés avec trois lignes de gaulettes qui maintiennent entre elles les épines. La ligne supérieure de gaulettes

détermine la hauteur de la palissade ; la seconde, la partie mé-
diane, et la troisième est placée à 5 ou à 10 centimètres au-
dessus du sol.

Quand le cadre de la palissade est dressé, on distribue les
branchages tout le long des gaulettes, en ayant soin de
mettre le gros bout des branches dans la rigole creusée à cet
effet.

Les épines sont maintenues en place à l'aide de trois autres
lignes de gaulettes, qui sont fixées en face des premières à
l'aide de liens en osier ou en chêne. On aura soin de faire le
nœud des attaches du côté de l'héritage, afin d'indiquer que la
palissade a été établie à la limite. On enterre ensuite la base
des branches avec la terre provenant des rigoles.

Si on a à sa disposition le bois nécessaire pour confectionner
ces haies, le prix de revient n'est pas très élevé. Elles conviennent mieux pour diviser un herbage en parcelles que pour déli-
miter une propriété, car elles sont de peu de durée. Cependant,
en choisissant bien le bois, en éliminant les bois blancs, par
exemple, leur durée peut être augmentée. Dans le même but,
on fera tremper les pieux pendant une quinzaine de jours dans
une dissolution de sulfate de cuivre de 3 à 4 pour 100 et on en-
duira de goudron la partie qui doit être mise en terre.

Les haies construites comme nous venons de l'indiquer protègent assez bien le bétail contre les grands vents ; elles n'épuisent pas le sol, mais elles ont l'inconvénient d'être coûteuses à
entretenir.

Dans certains pays de la Bretagne, où les schistes sont abondants, on remplace souvent les haies par de grandes pierres
plates que l'on implante verticalement dans le sol. Ces pierres
sont entrelacées dans leur partie supérieure avec des branches
de chêne. Elles constituent de très bonnes clôtures.

On peut également clore les herbages avec des *treillages*
(*fig.* 137, 138), qui sont un assemblage de petites lattes, mesurant 1^m,50 à 2 mètres de hauteur, à l'aide de trois ou quatre
rangs de fil de fer galvanisé. Chaque rang de fil de fer est formé
de deux brins qui sont cordés et qui emprisonnent entre eux
les lattes. Le treillage est maintenu en place à l'aide de pieux
que l'on place tous les 2 mètres.

Le treillage peut être fait de différentes façons. Les lattes

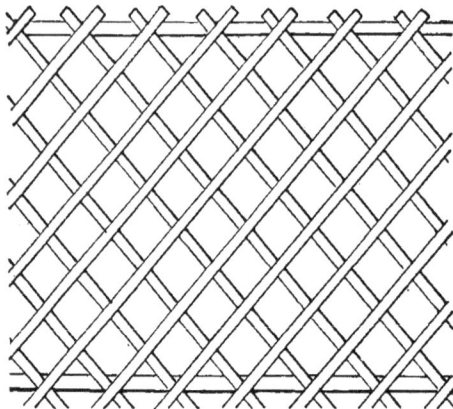

Fig. 157. — Treillage quadrillé.

peuvent être posées obliquement, de manière à imiter les mailles d'un filet (*fig.* 157). Elles sont assujetties à chaque point

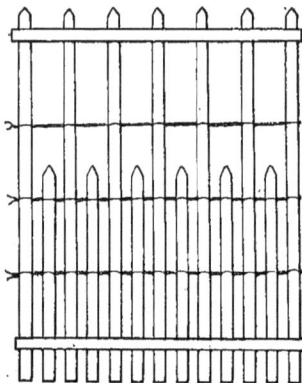

Fig. 158. — Autre treillage.

d'intersection à l'aide d'un clou. Elles peuvent également être disposées comme le montre la figure 158.

Ces clôtures sont peu coûteuses, mais manquent de solidité.

Les *grillages*, les *torons* de fil de fer, les *rubans* de fil de fer,
le *fer feuillard*, les *ronces artificielles* sont employés dans le
même but. Ils sont maintenus en place à l'aide de solides poteaux

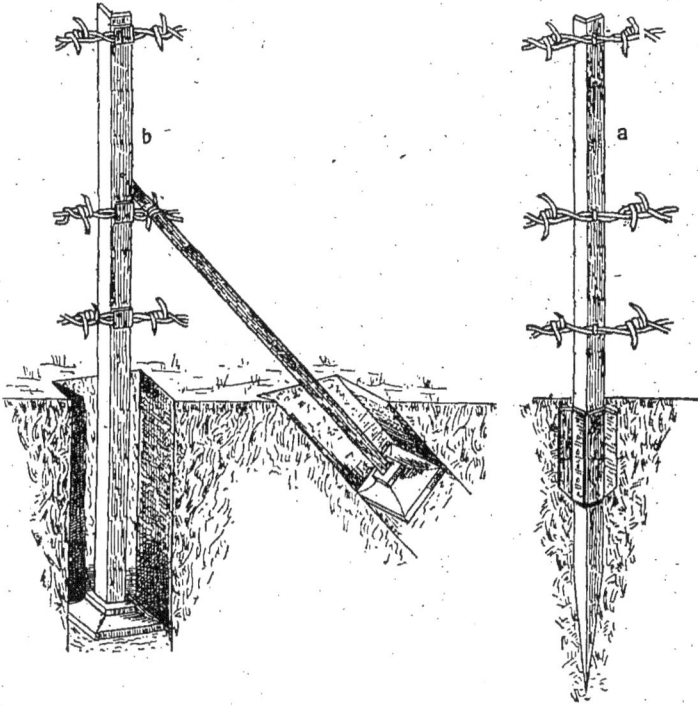

Fig. 159, 159 *bis*. — Poteaux en fer pour clôture en ronce artificielle.
a, poteau ordinaire; *b*, poteau d'angle.

en chêne ou en fer (*fig.* 159), de fil de fer, de pitons (*fig.* 160) et
de tendeurs (*fig.* 161).

La plupart de ces clôtures maintiennent bien le bétail; leur
prix n'est pas trop élevé; mais dans les régions où le vent
sévit avec violence, les animaux ne sont pas suffisamment
garantis.

La plupart des prairies des environs de Genouillac (Creuse

sont closes avec des ronces artificielles ; celles de l'École d'agriculture qui bordent les routes ont, en outre, à leur base un grillage de 50 centimètres de hauteur qui s'oppose à l'introduction des petits animaux et des chiens.

Si l'on peut employer sans trop d'inconvénients les ronces artificielles pour clore les herbages où l'on nourrira des bovidés, on devra les bannir complètement des enclos où l'on mettra paître des juments avec poulains ou des jeunes chevaux. Ces animaux se livrent parfois à de violentes courses ; ils ne voient pas assez tôt les ronces et s'abîment, se déchirent. Nous avons été témoin d'un accident de ce genre qui a mis hors d'usage un

Fig. 160. — Piton.

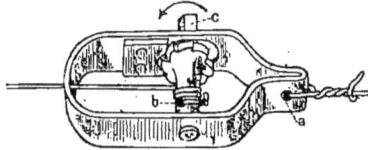

Fig. 161. — Tendeur.

cheval de prix. On pourrait, dans une certaine mesure, pallier cet inconvénient en fixant à l'aide de fil de fer, sur le rang de ronces supérieur, des petites gaulettes qui rendraient la clôture plus visible par les animaux.

Les *haies vives* sont formées d'arbustes ou d'arbrisseaux en végétation. Les essences employées pour la formation de ces haies sont nombreuses ; la nature du sol, le climat influeront sur leur choix.

L'aubépine (épine blanche), le prunellier (épine noire), le févier, l'acacia (robinier faux acacia), parmi les essences à feuilles caduques ; le houx, l'ajonc marin, le chêne vert, le genévrier, parmi les essences épineuses à feuilles persistantes, sont les plus employés. Dans les haies destinées à clore les herbages, on associe parfois des essences feuillues non épineuses, comme le chêne, le châtaignier, le coudrier, l'érable champêtre, etc. L'aubépine, dans les terrains où elle se plaît, est incontestablement la meilleure des haies. Les autres espèces se dégarnissent plus ou moins à la base ou émettent des rejets qui ne tardent pas à envahir la prairie. Aussi, dans cet ouvrage, nous contenterons-nous de décrire l'établissement d'une haie d'aubépine.

Les haies vives doivent être plantées à 50 centimètres de la limite de la propriété. Lorsque les terres craignent l'humidité, on creuse parfois un fossé qui peut être mitoyen (*fig.* 162) ou appar-

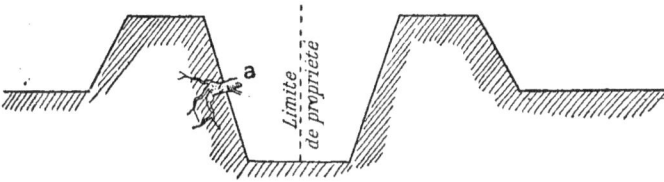

Fig. 162. — Plantation d'une haie vive avec fossé mitoyen.

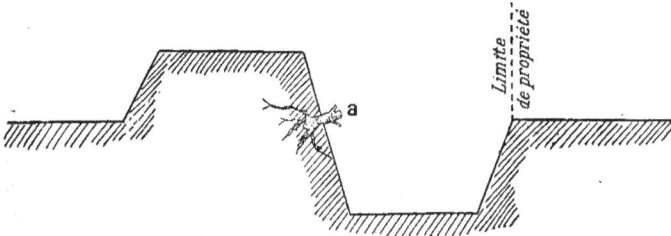

Fig. 163. — Plantation d'une haie vive avec fossé appartenant au propriétaire de la haie.

tenir au propriétaire sur le terrain duquel il est creusé (*fig.* 163) ; dans le premier cas, la terre provenant du fossé est rejetée en quantité égale sur les deux héritages et forme deux talus ; dans le second cas, la terre n'est rejetée que d'un seul côté et ne forme qu'un talus.

Dans l'un et l'autre cas, les essences destinées à composer la haie sont plantées en même temps que le talus est élevé. On place le plant horizontalement, en ayant soin que son collet soit à 2 ou 3 centimètres hors de terre. Le plant se trouve ainsi entre deux couches de bonne terre et dans de bonnes conditions pour végéter.

Les plants peuvent être disposés sur un rang (haie simple) ou sur deux rangs (haie double). Si les terres ne craignent pas trop l'humidité, la plantation se fera à l'automne. On choisira de beaux plants ayant deux ou trois ans de semis.

Lorsque la haie doit être plantée en pleine terre, on fait un bon labour de 30 à 35 centimètres de profondeur sur une bande de 60 centimètres de largeur. Les plants sont ensuite placés verticalement à 15 ou 20 centimètres si la haie est simple, et à 20 ou 30 centimètres si la haie est double.

Pendant les deux ou trois premières années qui suivent la plantation, il sera nécessaire de donner des binages, afin que les plants poussent vigoureusement. Il sera même bon, lorsque la haie n'est pas abritée par un talus, de la protéger de la dent du bétail par une haie sèche.

Après trois ans de plantation, on procède au recépage des plants. Cette opération consiste à couper les tiges au ras du sol ; elle a pour but de faire naître un grand nombre de pousses qui garniront la haie à la base. L'aubépine, le chêne, l'érable champêtre se prêtent très bien à cette opération. En Bretagne, où l'épine blanche vient mal, on emploie l'ajonc marin, que l'on sème sur le talus des fossés.

Les haies plantées en pleine terre ont tendance à se déplacer, notamment celles qui sont constituées avec le prunellier (essence qui devrait être éliminée des haies, en raison des nombreux drageons qu'elle émet). Pour obvier à cet inconvénient, on plante, tous les 15 ou 20 mètres, des chênes ou des saules que l'on transforme en têtards à la hauteur de 2 mètres. Si la haie venait à se déplacer, les têtards donneraient un point de repère. Ces arbres fourniraient du bois de chauffage et garantiraient le bétail contre les rayons trop ardents du soleil.

Fossés. — Les fossés sont des rigoles plus ou moins profondes destinées soit à assainir un terrain, soit à l'enclore. Dans la plupart des cas ils jouent un rôle double.

Ce mode de clôture est très employé en Normandie, dans la Nièvre, le Bourbonnais, l'Anjou, la Loire-Inférieure, la Vendée. Nous nous contenterons d'indiquer comment on les établit dans cette dernière contrée seulement.

Les Marais du Poitou, comme on les appelle dans la région, ont été en partie assainis, sous Henri IV, par les Hollandais. Par suite de leur faible niveau au-dessus de la mer (6 à 12 mètres au maximum) et de la nature alluvionnaire du sol, les prairies craignent beaucoup l'humidité pendant l'hiver. L'eau séjourne même sur certains points pendant trois ou quatre mois. Pendant l'été, lorsque l'année est un peu sèche, l'eau abandonne parfois les fossés.

Le rôle des fossés dans cette région est donc de préserver les prairies d'une trop forte inondation pendant l'hiver, de servir de réservoirs pendant l'été et de clore en même temps. Leurs dimensions sont généralement grandes ; il n'est pas rare de voir des fossés de 2, 3 et 4 mètres d'ouverture. Ils débouchent dans un canal qui conduit les eaux à l'Océan. Ce canal est pourvu d'une vanne, qui est ouverte ou fermée suivant les délibérations prises en assemblée par les intéressés.

Les fossés de clôture sont de deux sortes : ils appartiennent au propriétaire sur le fonds duquel ils sont creusés lorsque la terre et les curures sont jetées sur ce même fonds ; le fossé est réputé mitoyen quand la terre est également jetée des deux côtés.

Ordinairement les fossés de clôture sont composés de deux parties : du fossé proprement dit, ou douve, et du talus sur lequel on peut planter une haie, des arbres forestiers ou fruitiers (Normandie). Mais dans les pays où le terrain est bas, comme en Vendée, le talus est détruit et distribué sur la surface à enclore et à assainir. Lorsque l'inondation se produit, les eaux sont bien plus vite retirées. Le jet de terre occupe une assez grande surface qui ne produit pas d'herbe ; répandu sur le terrain, il permet l'engazonnement de toute la surface.

Cependant, toutes les fois que l'on n'aura pas à craindre un excès d'humidité, on devra conserver le talus et le garnir d'une haie d'aubépine, de saule Marsault ou d'autres essences appropriées au sol. En effet, pendant l'été, lorsque les eaux sont basses, le bétail descend dans les fossés pour brouter les herbes fraîches et dégrade ces fossés. Cet inconvénient se produit fréquemment en Vendée, où 90 pour 100 des bords des fossés sont nus. Or, la réfection des fossés occasionne une dépense très élevée ;

dans les prairies soumises à la dépaissance, on est parfois obligé
de faire refaire les douves tous les cinq à six ans, ce qui entraîne
une dépense de 200 francs à 400 francs à l'hectare.

On pourrait dans une certaine mesure obvier à cet inconvénient en engazonnant les bords des fossés avec de la fétuque
roseau, qui par ses nombreux rhizomes empêcherait la terre de
s'ébouler sous les pieds des animaux.

Les fossés de clôture sont nécessaires, ainsi que nous l'avons
dit plus haut, dans les contrées bocagères et dans les terrains
craignant les inondations. Ils sont coûteux à établir; dépourvus
de haies ou d'arbres, ils ne protègent pas suffisamment les animaux contre les vents violents, les insectes et la chaleur, mais
ils ont l'avantage de supprimer en partie les frais de garde du
bétail.

Murs. — Les murs destinés à enclore les herbages sont la
plupart du temps construits en pierres sèches. On ne peut les
établir avantageusement que dans les pays où les pierres sont
abondantes. Lorsque le mur est construit à la limite de la propriété et ne porte aucune marque particulière, il est considéré
comme étant mitoyen.

La non-mitoyennté sera indiquée par des pierres traversières
appelées « chaperons », « corbeaux », que l'on mettra de distance en
distance dans le mur et qui dépasseront de 10 à 15 centimètres
du côté de la propriété. Si l'on couvre le mur, il faudra également diriger l'égout du côté de la propriété.

Les murs sont d'excellentes clôtures, faciles à entretenir,
protégeant bien le bétail et l'empêchant de voir trop loin ; ils
n'épuisent pas le terrain, mais ils ont l'inconvénient d'être
coûteux.

Barrières. — Il est nécessaire de pouvoir fermer complètement l'herbage et d'y pénétrer quand on le désire. L'entrée sera
fermée à l'aide d'une barrière.

Les modèles de barrière sont nombreux : la barrière ordinaire
en bois, la barrière ordinaire avec fer et bois (*fig.* 164, 165), la
barrière basculante et roulante des passages à niveau de chemins de fer, etc.

Une bonne barrière pour herbages doit être suffisante,
simple, solide, peu coûteuse, pouvoir se fermer et s'ouvrir facilement.

La barrière la plus communément employée en Vendée
consiste en trois perches mesurant de 4 à 5 mètres de long,

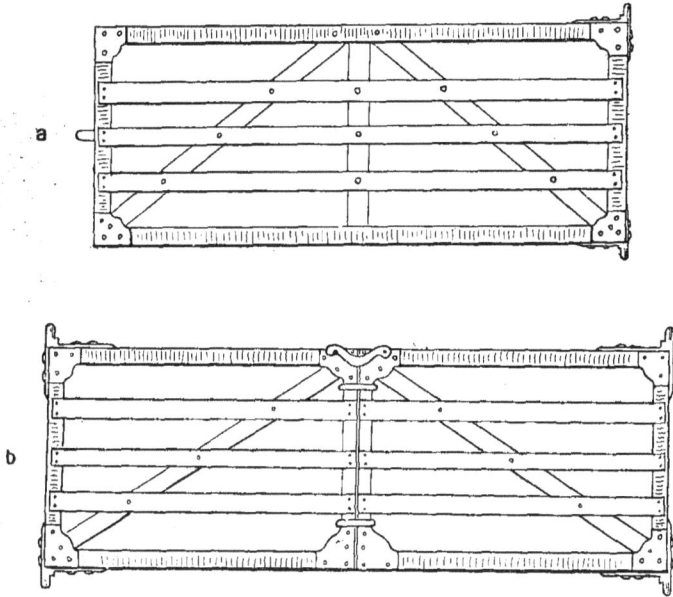

Fig. 164, 165. — Barrières en fer et bois.
a, à un battant; *b*, à deux battants.

traversées, vers le plus gros bout, par une tige taraudée pourvue
d'un œil formant charnière avec une tige semblable traversant
le poteau (*fig.* 166). L'autre extrémité des perches repose sur des
supports en fer munis d'un œil, et qui traversent le poteau opposé. Les perches sont maintenues en place à l'aide d'une chaîne
qui est fixée à la partie supérieure du poteau porte-supports par
un fort piton et qui passe dans l'œil de chaque support. Il suffit
de prendre les deux extrémités de la chaîne avec un cadenas
pour obtenir une fermeture complète. Cette barrière est com-

mode, simple, solide et peu coûteuse. Pour l'ouvrir, il suffit d'enlever la chaîne, de prendre l'extrémité des trois perches à brassée,
de leur faire décrire un arc de cercle et de les déposer sur
le sol.

Il existe également un autre système de barrière fort

Fig. 166. — Barrière vendéenne.

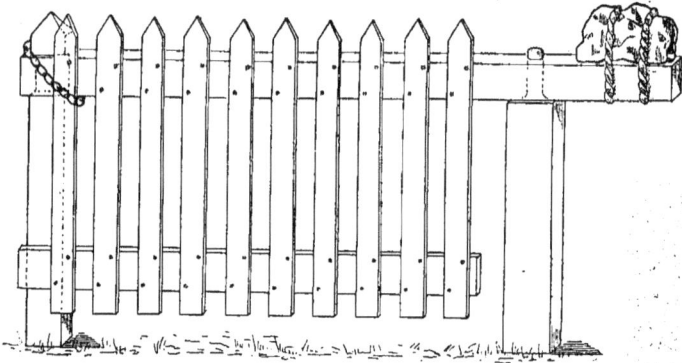

Fig. 167. — Barrière rustique.

commode. Elle consiste en une poutre tournant sur l'extrémité d'un poteau-pivot et portant des lattes réunies entre elles
à leur partie inférieure par une traverse horizontale (*fig.* **167**).
La barrière est maintenue en équilibre sur le poteau-pivot à
l'aide d'une pierre que l'on fixe solidement sur la partie libre de

la poutre, qui dépasse. On peut également la fermer avec une chaîne munie d'un cadenas.

Dans quelques régions de la France, notamment en Bretagne, dans la Creuse, on emploie comme barrière une ou deux claies de parc maintenues en place autour des poteaux à l'aide de harts en chêne, qui servent de pivot.

Depuis une vingtaine d'années, la maison Pilter, de Paris,

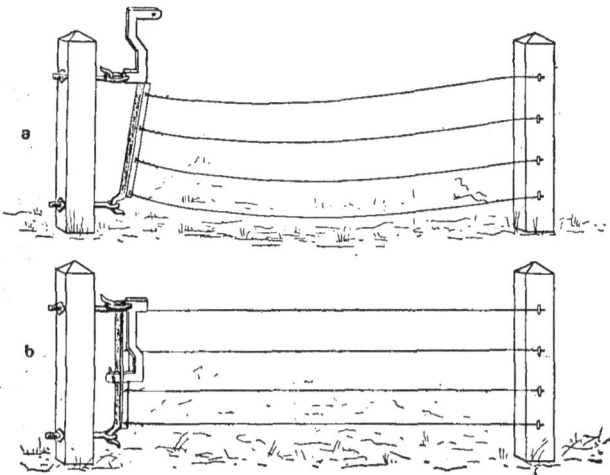

Fig. 168. — Barrière à levier (système Pilter).
a, barrière prête à s'ouvrir ; b, barrière fermée.

met à la disposition des agriculteurs une barrière en fils de fer ou en ronces artificielles qui sont tendus et maintenus en place à l'aide d'un levier spécial (fig. 168). Cette barrière est simple et très économique ; néanmoins, nous lui adressons les mêmes reproches qu'aux ronces artificielles : les animaux ne la voient pas assez et la brisent en se blessant. Il suffirait de garnir les fils de fer et les ronces de gaulettes de bois pour faire respecter la barrière par le bétail.

Plantation d'arbres fruitiers ou forestiers dans les herbages. — Les herbages doivent-ils rester nus ou être plantés ? Les avis sont partagés : d'après les uns, les arbres ont l'inconvénient de donner beaucoup d'ombre, ce qui nuit à la qualité de l'herbe ; c'est le principal reproche. D'après les autres, les arbres fruitiers ou forestiers fournissent un certain produit, fruits ou bois, qui n'est pas à dédaigner. Ils donnent de l'ombre, qui protège les animaux de la grande chaleur et, dans une certaine mesure, de la piqûre des insectes. Le tronc des arbres permet, en outre, aux animaux de se *frotter* et de se débarrasser des excréments et de la terre qui souillent leur robe, et qui leur occasionnent parfois des démangeaisons. Certains auteurs vont même jusqu'à conseiller la plantation d'une allée d'ormes ou de chênes faisant face à la direction des vents dominants.

Les herbages normands portent fréquemment une plantation de pommiers, qui peut rapporter en moyenne de 250 à 400 francs par an. Ce produit, joint à celui de l'herbage, permet de retirer du sol un plus grand revenu.

Les branches des pommiers que l'on plantera dans un herbage devront se diriger verticalement ; car si les animaux peuvent atteindre les fruits, ils risquent de s'étrangler.

En ne chargeant pas trop la pâture d'arbres, et en maintenant la fertilité du sol à l'aide d'engrais appropriés, la qualité de l'herbe ne sera pas beaucoup diminuée. Dans certaines contrées, comme dans le Nivernais et la Creuse, on plante quelques touffes de chênes ou d'ormes, dans le but de fournir de l'ombre, de servir de frottoirs et d'obtenir du bois d'œuvre ou de chauffage.

On évitera de planter des essences émettant des rejets, comme le peuplier blanc de Hollande, l'orme tortillard, ou qui nourrissent des insectes nuisibles aux animaux, comme le frêne, qui porte la cantharide, insecte vésicant. Le platane sera également éliminé, à cause de ses semences qui portent des bourres se logeant parfois dans les yeux des animaux.

Lorsqu'on plante des arbres dans un herbage, il est nécessaire de les protéger des atteintes du bétail pendant une dizaine d'années. On y parvient à l'aide d'*armures*. Les armures devront protéger suffisamment l'arbre, ne pas le blesser, ni blesser les animaux qui viendraient s'y frotter.

L'armure la plus anciennement employée se compose de trois

pieux longs de 1ᵐ,60 et ayant de 8 à 10 centimètres de diamètre
(*fig.* 169). On les enfonce à 30 centimètres de profondeur, et on
les distribue de manière à former sur le sol un triangle équila-
téral de 45 à 50 centimè-
tres de côté. L'écartement
des pieux est maintenu par
trois traverses, que l'on
place une à la base, une
au milieu, l'autre au sommet.

On emploie aussi par-
fois les armures métalliques,

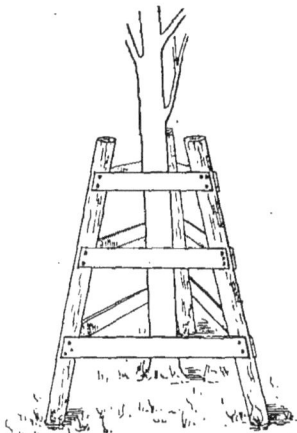

Fig. 169. — Armure protège-arbre
en bois.

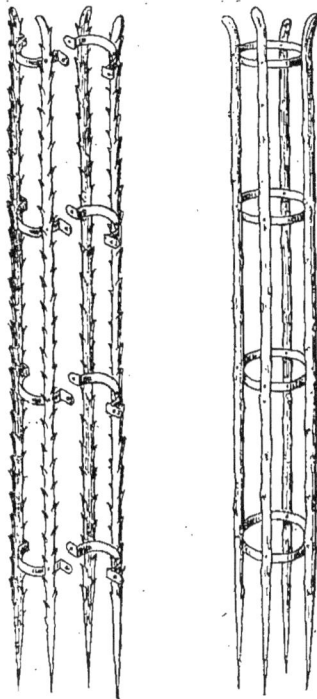

Fig 170, 171. — Armures protège-arbre
en fer.

dont les modèles varient à l'infini (*fig.* 170, 171); elles ont l'inconvénient de coûter assez cher et d'occasionner des blessures
au bétail lorsqu'elles portent des pointes.

Frottoirs. — Dans les enclos où il n'existe pas d'arbres,
comme dans la plupart des herbages vendéens, il est nécessaire
d'installer des *frottoirs* (*fig.* 172), afin que les animaux puissent
se débarrasser de la terre et autres impuretés qui souillent leur

robe; car pour chasser les insectes qui les importunent ils se
lancent avec leurs pieds de la terre sur le dos.

Dans les prairies de l'École d'agriculture de la Vendée, le
frottoir est formé d'un bloc de pierre mesurant 1 mètre de hauteur; ailleurs ce sont de forts poteaux maintenus en place par
quatre solides jambes de force.

Les frottoirs sont indispensables; mais ils ont l'inconvénient

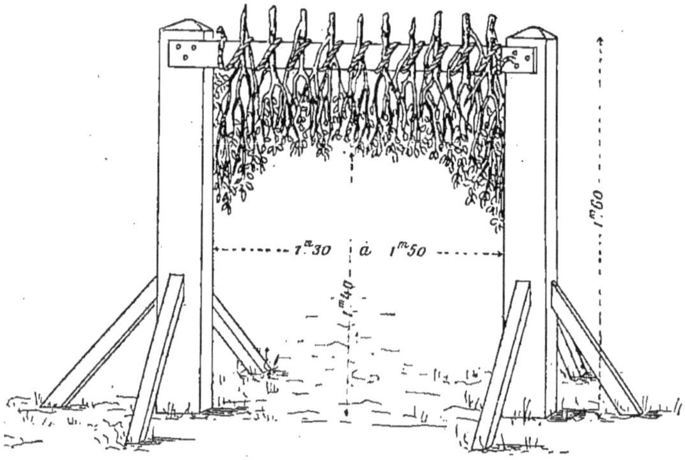

Fig. 172. — Frottoir

de propager les maladies de peau, notamment les dartres. Peut-
être y aurait-il lieu de les désinfecter de temps en temps avec un
antiseptique non vénéneux pour les animaux.

Pour rendre meilleur le nettoyage de la peau, nous avons
pensé que l'établissement d'un frottoir plus complet était nécessaire. Nous préconisons le dispositif suivant : planter à 1^m,30
ou à 1^m,50 deux forts poteaux de 1^m,60 au-dessus du sol,
réunis à leur partie supérieure par une poutre horizontale.
Sur cette poutre, on fixera à l'aide de harts des branchages
flexibles comme ceux de bouleau et de genêt, de manière que
leur extrémité arrive à 1^m,40 au-dessus du sol. Les animaux qui
éprouveraient le besoin de chasser les insectes qui les incommo-

dent passeraient sous ce portique et subiraient de ce fait une
sorte de brossage. Il suffirait de remplacer de temps en temps
les branchages.

Abris. — Dans certaines contrées où il y a du bétail pendant
toute l'année dans les herbages, on élève des hangars pourvus
de râteliers dans lesquels on distribue le foin pendant l'hiver.
Les ouvertures de ces constructions se font généralement dans
la direction opposée à celle des vents dominants. Au moment
des grandes chaleurs et des grands froids, le bétail y trouve un
refuge. On peut même en été, lorsque l'herbage commence à
s'épuiser, y apporter des fourrages verts pour terminer l'engraissement d'une charge.

Abreuvoirs. — Une des questions les plus importantes est
incontestablement celle des abreuvoirs. C'est la préoccupation
constante de tous les herbagers : ne pas laisser le bétail man-
quer d'eau.

Si dans certaines régions l'établissement d'un abreuvoir se
fait sans difficulté, il n'en est pas de même dans celles où l'eau
est rare, le sol sablonneux ou trop perméable. Dans certains cas
on est obligé de paver le sol ou de le cimenter; dans d'autres,
il est nécessaire d'apporter toute l'eau dans l'herbage, de la distribuer dans des abreuvoirs en bois ou en ciment installés au-
dessus du sol.

Dans les régions où le sol est en pente, comme dans le
Limousin, l'Auvergne, etc., rien n'est plus facile que de capter
une source et de conduire l'eau dans une excavation *étanche*
creusée dans le sol. L'eau est renouvelée constamment et est
suffisamment aérée.

En Vendée, il est facile d'obtenir de bons abreuvoirs : il
suffit de creuser une fosse communiquant avec un des fossés
de clôture. Les dimensions de cette fosse sont variables avec
l'étendue de l'herbage. La terre est rejetée de chaque côté et
forme des bords élevés. On ménage un plan incliné à faible
pente, de façon que l'accès de l'abreuvoir soit facile aux animaux.

Il serait bon d'entourer les abreuvoirs d'arbres : saules, chênes ou aunes, dans le but de fournir de l'ombre et de maintenir l'eau fraîche pendant l'été. Seulement les arbres, par leurs feuilles qui tombent dans l'eau, ont tendance à la rendre acide. Il est donc nécessaire de curer en automne les abreuvoirs entourés d'arbres à feuilles caduques.

Pendant l'été, lorsque les sécheresses sont grandes, l'eau devient rare dans les abreuvoirs et finit par se corrompre, ce qui est très préjudiciable à la santé des animaux. On peut obvier à cet inconvénient en plantant des nénuphars ou en semant de la *glycérie flottante* (glyceria fluitans), graminée très estimée du bétail. Ces plantes, par l'oxygène qu'elles fournissent, maintiennent l'eau suffisamment aérée. Parfois, lorsque les abreuvoirs ont de grandes dimensions, on les empoissonne. La carpe et la tanche conviennent parfaitement pour les fonds vaseux. Dans les eaux claires, courantes, on pourra y mettre de la truite. Les poissons indiqueront même la valeur de l'eau : lorsqu'ils périssent, on peut être certain que l'eau a tendance à se corrompre.

EXPLOITATION DES HERBAGES

La prairie destinée à être exploitée par la dépaissance ne doit pas être livrée au bétail avant la troisième année de création. Plus tôt, les animaux, par leurs dents et leurs pieds, font périr un grand nombre de touffes dont l'enracinement n'est pas encore suffisant. Il se forme de bonne heure des vides qui sont comblés par les plantes issues de graines provenant de celles laissées par les animaux. Le mode d'exploitation des herbages dépend de la région, du climat et du sol. En Normandie, où les herbages sont plantureux, on n'exploite guère que des animaux adultes, soit des bœufs de travail, soit des vaches en fin de lactation. Les herbagers mettent souvent vers la fin d'octobre, lorsque les travaux d'ensemencement sont terminés, des bœufs maigres ; ces animaux utilisent l'herbe fraîche qui a poussé en fin de saison.

A l'approche des froids, la fourrure de ces animaux se prépare pour qu'ils puissent passer l'hiver sans souffrir. Leurs poils se piquent, et c'est pour cette raison qu'on les appelle des bœufs au *poil piqué*, des *bœufs trembleurs*. On leur distribue au moment des grands froids du foin que l'on met dans des râteliers abrités sous des hangars.

Au premier printemps ils utilisent l'herbe, qui est très nutritive, au fur et à mesure qu'elle pousse; ils sont bons à expédier pour la boucherie vers la fin de mai. Ils sont connus à Paris sous le nom de *bœufs d'herbe*.

Ces animaux doivent être surveillés attentivement vers la fin de l'engraissement; car, ayant souffert un peu pendant l'hiver, ils sont sujets aux *coups de sang*. Dans certains cas il est même bon de pratiquer une saignée.

Au mois d'avril, quand l'herbe commence à se bien développer, les bœufs trembleurs ne peuvent plus fournir à la consommer; il est nécessaire de *recharger* l'herbage.

Il importe avant tout de faire consommer l'herbe au fur et à mesure qu'elle se développe et de ne pas la laisser durcir. Les animaux mis au premier printemps sont généralement bons à vendre à la fin de juillet ou au commencement d'août. Dans les années où la sécheresse n'est pas trop grande, on peut parfois faire un troisième *chargement*, mais dans la plupart des cas on est obligé de terminer l'engraissement à l'étable. Souvent la troisième *charge* est remplacée par des moutons ou des chevaux. Ces animaux tondent le gazon plus près de terre que les bovidés et utilisent même les touffes qui se sont développées autour des bouses.

En un mot, le chargement d'un herbage est surtout une affaire de calcul; on suivra le développement de l'herbe, le cours des animaux et on choisira parmi eux ceux susceptibles de produire le plus de bénéfice.

En Vendée, l'herbage est surtout exploité depuis le mois d'avril jusqu'en juillet. A partir de cette époque, en année un peu sèche, le sol se fendille et devient d'une sécheresse extrême; la prairie prend l'aspect d'un champ de moisson récolté. On ne fait guère qu'un chargement. Ce qui reste de l'herbe est utilisé par un troupeau de moutons, par un troupeau d'élevage ou par des chevaux.

Les animaux mis dès le premier printemps sont généralement des animaux jeunes, des bouvillons de trois à quatre ans,

des génisses ou des vaches infécondées ; l'engraissement des
bœufs adultes se fait surtout pendant l'hiver.

Les animaux émasculés seront mis à part, tandis que les
vaches et les génisses seront mises avec un taureau que l'on
veut engraisser également dans un autre enclos. Cette précaution est nécessaire, car si l'on mettait les animaux de toutes
catégories dans le même enclos les mâles non châtrés attaque-
raient ceux qui le sont.

Le taureau mis avec les femelles les féconde au fur et à
mesure qu'elles entrent en chaleur ; étant satisfaites, elles s'engraissent plus rapidement.

Quand la moisson est rentrée, les bœufs que l'on veut
engraisser sont conduits sur les herbages en partie épuisés,
pour se reposer et prendre de la chair. On les rentre à l'étable
tous les jours et on leur fait consommer des choux fourragers.
On termine l'engraissement à l'étable avec des betteraves, des
choux, des grains, de la farine. Ils sont bons à vendre en novembre. La deuxième saison de bœufs vendéens se fait lorsque
les couvrailles sont terminées ; ils sont vendus en mars et avril.

Le nombre d'animaux à mettre sur un herbage dépend de la
fertilité de celui-ci. Le bétail doit être assez nombreux pour
utiliser les jeunes pousses au fur et à mesure qu'elles se développent, mais il ne doit pas l'être trop, afin qu'il puisse se ras-
sasier et s'engraisser promptement.

Un herbage est considéré de bonne qualité lorsqu'il peut
engraisser deux têtes et demie de gros bétail à l'hectare.

Entretien des herbages. — Bien que l'exploitation du sol
par la dépaissance naturelle soit le mode le moins onéreux, il
est nécessaire, si l'on veut obtenir de bons produits, de donner
des soins à l'herbage.

Ces soins consistent : 1° dans l'enlèvement des bouses ; —
2° l'arrosage, l'entretien des clôtures et barrières ; — 3° le curage
des fossés et des abreuvoirs ; — 4° l'enlèvement des herbes refusées ; — 5° l'entretien de la fertilité ; — 6° la destruction des
taupinières ; — 7° celle des mauvaises herbes ; — 8° l'enlèvement des feuilles, des mousses, etc. Il y a lieu aussi, dans certains cas, de fertiliser l'herbage.

Enlèvement des bouses. — Les animaux rejettent des excréments qui, s'ils étaient bien utilisés, restitueraient au sol une certaine quantité de principes enlevés. Malheureusement, ces excréments sont aqueux et se laissent difficilement traverser par l'air, et les plantes qu'ils recouvrent périssent. Si on les laisse sur le sol, il arrive qu'en fin de saison ils recouvrent une surface assez importante, une tête de gros bétail couvrant avec ses fientes environ 1 mètre carré par vingt-quatre heures. Certains agronomes recommandent de les épandre au fur et à mesure qu'ils sont émis. Nous objecterons à cette manière de voir qu'en épandant les bouses fraîches sur l'herbe on augmente encore la surface perdue, car le bétail ne touche pas ou très peu aux plantes sur lesquelles on a répandu des excréments.

D'autres auteurs, et avec eux Joulie, recommandent de ramasser les bouses, de les transformer, mélangées avec de la chaux, en terreau, ou de les incinérer et de répandre les cendres sur l'herbage. Nous sommes de cet avis.

Par la combustion des déjections solides, il y a bien une certaine quantité d'azote organique de perdue, mais la valeur de cet élément ne sera jamais aussi grande que le préjudice causé à la prairie par les bouses.

L'opération de l'ébousage est d'ailleurs fort bien pratiquée en Vendée. On attend que les bouses soient suffisamment sèches pour pouvoir être soulevées sans se briser. On en fait des petits tas, en ayant soin de laisser de nombreux vides pour que la dessiccation soit plus complète. On les enlève tous les quinze jours environ et on les place sous des hangars. Ces petites plaques d'excréments desséchés servent ensuite de combustible aux habitants du Marais vendéen.

Malheureusement, les cendres qui en proviennent ne sont pas ou sont très peu répandues sur les prairies ; elles sont vendues aux agriculteurs du Bocage, qui les utilisent pour leurs cultures de choux ; c'est là une faute grave.

Parfois les herbagers louent à l'année les fientes des animaux à de petits particuliers qui les utilisent comme combustible. Nous connaissons des fermiers qui retirent de ce produit une somme de 150 à 300 francs par an. Si cette somme était employée à l'achat d'engrais capables de maintenir la fertilité de la prairie, l'opération serait bonne ; mais il n'en est pas ainsi et l'on s'accorde à reconnaître que les rendements des prairies vendéennes diminuent d'année en année.

Arrosage des herbages. — Pour que les animaux aient constamment de l'herbe fraîche à leur disposition, il est nécessaire que le sol possède un certain degré d'humidité.

Cette humidité ne doit pas être exagérée, car les herbes produites seraient aqueuses et n'auraient pas la même valeur nutritive. L'air ne circulant plus dans le sol, les réactions qu'il provoque ne pourraient plus s'accomplir, le piétinement des animaux détériorerait le gazon de la prairie. Peu d'herbages sont arrosés ; la plupart du temps leur situation ne permet pas de capter et de distribuer des eaux sur leur surface. Aurait-on de l'eau à sa disposition, qu'il ne faudrait pas songer à la distribuer pendant que le bétail est sur la prairie. Les rigoles seraient vite obstruées et l'eau séjournerait par endroits, transformant le sol en un véritable bourbier.

Pour ces différentes raisons, l'irrigation de l'herbage n'est à recommander que pendant la période hivernale, lorsqu'il n'y a plus d'animaux, ou encore entre *deux charges*.

On laisse l'herbage une quinzaine de jours sans bétail ; la première semaine est employée à irriguer copieusement le sol, la deuxième semaine est nécessaire pour lui permettre de se raffermir.

On augmente encore les bienfaits de l'irrigation en répandant en couverture 80 à 100 kilogrammes de *nitrate de soude* à l'hectare, la veille de cesser l'arrosage. (V. IRRIGATIONS, PRAIRIES DE FAUCHE, p. 63.)

Entretien des clôtures et des barrières. — Pour avoir un herbage continuellement clos, il est nécessaire d'entretenir les clôtures et les barrières.

L'entretien des murs, des grillages, des fils de fer, de ronces artificielles est à peu près nul. Il n'en est plus de même des haies sèches et des haies vives, qui souvent ont besoin d'être réparées.

Les brèches qui existent dans les haies sèches sont fermées à

l'aide de pieux autour desquels on enlace des branchages d'aubépine, d'épine noire ou de chêne, le tout maintenu en place
à l'aide de harts.

Les haies vives qui ne sont pas taillées régulièrement tous
les ans exigent peu de soins lorsqu'elles sont bien établies. Suivant les usages locaux, les haies défensives ou forestières sont
recépées tous les six à sept ans. Cette opération est pratiquée
pendant le repos de la sève. Le bois qui en provient est utilisé
pour le chauffage des fours ou pour réparer la haie, s'il y a des
brèches.

Lorsque la haie est plantée sur le bord d'une douve ou d'un
fossé, on profite de l'opération pour en faire le curage. Les
terres qui en proviennent servent à recharger
l'ados.

Les éleveurs du Charolais, du Nivernais et
de la Marche savent très bien entretenir leurs
clôtures. Les haies sont recépées tous les quatre
à cinq ans à 1 mètre de hauteur environ. Les
brèches qui se sont produites sont fermées à
l'aide de branches coupées au tiers et rabat-
tues horizontalement. Les branches reçoivent
leur nourriture de la souche mère et conti-
nuent à vivre ; les yeux de la partie supérieure
se développent, et au bout de deux ans la brè-
che qui s'était formée est complètement obstruée
par un lacis inextricable. On aura soin également d'enlever les rejets émis par les arbustes
qui composent la haie.

Fig. 173.
Croissant.

Les instruments employés sont la serpe à crochet munie
d'un long manche, le *croissant* (*fig.* 173). Parfois les haies, exclusivement formées d'épine blanche, sont tondues tous les ans à
1^m,30 ou à 1^m,50 de hauteur à l'aide de cisailles. Les haies régulièrement tondues tous les ans n'augmentent pas de largeur et
deviennent de plus en plus impénétrables.

Curage des fossés et des abreuvoirs. — Les fossés qui clo-
sent un herbage demandent beaucoup plus de soins d'entretien
que ceux qui entourent une prairie de fauche. Le bétail pen-

dant l'été descend dans les fossés pour se rafraîchir et pâturer les herbes qui y croissent, et il dégrade les bords. Aussi tous les cinq ou six ans est-on obligé d'opérer le curage des fossés.

Cette opération se fait de septembre en novembre, époque à laquelle les eaux sont basses. Souvent on attend que le fossé soit complètement à sec. Les herbagers divisent l'étendue des fossés qu'ils possèdent en cinq ou six parties, et chaque année ils en font curer un cinquième ou un sixième; de cette façon les frais sont mieux répartis.

Les curures sont jetées sur les bords et servent à consolider les ados lorsqu'il y en a, ou bien on les répand sur l'herbage. Il vaudrait mieux les accumuler en certains endroits de la prairie et les mélanger avec de la chaux. On obtiendrait ainsi un excellent compost qui produirait de bons effets sur la prairie.

En 1891, à l'École d'agriculture de la Vendée, on épandait les curures lorsqu'elles étaient suffisamment sèches et on les couvrait de cendre de chaux, qui coûte bon marché. Huit à quinze jours après cette opération, on donnait un coup de herse pour rendre le mélange de la terre et de la chaux plus intime. Les effets obtenus ont été bons, la chaux ayant détruit l'acidité des curures.

Les débris provenant des fossés devront séjourner le moins possible sur le bord, car les plantes qui se trouveraient dessous pourraient périr; il serait alors nécessaire de réensemencer cette partie.

L'opération se fera absolument de la même façon pour les abreuvoirs lorsqu'ils seront boueux. On profitera de ce qu'il n'y a pas d'animaux dans la prairie pour effectuer le curage.

Enlèvement des herbes refusées. — En ce qui concerne l'enlèvement des *refus, rougeons, sécherons,* les avis sont partagés. Certains éleveurs prétendent que les herbes refusées par les animaux préservent le sol d'une trop grande dessiccation et qu'à leur abri il en pousse d'autres que le bétail mange, ainsi que les sécherons eux-mêmes. C'est l'opinion des éleveurs vendéens; aussi laissent-ils les refus.

Les plantes refusées sont ordinairement les plus mauvaises de l'herbage; elles mûrissent leurs graines, qui sont ensuite disséminées par les animaux, de sorte que ces plantes ont tendance à devenir envahissantes ; l'orge faux-seigle, l'orge maritime, l'orge fausse queue-de-rat occupent de plus en plus de place. Cette prédominance s'accentue lorsqu'on laisse les bouses sur la prairie : le suc digestif n'ayant pas détruit la faculté germinative des graines, elles germent au milieu des bouses. A notre avis, il vaudrait mieux enlever les refus lorsque leur développement fait prévoir qu'ils ne seront plus acceptés par le bétail, les transformer en foin et les distribuer au moment d'une forte sécheresse ou pendant la période hivernale. Le foin bien fait aura toujours une valeur alimentaire supérieure à cette sorte de paille consommée sur place au mois d'août.

Pour maintenir la flore, les herbagers établissent un tour de rôle entre les prairies soumises habituellement au pâturage et celles qui sont fauchées. En fauchant un herbage une fois tous les cinq ans environ, on ne l'épuise pas trop ; si l'on a soin d'effectuer la fauche de bonne heure, on fera disparaître des plantes annuelles qui auraient tendance à se développer outre mesure, comme les rhinanthes, par exemple.

Fertilisation des herbages. — Beaucoup d'éleveurs s'en remettent au soin de la nature de faire pousser l'herbe. Si dans des situations privilégiées la fertilité du sol est suffisante pour obtenir constamment une végétation luxuriante, dans nombre de circonstances il est nécessaire de donner à l'herbage les éléments fertilisants enlevés par les animaux. Ceux-ci, par leurs excréments liquides et solides, en restituent bien une certaine quantité, mais ne les restituent pas intégralement.

A ce point de vue, la dépaissance naturelle des animaux épuise moins le sol que la transformation de l'herbe en foin. M. Joulie dit qu'une prairie en plein rapport donnant une récolte qui contient jusqu'à 272 kilogrammes d'azote en perd seulement la moitié par le pâturage, soit 130 kilogrammes, et si l'on enlève les excréments solides la restitution sera encore de 65 kilogrammes par les urines, qui sont rapidement nitrifiées.

Dans la majeure partie des cas l'azote ne fait pas défaut dans les prairies ; il a même tendance à s'accumuler sous forme d'azote organique, difficilement assimilable, il est vrai, mais qui peut le devenir par suite d'une aération suffisante de chaulage ou de phosphatage.

On s'aperçoit assez facilement que les plantes manquent d'azote lorsque, dans un sol sain, la végétation prend un aspect jaune caractéristique. La plupart du temps l'application de 100 à 150 kilogrammes de nitrate de soude à l'hectare est à conseiller. On pourrait employer cette dose en deux fois : la moitié serait répandue au printemps, l'autre serait employée en juin ou juillet entre *deux charges*. On saisirait le moment où une pluie assez abondante viendrait à tomber pour faciliter la diffusion du nitrate dans le sol.

M. Joulie recommande de pratiquer des chaulages annuels sur les herbages dont la teneur en chaux est inférieure à 5 pour 100. La chaux serait répandue à l'automne au semoir, au moment où l'herbe cesse de pousser. Pour faciliter la dispersion de la chaux, on donne un hersage léger qui, en même temps, détruit les mousses et une certaine quantité de mauvaises herbes.

L'acide phosphorique sera moins indispensable si la prairie est pâturée par des animaux adultes que si elle est pâturée par des animaux d'élevage; néanmoins, il sera toujours bon d'en répandre une certaine quantité si l'on veut conserver les légumineuses dans une bonne proportion.

On demandera l'acide phosphorique aux phosphates, aux scories ou aux superphosphates, suivant que le sol sera acide ou non. Quant à la potasse, si elle est nécessaire, on la demandera au chlorure de potassium, au sulfate de potasse ou aux cendres, suivant que le sol renferme du calcaire ou non.

Le terrage et le terreautage sont également à recommander lorsque la prairie commence à se dégarnir. La terre ou le terreau, en rechaussant le collet des plantes, fait développer les tiges plus nombreuses.

Pour ce qui est de la destruction des taupinières, des mauvaises herbes et de l'enlèvement des feuilles, des mousses, etc., nous prions nos lecteurs de vouloir bien se reporter aux PRAIRIES DE FAUCHE, p. 156.

DÉFRICHEMENT DES HERBAGES

Les cultivateurs qui ont fait de nombreux efforts pour créer des herbages ne se décident à les défricher que si les produits fournis sont insuffisants. Mais avant de prendre une telle détermination, nous leur conseillons d'en tenter la régénération en desséchant les parties qui sont trop mouillées, en répandant de la chaux et des phosphates dans celles où la matière organique a tendance à s'accumuler, en pratiquant des terrages et des terreautages sur les parties qui craignent la sécheresse.

Le défrichement des herbages se pratique absolument de la même façon que celui des prairies de fauche.

III. — PATURAGES

Considérations générales. — Les pâturages sont des surfaces enherbées qui peuvent entretenir par la dépaissance naturelle, mais sans leur permettre de s'engraisser, les troupeaux d'élevage, les vaches laitières, les chevaux et les moutons. Ces derniers peuvent néanmoins, dans certaines conditions, arriver à un état d'embonpoint avancé.

Nous trouvons des pâturages sous les climats les plus divers, aux altitudes les plus variées, en plaines, en coteaux, en montagnes ; dans les différentes natures de terre : terres argileuses, terres sableuses, terres calcaires, terres tourbeuses. On rencontre également des pâturages dans les sols mouillés, dans les sols secs et dans les sols de bonne qualité ; à découvert et sous bois. Aussi les classifications qui en ont été données sont-elles nombreuses.

Classification des pâturages. — Moll a classé les pâturages d'après le poids de chair vivante qui peut y être entretenu pendant huit mois, quelles que soient les espèces d'animaux.

Première classe. Pâturages pouvant nourrir 800 kilogrammes par hectare et par an. Cette classe se rapproche des herbages et peut même permettre l'engraissement des grands bovidés et l'entretien dans de bonnes conditions des vaches laitières.

2⁰ classe. Pâturages pouvant nourrir 500 kilogrammes de bétail par hectare et par an.

3ᵉ classe. Pâturages pouvant nourrir 250 kilogrammes de bétail par hectare et par an.

4ᵉ classe. Pâturages pouvant nourrir 60 kilogrammes de bétail par hectare et par an.

Cette classification permet de se rendre compte de la fertilité des pâturages et des revenus approximatifs que l'on peut en retirer.

M. Gustave Heuzé, inspecteur honoraire de l'agriculture, a classé les pâturages d'après la situation qu'ils occupent.

La première classe comprend les pâturages des landes ;

La 2⁰ classe, les pâturages des bois ;

La 3ᵉ classe, les pâturages des montagnes ;

La 4⁰ classe, les pâturages dans les marais ;

Et la 5ᵉ classe, les pâturages dans les terres sèches.

Nous adopterons cette dernière classification, qui nous permettra de généraliser notre étude dans les différentes situations ; car il est bien évident, ainsi que nous l'avons montré au début de cet ouvrage, que partout les mêmes causes produiront les mêmes effets. Ainsi, par exemple, en Bretagne, dans une terre de lande peu profonde, reposant sur un rocher schisteux, nous rencontrerons les mêmes végétaux que dans une lande de la Creuse, et la valeur alimentaire de ces végétaux sera sensiblement la même. L'abondance des produits dépendra surtout du climat.

Dans beaucoup de cas on laisse s'enherber des sols qui, par leur manque de profondeur, par leur mauvaise constitution physique ou par leur altitude trop élevée, ne donneraient pas de produits suffisamment rémunérateurs pour être cultivés. Si on rencontre des pâturages qui donnent jusqu'à 150 francs de revenu annuel par hectare, on en trouve d'autres qui produisent à peine 5 francs.

S'il est des sols qui se montrent rebelles à toutes améliorations, il en est d'autres qui, ne portant qu'un mauvais pâturage, pourraient, soit à la suite d'un assainissement convenable ou d'un apport d'un ou de deux éléments fertilisants, être transformés en prairie de fauche ou tout au moins en une pâture pouvant entretenir un plus grand nombre de têtes de bétail.

Mais, en général, nous constatons que les pâturages sont abandonnés à eux-mêmes. Les agents naturels seuls interviennent dans la production de l'herbe. La plupart du temps on compte même sur l'engrais fourni par les animaux qui vivent sur le pâturage pour fertiliser les autres terres du domaine. Les soins d'entretien leur font également défaut. On y rencontre les végétaux les plus variés; parfois les arbrisseaux et sous-arbrisseaux, genêts, ajoncs, bruyères, y occupent la plus grande place. Les mauvaises plantes, même celles qui sont nuisibles au bétail, sont rarement détruites.

C'est un état de choses fâcheux auquel le cultivateur devrait remédier dans les cas où de faibles dépenses de temps et d'argent sont exigées. Il est évident que les améliorations ne devront être tentées que dans les sols assez profonds, susceptibles d'être assainis, car il vaut mieux concentrer ses efforts et ses capitaux sur une surface restreinte et de bonne qualité que les disséminer sur une large surface sans valeur. Les résultats obtenus seront toujours meilleurs.

Pâturages dans les landes. — Les landes sont les terres abandonnées à elles-mêmes et qui se recouvrent d'une végétation de bruyères, de genêts, d'ajoncs, de fougères, de graminées diverses, etc.

Presque partout la lande a le même aspect. Elle se forme naturellement dans les terrains dépourvus de chaux et d'acide phosphorique. La vigueur des végétaux qu'elle porte dépend en majeure partie de la profondeur du sol et de sa perméabilité. Les espèces de plantes qui y poussent sont même un excellent indice pour le cultivateur. Selon que telles ou telles espèces y vivent, il pourra se livrer à telle ou telle spéculation.

Partout où l'ajonc nain, les petites bruyères, l'agrostide rouge dominent, le cultivateur devra se contenter d'en retirer des litières ou de les faire parcourir par des troupeaux d'animaux rustiques, car ces plantes dénotent un manque de profondeur. En revanche, les surfaces qui porteront l'ajonc d'Europe, la bruyère à balais, le genêt à balais pourront, si elles sont susceptibles d'être assainies, être défrichées et transformées en terres arables et plus tard en pâturage. Mais l'opération du défrichement devra être examinée avec beaucoup de circonspection. Il sera nécessaire de tenir compte des capitaux dont on dispose, d'en consacrer la moitié à la mise en valeur du sol et de conserver le reste pour l'exploitation proprement dite de la nouvelle surface défrichée.

Avant d'être converti en pâturages, le sol sera cultivé, au moins pendant trois ans, en seigle, rutabaga, choux, et copieusement chaulé et fumé aux engrais phosphatés. Ce laps de temps est nécessaire pour permettre aux engrais calcaires et phosphatés de bien s'incorporer au sol, et aux mauvaises plantes de disparaître, conditions indispensables à la bonne venue des légumineuses et des graminées les plus nutritives.

Nous avons cependant vu, dans le département des Landes et du Gers, des landes, appelées *touyas* par les habitants, scrupuleusement conservées pour le parcours des animaux et pour la production des litières appelées *thuie* (plantes sèches). Ces landes occupent des terrains qui, assurément, seraient susceptibles de porter de bonnes récoltes de maïs. Le colon landais attache beaucoup d'importance à la présence de touyas sur un domaine ; ceux qui en sont dépourvus trouvent difficilement preneur. C'est qu'en effet la culture du maïs a beaucoup d'étendue dans cette région et la paille des céréales manque pour les litières. Néanmoins, il nous semble que, dans nombre de cas, les touyas exploités en terres arables ou en pâtures seraient plus avantageux que réservés à la production de la thuie.

Nous avons été témoin d'un défrichement de landes légèrement boisées, appartenant à M. Cahours, de Plœuc-l'Hermitage (Côtes-du-Nord), où toutes les conditions réunies faisaient prévoir l'opportunité de l'opération. Ces terres portent aujourd'hui de magnifiques pâtures, qui nourrissent un cheptel important de vaches laitières.

Si, malgré toutes les prévisions, on avait entrepris le défrichement de landes ne donnant pas les résultats désirés, on peut toujours les reboiser. Peu à peu le sol, à l'abri des arbres, se couvrira de plantes qui pourront être utilisées par le bétail ou pour faire des litières.

Pâturages dans les bois. — Le pâturage des herbes qui poussent sous le couvert des arbres forestiers se fait encore en France sur une grande étendue. On rencontre dans les bois les plantes les plus diverses ; mais celles qui sont les plus affectionnées par le bétail sont les graminées : le pâturin des bois, les fétuques, les canches, l'agrostide traçante, la mélique. Les bromes, les brachypodes et la molinie bleue sont souvent délaissés. Les espèces qui poussent dans les clairières sont plus nombreuses et plus nutritives que celles vivant sous le couvert des arbres.

Pour pouvoir faire pâturer les animaux dans les bois, il est nécessaire que les arbres soient assez développés, afin que les animaux ne puissent atteindre les pousses et déraciner ou briser les arbres en se frottant. Il faudra également se défier de la dent des chèvres et des moutons, qui est très mauvaise pour les jeunes arbres : lorsqu'ils sont broutés (abroutis), ils prennent un aspect buissonnant et végètent mal.

On devra éviter d'envoyer les animaux sous bois au printemps, au moment de l'émission des jeunes pousses, car lorsqu'ils en consomment une certaine quantité ils sont parfois atteints d'hématurie (pissement de sang).

Le pâturage, par les moutons, des bois situés dans les montagnes est souvent funeste aux arbres et au sol lui-même. La plupart du temps il occasionne le dégazonnement et le ravinement des parties supérieures.

Pâturages des montagnes. — Après les landes, auxquelles l'enquête décennale de 1892 attribuait une surface de 3 898 650 hectares, viennent les terrains montagneux et rocheux, avec une surface de 1 972 994 hectares. Cette importante étendue de pâturages permet d'élever et de nourrir de nombreux animaux. On les rencontre dans les Vosges, le Jura, les massifs des Alpes, des Pyrénées et du Plateau Central.

La nature géologique du sol des Vosges, sa composition chimique, son peu de profondeur, ne permettent pas une végétation luxuriante de plantes nutritives. Aussi les animaux qui y vivent sont-ils de petite taille et rappellent ceux qui prennent leur nourriture sur les landes bretonnes. Dans les parties irriguées et fertilisées, les pâturages sont meilleurs, les produits fournis par le bétail sont plus abondants. Le climat rude de cette région ne permet guère de faire pâturer les animaux pendant plus de quatre mois.

Les montagnes du Jura forment un massif important, dont la majeure partie des terres végétales renferme une certaine proportion de calcaire. Les herbes qui y poussent sont de bonne qualité et les races d'animaux qui y vivent s'en ressentent. Elles sont plus grandes que leurs voisines des Vosges, les produits fournis sont plus abondants et d'importantes industries laitières (beurreries, fromageries) y sont installées. Les immenses chaînes des Alpes et des Pyrénées ont la même origine géologique et l'exploitation des pâturages se fait de la même façon. Les ovidés, les caprins et les bovidés sont à peu près les seules espèces animales qui utilisent l'herbe de ces hautes régions. Les parties basses et planes sont généralement parcourues par les bovins, tandis que les parties escarpées et situées à une haute altitude le sont par les moutons ou les chèvres. Plus les pâturages sont situés à une grande hauteur, plus la durée du séjour des troupeaux est courte. Elle est en moyenne de deux mois aux altitudes les plus élevées et de quatre mois dans les parties basses.

La période hivernale est très critique pour tout le bétail montagnard ; l'hiver est long et rigoureux, et les réserves en fourrage sont parfois très restreintes. Aussi les troupeaux sont-ils obligés d'émigrer vers la plaine à l'approche de l'hiver, pour reprendre leur exode vers la montagne quand la neige commence à fondre. C'est cette pratique qu'on appelle la *transhumance*. Les moutons sont réunis par troupeaux de cinq cents têtes conduits chacun par un berger. Leur vitesse est faible, à peine 12 à 15 kilomètres par jour, car ils doivent trouver leur nourriture sur leur parcours. Pendant la nuit, les animaux sont hébergés dans des granges dont le berger connaît l'emplacement au préalable.

Les plantes des montagnes semblent favoriser la prédominance de la caséine dans le lait ; c'est ce qui explique pourquoi les industries fromagères sont si développées dans les régions montagneuses. On y rencontre des graminées, des légumineuses et des plantes diverses.

Les graminées les plus abondantes sont la fétuque noirâtre, l'avoine jaunâtre, l'agrostide stolonifère, la canche élevée, la fléole des Alpes, le pâturin des Alpes, le pâturin annuel. Sur les sommets les plus élevés on rencontre parfois du nard raide, qui est plus abondant sur les montagnes d'Auvergne, et la danthonie couchée. Toutes ces plantes n'ont qu'une valeur alimentaire très relative et ne sont pas également acceptées par les animaux. Ce n'est que poussés par la faim qu'ils pâturent ces deux dernières, car elles sont dures et coriaces.

Parmi les légumineuses, on trouve le trèfle des prés, le lotier corniculé, le trèfle rampant, le trèfle bai, la gesse des prés, la vesce multicolore, etc. Quant aux plantes d'autres familles, elles appartiennent en majeure partie à la flore des Alpes, à la flore des hautes altitudes.

Lors de notre séjour à Saint-Sever, nous avons eu l'occasion de lier connaissance avec un berger basque qui a la garde d'un troupeau de brebis laitières d'environ cent têtes. Il arrivait à Saint-Sever en novembre et en repartait au commencement de juin. Il était hébergé par un colon qui lui donnait l'abri et la litière nécessaires pour son troupeau. Le fumier produit par les animaux était la seule rétribution exigée par le colon. Les agneaux étaient vendus à l'âge de trois à quatre semaines à la boucherie, à raison de 5 à 8 francs. Le lait était transformé en fromage blanc et en beurre, vendus à Saint-Sever. Après quinze ans d'une semblable exploitation, le berger avait amassé le joli pécule de 20 000 francs.

Les pâturages réservés aux bovidés sont l'objet de la part des éleveurs de soins assidus ; c'est ainsi que leur fertilité est maintenue à l'aide des excréments des animaux répandus sous forme de lizier.

L'irrigation se pratique sur une vaste échelle et contribue au maintien d'une bonne végétation. Les pâturages des hautes régions, réservés plus spécialement aux moutons, sont généralement abandonnés à eux-mêmes.

Aussitôt que la fonte des neiges a lieu, les troupeaux, affamés par une longue période hivernale, sont conduits sur les parties où l'herbe commence à apparaître. La plupart du temps, l'herbe, insuffisamment enracinée, ne résiste pas et est arrachée. Des

espaces assez grands se dénudent et l'érosion des parties mises
à nu se produit sous l'action des eaux pluviales. C'est ainsi que
les pâturages des montagnes s'appauvrissent chaque jour. Mais
que faire contre une habitude qui devient une nécessité! Les
générations présentes semblent plus préoccupées de leurs
besoins actuels que de songer à l'avenir des générations futures.

Les pâturages des montagnes du Plateau Central occupent
une surface importante, que l'enquête de 1882 à évaluée à 1 mil-
lion et demi d'hectares. Les parties les plus fertiles sont pâturées par les bêtes bovines, alors que les parties dénudées, où
le rocher est à nu, sont parcourues par les moutons. C'est en
Auvergne et dans le Limousin que les belles races auvergnates
(Salers) et limousines ont leur berceau. Les animaux sont élevés
en majeure partie dans les montagnes et vont s'engraisser dans
les départements limitrophes du Périgord, des Charentes, de la
Vienne.

Les monts Aubrac forment un petit massif montagneux gra-
nitique qui s'étend sur tout le nord-ouest de l'Aveyron, une
petite partie de sud du Cantal et de l'ouest de la Lozère. Ces
monts sont le berceau de la petite race rustique d'Aubrac, qui
fournit du travail, du lait et de la viande.

La composition chimique des terres du Plateau Central est
très variable; celles qui proviennent de la désagrégation des
roches volcaniques renferment une certaine proportion de
chaux et d'acide phosphorique, ce qui détermine la végétation
de plantes nutritives. Les terres granitiques, au contraire, sont
pauvres en ces deux éléments. Partout où l'on apporte la chaux
et l'acide phosphorique, on constate une amélioration sensible
des plantes et des animaux qui les consomment.

Par suite de la disposition naturelle du sol, l'irrigation y
est faite sur une vaste échelle, notamment dans le Limousin.
La plupart du temps les excréments des animaux sont dilués
dans l'eau et répartis sur les prairies situées en contre-bas de
l'étable.

La flore des montagnes du Plateau Central est composée
d'espèces très voisines de celles des Alpes. On y rencontre, en
effet, la fléole des Alpes, le pâturin des Alpes, la brise tremblante, l'agrostide des rochers, la flouve odorante, les petites

fétuques ovines, durettes ; le nard raide, à lui seul, occupe parfois la moitié de la surface des pâturages, principalement ceux qui sont situés dans les parties les plus élevées.

Autrefois les pâturages des monts d'Auvergne étaient constitués en propriété collective ; mais, depuis qu'une certaine aisance s'est développée chez les habitants, les plus aisés sont devenus acquéreurs de l'espace nécessaire pour entretenir leurs troupeaux. Cet état de choses est préférable au point de vue des améliorations à apporter aux pâturages. Chaque éleveur, étant assuré de récolter le fruit de son travail, fera plus d'efforts pour entretenir ses prairies dans de bonnes conditions.

Pâturages dans les marais. — Les marais sont des surfaces qui, la plupart du temps, se couvrent d'eau pendant l'hiver et, pendant l'été, produisent une végétation composée de roseaux, de fétuques-roseaux, de grande salicaire, de jonc, de houlque laineuse, d'agrostides, de carex, et autres plantes grossières où le bétail trouve à peine de quoi ne pas périr de faim.

La richesse de ces plantes en éléments nutritifs étant faible, les animaux sont obligés d'en consommer une grande quantité pour se nourrir ; leur abdomen prend des dimensions démesurées, il devient lourd et fatigue la colonne vertébrale, qui s'infléchit de plus en plus (1). Aussi les animaux qui vivent dans de tels pâturages, quelle que soit leur race, ont-ils un aspect particulier (2).

Dans nombre de situations le cultivateur pourrait tirer un bon parti des terres marécageuses. Il devra s'assurer tout d'abord si le plan d'eau est assez bas, pour pouvoir assainir le terrain dans de bonnes conditions. Si l'assainissement est possible, il suffira ensuite d'apporter des engrais calcaires et phosphatés pour changer dans peu de temps la flore. Le travail du sol et le semis de bonnes espèces favoriseront l'entreprise de l'amélio-

---

(1) Ce phénomène s'accentue encore sur les jeunes, qui ont le système osseux imparfaitement formé.

(2) Les moutons qui vont pâturer dans ces lieux contractent souvent la maladie de la *bouteille* occasionnée par la douve hépatique.

ration. Dans le cas contraire, les plantes pourraient être utilisées à faire des litières, ou servir, après dessiccation et hachage,
à être enrobées de mélasse. On pourrait peut-être tenter le semis
de glycérie aquatique, graminée qui fournit un assez bon fourrage et qui est bien acceptée par les animaux.

Pâturages dans les terrains calcaires secs. — Les terrains calcaires, les terrains secs ont une végétation tout à fait différente des terrains précédents. On les rencontre dans la Lozère,
l'Aveyron, le Lot, où ils forment les *causses ;* l'Hérault, le Gard,
où ils constituent les *garrigues ;* la Vienne, les départements des
Charentes, la Champagne pouilleuse, le Berry, la Bourgogne.
Presque partout l'aspect de la végétation est le même. Le
manque d'humidité et de profondeur du sol empêche les plantes
de se développer normalement. Elles appartiennent pour la
plupart à la famille des graminées, des légumineuses et des
composées ; l'herbe qu'elles fournissent est fine et rare et ne
peut guère être utilisée que par des moutons.

Les causses de l'Aveyron nourrissent la race laitière du
Larzac ; la Champagne, la Charente, les races limousine et poi-
tevine ; le Berry, les races de Crevant et de Champagne, et
les savarts de la Champagne pouilleuse, la race mérine ou
mérinos.

La plupart des terres situées dans les différents pays que
nous venons d'énumérer contiennent une forte proportion de
calcaire et peu de matières organiques, ces deux substances ne
pouvant exister longtemps ensemble, l'une facilitant la destruction de l'autre. Elles sont généralement très perméables,
peu profondes ; elles craignent donc la sécheresse : aussi est-il
difficile de les améliorer ; la plupart du temps les cultivateurs
se contentent de les faire parcourir par les troupeaux, qui utilisent l'herbe qui pousse naturellement sur ces terres rocheuses.
Cependant, après l'enlèvement de grosses pierres et l'apport de
fumier, de terreau, on pourrait tenter le semis de sainfoin, de
minette, de fétuque ovine, de brome des prés, de dactyle pelotonné, d'avoine élevée, plantes qui ne craignent pas trop la sécheresse et qui fournissent un pâturage assez abondant, convenant
à la fois aux bêtes bovines et ovines.

CRÉATION, ENTRETIEN ET AMÉLIORATION DES PATURAGES

Opérations préliminaires. — Nous ne pouvons conseiller la création de pâturages dans toutes les situations, car il en est où les terres sont rebelles à toute action humaine. Le cultivateur, dans bon nombre de cas, doit se contenter d'aider la nature.

Mais il en est d'autres où le sol, assez profond, permet l'ensemencement d'espèces appropriées. Pour le choix de ces espèces, nous serons obligés de déroger aux règles un peu rigoureuses que nous avons émises lors de la création des prairies de fauche et des herbages. Le cultivateur, en face des éléments dont il dispose, sera le meilleur juge. En principe, on choisira, parmi les plantes qui composent la végétation naturelle des sols, celles qui seront les meilleures et qui pourront résister soit à une humidité excessive, soit à une sécheresse extrême. Avant d'exécuter le semis, on devra tenter d'assainir les parties trop mouillées, capter des sources pour arroser les parties trop sèches et dérocher, dans la mesure du possible, celles où le roc est à nu.

Ces opérations préliminaires étant faites, on procédera au labourage, si possible, ou à l'essartage, de manière à obtenir une couche de terre meuble suffisante pour permettre aux graines, quand on les aura semées, de lever.

Écobuage. — Dans les sols tourbeux, il sera bon au préalable d'écobuer et d'incinérer le lacis de racines qui couvre la face supérieure du sol. Cette opération devra se faire pendant les grandes sécheresses de l'été; on surveillera attentivement les feux, afin que la couche de tourbe entière n'entre pas en combustion. Si, par mégarde, le feu s'y communiquait, il faudrait sans perdre de temps creuser une tranchée circulaire pour circonscrire le foyer.

L'écobuage fait disparaître les mauvaises plantes et une partie de leurs graines; les cendres obtenues sont alcalines et permettent de neutraliser partiellement l'acidité des terrains. Si le cultivateur dispose de quelques capitaux, il ferait une bonne opération en engageant une certaine somme dans l'achat de chaux, de scories de déphosphoration, de sels de potasse, substances qui contribueraient dans une large mesure à l'amélioration des sols tourbeux et à la prospérité de plantes nutritives.

Le sol étant préparé convenablement, on procède au semis des graines. D'une manière générale, le semis se fera à l'automne dans les terres sèches et au printemps dans celles qui craignent l'humidité.

M. Berthaut, professeur à Grignon, préconise, dans son ouvrage sur les *Prairies naturelles*, les formules suivantes :

Mélange pour sol siliceux, léger, superficiel.

ESPÈCES CHOISIES	QUANTITÉ A SEMER quand on sème la plante seule.	PROPORTION A INTRODUIRE	QUANTITÉ A SEMER
	kilogr.	pour 100.	kil. gr.
Houlque laineuse. .	20	10	2 »
Fétuque ovine. . . .	30	15	4,500
Ray-grass vivace . .	65	25	16,250
Dactyle pelotonné .	40	15	6 »
Trèfle blanc.	14	15	2,100
Trèfle hybride . . .	14	10	1,400
Plantain lancéolé. .	20	5	1 »
Centaurée jacée. . .	10	5	» 500

Mélange pour sol calcaire sec.

ESPÈCES CHOISIES	QUANTITÉ A SEMER quand on sème la plante seule.	PROPORTION A INTRODUIRE	QUANTITÉ A SEMER
	kilogr.	pour 100.	kil. gr.
Avoine élevée. . . .	100	15	15 »
Brome des prés. . .	60	15	9 »
Fétuque ovine. . . .	30	15	4,500
Trèfle blanc.	14	15	2,100
Sainfoin.	180	10	18 »
Anthyllide.	15	10	1,500
Minette	20	10	2 »
Pimprenelle.	30	10	3 »

Mélange pour sol argileux, superficiel.

ESPÈCES CHOISIES	QUANTITÉ A SEMER quand on sème la plante seule.	PROPORTION A INTRODUIRE	QUANTITÉ A SEMER
	kilogr.	pour 100.	kil. gr.
Fléole	10	15	1,500
Dactyle	40	5	2,000
Agrostide traçante .	10	15	1,500
Ray-grass anglais. .	60	15	9,000
Trèfle hybride. . . .	14	20	2,800
Trèfle des prés . . .	20	20	4,000
Chicorée sauvage. .	15	10	1,500

Ces mélanges, comme le fait si bien remarquer M. Berthaut, ne peuvent que servir d'indication. Dans les sols relativement fertiles, on pourra se rapprocher des formules des prairies de fauche, introduire une certaine quantité de pâturin des prés dans les sols calcaires profonds, de pâturin commun dans les sols argileux profonds.

Le mélange, l'épandage et l'enfouissement des graines se fera comme il a été indiqué pour les prairies de fauche. On évitera de tasser le sol lorsqu'il sera mouillé, et on le roulera énergiquement lorsqu'il sera sec.

Les soins que l'on devra donner aux pâturages dépendront de leur fertilité. Il est évident qu'en aucun cas les dépenses annuelles faites ne devront excéder les revenus qu'on en peut retirer. Ces soins consisteront dans l'irrigation des parties sèches, l'assainissement des parties mouillées, l'épierrage ou épierrement, la destruction des mauvaises herbes, le boisement des parties en pente afin d'éviter le ravinement du sol, l'enlèvement ou l'épandage des excréments solides, la fertilisation du sol par l'apport d'engrais appropriés. Enfin, il sera également nécessaire, pour en rendre l'exploitation moins coûteuse, de les clore, d'installer des abreuvoirs partout où il sera possible de le faire.

Irrigation, assainissement. — Nous prions nos lecteurs de vouloir bien se reporter au chapitre des IRRIGATIONS qui a été traité aux Prairies de fauche. On ne saurait trop recommander aux intéressés de s'entendre préalablement pour exécuter ces importants travaux sur les pâturages communaux. Souvent avec une dépense faible on obtient des résultats remarquables.

Épierrement. — Il arrive parfois que la surface des pâturages établis dans les terrains schisteux ou calcaires est recouverte de débris de roches qui entravent le développement du gazon. Dans la plupart des cas il est avantageux de les ramasser et d'en ériger des murs de clôture. On obtient ainsi, pour une même étendue de terrain, une surface engazonnée plus grande.

Destruction des mauvaises herbes. — C'est un des soins les plus utiles, et c'est l'opération la moins pratiquée. Aux environs de Genouillac (Creuse), dans un pâturage établi sur un sol d'assez bonne qualité, susceptible de porter une bonne récolte de céréales, nous avons constaté la présence de mauvaises plantes occupant au moins les trois quarts de la surface.

Les genêts et les fougères en prennent la moitié ; le seneçon jacobée, les rhinanthes, la pédiculaire des bois, le mélampyre des bois, la digitale pourpre, l'ancolie vulgaire, la centaurée jacée, le mille-feuille en prennent le quart; les graminées et les légumineuses occupent à peine un quart.

Dans un autre pâturage, situé sur le bord de la petite Creuse, à côté d'une excellente prairie de fauche, la *fougère à l'aigle* (pteris aquilina) occupe les trois quarts de la surface.

La nature du sol influe évidemment beaucoup sur le développement d'une telle végétation, mais l'incurie des cultivateurs y est pour davantage. Il suffirait de défricher le pâturage par un labour profond, d'y répandre de la chaux et des scories de déphosphoration, de cultiver le terrain pendant trois ou quatre ans en plantes diverses et d'y semer de bonnes espèces.

Cependant, la présence de quelques touffes de genêts ou de fougères dans un pâturage protège les herbes de la sécheresse; ces herbes sont plus fraîches et mieux appréciées des animaux. Le bétail se plaît bien pendant l'été dans un pâturage ombragé, il se débarrasse facilement des insectes qui le tourmentent.

Le cultivateur s'efforcera de détruire tout particulièrement les plantes qui sont nuisibles au bétail : les œnanthe, colchique, pédiculaire, etc. (V. PRAIRIES DE FAUCHE, p. 142 et suivantes.)

Le *boisement* des parties en pente est à conseiller. Le lacis formé par les racines empêche l'érosion du sol de se produire, et le gazon peut se développer sous le couvert des arbres.

L'*enlèvement des bouses* devient nécessaire dans les pâturages établis en terres mouillées, en terres acides. Au contraire, on devra les épandre, après les avoir converties en terreau, dans les terres sèches, calcaires, pauvres en matières organiques ; elles contribueront à maintenir un peu de fraîcheur dans le sol.

Fertilisation des pâturages. — Les femelles pleines ou en lactation et les animaux d'élevage prélèvent plus d'éléments fertilisants que les bêtes adultes à l'engrais. M. Joulie, dans son ouvrage sur la production fourragère par les engrais, dit que 100 kilogrammes de poids vif nourris sur un hectare d'herbage pâturé enlèvent en :

	ACIDE PHOSPHORIQUE	POTASSE	MAGNÉSIE
	kil. gr.	kil. gr.	kil. gr.
Femelles pleines ou jeunes animaux en voie d'accroissement.....	9,500	9 »	1 »
Femelles en lactation. . .	» 79	» 58	» 10
Animaux adultes à l'engrais.	» »	» »	» »

La chaux et l'acide phosphorique sont généralement les substances qu'il est le plus nécessaire d'apporter au sol.

Dans les terrains calcaires, secs, où la matière organique fait défaut, l'emploi de composts, de terreaux, produira de bons effets ; par suite de leur application, les plantes seront rechaussées et talleront davantage.

L'emploi de nitrate de soude vers la fin de mars serait également à conseiller dans les pâturages en terrains calcaires dont le gazon est bien formé. Il est évident qu'on restreindra les dépenses dans les pâturages où les touffes sont trop claires.

Exploitation des pâturages. — Trop souvent, les cultivateurs ont tendance à charger outre mesure les pâturages. Les animaux, poussés par la faim, tondent le gazon très près et parfois l'arrachent. Il se produit alors des vides qui sont la plupart du temps envahis par des mauvaises plantes. On mettra des animaux en quantité suffisante pour utiliser l'herbe au fur et à mesure qu'elle pousse, mais il ne faudra pas en mettre trop, car on tomberait dans l'inconvénient cité plus haut.

DÉFRICHEMENT DES PATURAGES

Lorsque le pâturage ne produit plus suffisamment et que la nature et la situation du sol le permettent, on procède au défrichement.

Il arrive souvent que le cultivateur voit dans le défrichement d'un pâturage une source de produits immédiats. La matière organique qui s'était accumulée pendant la durée de la pâture devient le siège de combustions lentes et de nitrification, les premières récoltes obtenues sont généralement belles.

Après trois ou quatre ans de mise en culture, les récoltes diminuent et le cultivateur laisse la terre s'enherber naturellement. C'est encore de cette façon qu'on procède dans une certaine partie de la Creuse, notamment à Genouillac. On devrait, au contraire, profiter du passage de la terre en culture pour en extraire les racines des plantes vivaces, genêts, fougères, etc., l'amender et y incorporer des engrais phosphatés. Après trois ou quatre ans d'un pareil traitement, la terre serait apte à porter une bonne prairie naturelle.

DEUXIÈME PARTIE

PRAIRIES ARTIFICIELLES

CONSIDÉRATIONS GÉNÉRALES

Sous le nom de *prairies artificielles*, nous étudierons la culture des plantes fourragères qui sont cultivées pendant un temps déterminé sur des terres rentrant ensuite dans la rotation. C'est pour cette raison qu'on les appelle encore *prairies temporaires*, par opposition aux *prairies permanentes* ou naturelles qui occupent le sol pendant un temps indéterminé.

Le plus souvent, on donne à la prairie artificielle le nom de la plante qu'elle porte. Ainsi, on appelle *luzernière*, celle ensemencée en luzerne ; *tréflière*, celle qui porte du trèfle ; *sainfoinière*, celle qui porte du sainfoin. Quel que soit le nom donné à ces sortes de prairies, elles se distinguent nettement des prairies naturelles en ce qu'il est absolument nécessaire pour les obtenir de les créer par le semis.

Il est incontestable que les prairies naturelles sont le pivot de la culture de bon nombre d'exploitations, mais, ainsi que nous l'avons vu, leur établissement ne peut se faire que dans des situations privilégiées. Les prairies artificielles, moins exigeantes sous certains rapports que les prairies naturelles, permettent aux agriculteurs des régions moins favorisées de nourrir leurs animaux dans de bonnes conditions. C'est de leur introduction dans nos cultures que date le progrès agricole.

Les plantes cultivées dans ce but sont : la luzerne, la minette, le trèfle violet, le sainfoin, le trèfle incarnat, l'anthyllide vulnéraire ou trèfle jaune des sables, appartenant à la famille des légumineuses ; les ray-grass, la fléole, de la famille des graminées.

L'introduction des légumineuses fourragères dans nos cultures présente des avantages que n'offrent pas les graminées.

Nous les énumérerons brièvement :

1° Elles fournissent des aliments sains, très nutritifs et bien consommés par les animaux, soit à l'état vert, soit à l'état sec, sans subir de préparation spéciale.

Les plantes fourragères, lorsqu'elles sont bien traitées, améliorent considérablement les conditions d'alternance des cultures. Les légumineuses possèdent, en effet, des racines allant profondément chercher les éléments nutritifs dont elles ont besoin, alors que les graminées ont un enracinement superficiel et explorent principalement la couche arable.

Parmi les plantes fourragères cultivées, plusieurs sont de véritables accumulateurs d'azote pris à l'atmosphère. La plupart des légumineuses possèdent sur leurs racines des nodosités allant de la grosseur d'une tête d'épingle à celle d'un grain de maïs quarantain, dans lesquelles vivent des microorganismes.

Ces microorganismes (bactéries) trouvent un milieu favorable à leur développement entre les plantes fourragères et les légumineuses; il s'établit une sorte d'alliance intime, favorable aux uns et aux autres. Les microorganismes fixent l'azote gazeux et forment des matières albuminoïdes, que la plante utilise : en retour, la plante leur fournit par sa sève descendante les produits carbonés dont ils ont besoin. Ces bactéries se trouvent en abondance dans tous les sols ayant porté des légumineuses ; elles se fixent sur leurs racines et y produisent des nodosités. Lorsque les nodosités existent sur les racines, on peut être certain que l'assimilation de l'azote atmosphérique se fait.

Des expériences nombreuses ont montré que l'azote fixé par les bactéries était bien de l'azote atmosphérique et que chaque légumineuse possédait des microorganismes propres. M. Berthelot, à la suite d'expériences faites en pots avec des terres normales, bien pourvues de bactéries, a montré la grandeur des gains d'azote auxquels peut conduire la culture des légumineuses. C'est la luzerne qui a fourni la fixation la plus importante, dépassant 500 kilogrammes à l'hectare dans tous les cas. Les parties aériennes de la plante ont pris environ 30 pour 100 de cet azote, alors que les racines et la terre qui les entoure ont absorbé le reste.

Un fait important à remarquer, c'est que la fixation de l'azote est en raison directe du développement de la plante et est corrélative d'un emmagasinement plus grand de matières minérales. Les différents résultats obtenus par ces expériences expliquent bien la réelle amélioration du sol, résultant de la culture des légumineuses fourragères.

2° Le défrichement d'une luzernière laisse au sein de la terre les débris végétaux provenant des racines et des feuilles tombées sur le sol, lesquelles contiennent des quantités considérables de matières azotées et minérales. La fumure laissée ainsi au sol est plus forte que toutes les fumures qui pourraient être apportées.

Le stock d'azote dont le sol s'enrichit après un défrichement de luzerne peut varier de 300 à 500 kilogrammes à l'hectare. Du reste, les praticiens ont bien constaté ce fait : le blé qu'on sème sur un défrichement de luzerne verse quelquefois par suite d'une nutrition azotée excessive.

Du fait que le développement des légumineuses est en raison directe de la quantité de matières minérales nutritives contenues dans le sol, un auteur italien, M. Solari, a préconisé un système de culture qui porte son nom. Il n'a d'autre but que d'enrichir les terres d'un domaine en azote, sans bourse délier, par l'intermédiaire des légumineuses fourragères.

Dans ce système, les seules fumures données au sol sont minérales et sont appliquées aux légumineuses qui entrent dans un assolement en même temps que les plantes sarclées et les céréales.

D'après M. Solari, la légumineuse reçoit par hectare de :

400 à 600 kilogrammes de superphosphate à 16 pour 100,
200 à 400 kilogrammes de chlorure de potassium,
300 à 800 kilogrammes de plâtre.

Après l'application d'une pareille fumure minérale, la légumineuse prend un grand développement, et lorsqu'on la retourne elle laisse dans le sol enrichi d'azote la masse considérable de ses racines dont la matière minérale sera facilement assimilée par les récoltes futures. En outre de cet avantage, les fourrages plus abondants qu'on obtient permettent de nourrir un cheptel plus important dont le fumier, plus abondant et plus riche, sera avantageusement utilisé pour les autres récoltes. Partout où cette méthode a été suivie, elle a donné de bons résultats ; des sols épuisés par une culture longtemps négligée ont pu être rendus fertiles.

Du rôle bienfaisant exercé par les microorganismes sur la végétation des légumineuses, un agronome allemand, M. Salfeld, a tiré une conséquence pratique ; il a tenté l'amélioration des sols improductifs en y inoculant les bactéries des légumineuses. Après avoir amendé par des scories de déphosphoration un ancien sol de bruyère (où les légumineuses viennent mal), il répandit 1 000 kilogrammes de terre légère ayant porté une culture de lupin ; les résultats furent très apparents ; le rendement fut inférieur au quart dans la parcelle témoin.

Les agriculteurs éprouvent de réelles difficultés pour faire prospérer une légumineuse fourragère après un défrichement de landes ou de bois, malgré l'addition au sol d'engrais minéraux et d'amendements ; ce n'est qu'au bout de quatre à cinq ans qu'elle peut y venir. Dans le but de diminuer ce laps de temps, un autre auteur allemand, M. Willfarth, considère l'addition de terre ayant porté une légumineuse fourragère comme utile pour tout sol récemment défriché, qui donne de mauvaises récoltes bien que pourvu de calcaire et d'éléments nutritifs.

Toujours dans le même ordre d'idées, MM. Nobbe et Hiltner sont allés plus loin ; ils ont offert de véritables cultures pures des bactéries des légumineuses, issues des nodosités de dix-sept espèces de ces plantes. Ces cultures sont en circulation sous le nom de *nitragine*. Pour les employer, il suffit de les diluer dans l'eau et de les répandre par pulvérisation à la surface des champs à fertiliser. M. Nobbe estime que 400 centimètres cubes de nitragine, coûtant environ 16 francs, seraient nécessaires pour fertiliser un hectare.

L'œuvre des savants s'arrête là ; à la pratique agricole de confirmer leurs théories.

3° Les plantes des prairies temporaires viennent diminuer les risques et les aléas d'un nombre restreint de cultures ; enfonçant profondément leurs racines dans le sol, elles peuvent résister merveilleusement à la sécheresse ; elles donnent des four-

rages verts pendant tout l'été, ce qui est très appréciable pour
les animaux laitiers.

4° Les terres les plus inclinées, et même celles difficiles à
labourer, peuvent porter des prairies artificielles, alors que la
production des céréales sur ces mêmes terres serait impossible.
Il en est de même des terres s'enherbant facilement, qui présentent un obstacle sérieux à la culture des céréales et permettent la culture des plantes fourragères.

5° Les frais de création d'une prairie artificielle se reportent
sur plusieurs années; il suffit de quelques soins d'entretien pour
obtenir un rendement convenable; la récolte exige elle-même
des frais assez restreints; l'étendue en labour peut donc être
mieux cultivée.

En dehors de l'enrichissement en azote, les plantes fourragères
exercent sur la terre une action améliorante bien connue des cultivateurs. Sous l'influence des plantes fourragères à enracinement
profond, les propriétés physiques des terres s'améliorent; la
quantité considérable de matière organique laissée dans la terre
atténue la compacité et la ténacité des terres argileuses. Leurs
racines, allant dans les couches du sous-sol, les drainent; l'eau
circule plus facilement. Lorsque ces racines se décomposent,
elles laissent à leur place de véritables tubes qui facilitent l'aération du sous-sol et, par suite, l'oxydation des matières organiques et minérales, qui deviennent plus assimilables. Ces mêmes
plantes vont glaner dans les couches du sous-sol des principes
minéraux qui sans elles ne seraient nullement mobilisés. Il s'ensuit qu'à la rompure d'une prairie artificielle, la couche arable se
trouve enrichie en matières minérales provenant du sous-sol. Cet
enrichissement n'est que relatif, car il y a simplement déplace-
ment de l'acide phosphorique, de la potasse et de la chaux.

L'épuisement des couches profondes à la suite d'une culture
de trèfle ou de luzerne nous explique pourquoi on est obligé
d'attendre un certain temps avant de faire revenir une légumineuse à la même place, temps au moins égal à celui pendant
lequel la plante a occupé le sol. En effet, il est nécessaire qu'une
nouvelle quantité d'éléments fertilisants assimilables se reforme
dans ces couches du sol; le pouvoir absorbant du sol, s'exerçant
énergiquement vis-à-vis de la potasse et de l'acide phosphorique,

- empêche que ces éléments apportés par les engrais soient disséminés rapidement.

6° En résumé, les plantes fourragères légumineuses sont très bien organisées pour tirer parti de tout ce qui se trouve à leur disposition. Elles enrichissent le sol en azote, mais ne peuvent l'enrichir en éléments minéraux, car elles ne peuvent en produire.

Les animaux qui consomment ces plantes, surtout si ce sont des vaches laitières ou des jeunes, exportent toujours une certaine quantité de ces éléments; il faudra restituer au sol ceux qui sont exportés, si nous voulons obtenir d'une manière durable de bons rendements.

7° Enfin, les produits des prairies artificielles en bonne culture sont plus élevés que ceux des prairies naturelles.

ÉTENDUE CONSACRÉE AUX PRAIRIES ARTIFICIELLES

La statistique agricole de la France faite en 1892 nous donne comme étendue consacrée aux prairies artificielles les surfaces suivantes :

Prairies artificielles

CATÉGORIE DES CULTURES Prairies artificielles	SUPERFICIE	PRODUCTION TOTALE	RENDEMENT MOYEN PAR HECTARE	VALEUR TOTALE	PRIX MOYEN DU QUINTAL	VALEUR BRUTE À L'HECTARE
	hectares	quintaux	quintaux	francs	fr. c.	francs
Trèfles	1 284 239	40 654 132	31,7	283 050 607	7,13	226
Luzernes . . .	825 389	31 969 976	38,7	271 200 143	8,48	328
Sainfoins . . .	725 464	22 307 397	30,7	180 892 273	0,10	248
Mélanges de légumineuses .	138 232	4 048 239	29,3	29 515 658	7,28	213
Totaux et moyennes. .	2 973 324	98 979 744	33,95	764 658 681	7,61	260

L'examen de ce tableau nous permet de constater que c'est le trèfle qui occupe le plus d'étendue, environ les deux cinquièmes

de la superficie totale des prairies artificielles. La luzerne, le
sainfoin et le mélange de légumineuses viennent ensuite.

Comme rendement moyen à l'hectare et comme prix du quin-
tal, la luzerne arrive en première ligne. Le trèfle, le sainfoin et
les mélanges sont un peu au-dessous de la luzerne, mais entre
eux ils diffèrent peu sous ces deux rapports.

Les départements qui cultivent le plus de trèfle appartiennent
à l'Ouest et au Centre ; ce sont :

DÉPARTEMENTS	HECTARES	QUINTAUX	DÉPARTEMENTS	HECTARES	QUINTAUX
Allier. . . .	50 418	1 383 236	Orne	40 413	1 083 068
Mayenne . .	49 876	1 611 111	Ille-et-Vilaine	35 883	1 266 253
Seine-Inférre.	44 087	1 387 557	Indre. . . .	30 280	7 329 944
Sarthe. . . .	43 901	921 921	Cher	25 480	490 632

La culture de la luzerne prédomine surtout aux environs de
Paris.

DÉPARTEMENTS	HECTARES	QUINTAUX	DÉPARTEMENTS	HECTARES	QUINTAUX
Seine-et-Marne	42 154	1 488 036	Eure-et-Loir.	30 644	974 479
Yonne. . . .	39 058	878 805	Oise	29 947	1 048 145
Aisne	32 053	1 403 921	Seine-et-Oise	28 752	898 047

Le sainfoin, moins exigeant que la luzerne sous le rapport
du sol, occupe les plus grandes superficies dans les départements suivants :

DÉPARTEMENTS	HECTARES	QUINTAUX	DÉPARTEMENTS	HECTARES	QUINTAUX
Eure-et-Loir .	32 728	945 839	Vienne . . .	24 434	696 369
Yonne. . . .	31 440	543 912	Calvados . .	21 989	1 027 608
Aude	25 246	646 396	Marne. . . .	22 857	354 560

On trouve des prairies artificielles dans tous les départements, mais ceux qui en cultivent le plus sont les suivants :

	Hectares			Hectares
Yonne.	91 065		Allier	72 140
Vienne	89 366		Marne.	72 073
Eure-et-Loir . .	86 829		Seine-et-Marne.	70 834

Si nous comparons l'étendue cultivée en prairies artificielles en 1882 et celle cultivée en 1892, nous remarquons que les prairies artificielles ont augmenté de 92 573 hectares.

En 1882, l'étendue totale, y compris le trèfle incarnat, était de 3 129 677 hectares. En 1892, l'étendue totale était de 3 222 250 hectares.

Le ravage occasionné par le phylloxera dans les vignobles, la constance des produits fournis par le bétail sont les principales causes de cette augmentation de prairies artificielles.

Le développement de l'industrie laitière dans le Poitou et les Charentes a encore fait augmenter l'étendue des prairies artificielles dans cette région.

CULTURE DES PRAIRIES ARTIFICIELLES

Nous étudierons successivement la culture des plantes fourragères suivantes : la luzerne, le trèfle violet, le sainfoin, la minette, le trèfle incarnat, l'anthyllide vulnéraire, les ray-grass, la fléole.

LUZERNE

Description. — La *luzerne* (V. *fig.* 65, 66, p. 105) appartient à la grande famille des légumineuses (papilionacées). Celle cultivée est presque glabre ; sa racine, vivace, est longue et pivotante, pouvant aller jusqu'à 2 et 3 mètres, et même plus ; sa tige est droite, rameuse et haute de 50 à 90 centimètres ; ses feuilles sont pennées et trifoliolées ; chaque foliole est elliptique, dentée ; ses fleurs sont violettes, tirant sur le bleu ; elles sont réunies en grappes axillaires ; ses gousses présentent deux ou trois tours de spire lorsqu'elles sont arrivées à maturité ; les graines de l'année sont jaunes et ont la forme d'un haricot en miniature. (V. LUZERNE, PRAIRIES DE FAUCHE.)

La luzerne entre en végétation de très bonne heure, au printemps, lorsque la température est supérieure à 8°. Ce départ se produit parfois en février, mais le plus souvent en mars. La végétation précoce de cette plante la rend sujette aux gelées tardives de mai, lorsqu'elles se produisent. Pour émettre ses fleurs, elle semble exiger 900° de chaleur totale. On peut même se baser sur ce chiffre pour déterminer le nombre de coupes que cette plante est susceptible de fournir; il suffit de diviser par 900 le nombre de degrés de chaleur totale que l'on observe depuis le commencement de la végétation, en supposant que l'eau et les substances fertilisantes soient en quantité suffisante.

Historique. — La luzerne est très anciennement connue; elle est originaire de la Médie, ce qui lui a valu le nom d'herbe médique (en latin, *medicago*). C'est de ce pays qu'elle fut importée en Grèce environ 500 ans avant Jésus-Christ. De la Grèce, elle se répandit en Italie et de là en Gaule. Depuis qu'elle est cultivée, cette plante est appréciée par ses hautes qualités fourragères et par l'amélioration qu'elle produit sur les terres d'un domaine. Olivier de Serres (xviiᵉ siècle), dans son *Théâtre d'agriculture*, l'appelait la *Merveille du mesnage,* en raison de l'harmonie qu'elle établit entre les plantes cultivées.

Bien qu'originaire des pays chauds, la luzerne a une aire géographique considérable; il lui est possible de végéter sous la plupart des climats de France. Elle redoute surtout l'humidité du sol. La longévité d'une luzernière semble être en rapport direct avec la perméabilité du sol; la plante périclite dès que l'extrémité de ses longues racines rencontre la couche imperméable. C'est ce qui explique pourquoi la plante disparaît dans certains sols au bout de trois ans, alors que dans d'autres elle peut atteindre quinze et même vingt ans.

Les expositions au nord, les gelées tardives lui sont également préjudiciables. C'est peut-être pour cette raison que dans les pays à climat brumeux et froid on lui préfère le trèfle. Quoi qu'il en soit, la luzerne est surtout une plante des climats chauds et secs. Toutefois, son rendement est subordonné à la quantité d'eau qu'on peut judicieusement lui distribuer.

Variétés cultivées. — Le genre luzerne a fourni plusieurs espèces, parmi lesquelles nous citerons : la *luzerne cultivée* (medicago sativa) [V. *fig.* 63], la *luzerne lupuline* ou *minette* (medicago lupulina) [V. *fig.* 68], la *luzerne faucille* (medicago falcata), la *luzerne moyenne* ou *rustique* (medicago media), la *luzerne tachetée* (medicago maculata), la *luzerne denticulée* (medicago denticulata). Parmi ces espèces, la luzerne cultivée, la luzerne moyenne et la luzerne lupuline sont à peu près les seules utilisées comme plantes fourragères, la luzerne tachetée et la luzerne denticulée étant plutôt de mauvaises plantes. Ces deux dernières sont annuelles, envahissantes et peu appréciées des animaux.

La luzerne cultivée a fourni deux variétés : la luzerne de Provence et la luzerne du Poitou, qui se distinguent l'une de l'autre surtout par la différence de grosseur de leurs graines : les graines de luzerne de Provence sont plus grosses et plus nourries que celles de la luzerne du Poitou. Cependant les belles graines de luzerne du Poitou sont parfois baptisées graines de Provence. On reconnaîtra facilement la fraude lorsqu'on apercevra des graines rouges mélangées aux autres graines, indice d'une maturité imparfaite.

Exigences de la luzerne. — La luzerne ne semble pas très exigeante pour la fertilité du sol. Pour bien prospérer, elle demande une terre propre, profonde, perméable, non acide et suffisamment bien pourvue en éléments phosphatés, potassiques et calciques. Les terrains qui lui conviennent bien sont les terrains d'alluvion, limoneux, argilo-calcaires, calcaire-siliceux. Les terrains argilo-siliceux, siliceux, schisteux ou granitiques doivent être chaulés ou amendés avant de recevoir une luzerne, car elle est surtout exigeante en chaux. L'analyse suivante faite par M. Joulie nous montre l'exigence de cette légumineuse en éléments divers :

Une récolte de 8 000 kilogrammes de foin sec de luzerne utilise la quantité de principes nutritifs suivants :

	Kil. gr.		Kil. gr.
Azote.	199,200	Chaux	271,600
Acide phosphorique.	432,00	Potasse.	135,280
Acide sulfurique. . .	56,080	Magnésie	28,480

D'après ce que nous avons dit au début, il n'y aura pas lieu de s'occuper de l'azote, grâce à la propriété spéciale des plantes de cette famille d'en puiser une certaine quantité dans l'atmosphère. Cependant, il est nécessaire que la luzerne trouve à sa disposition une certaine quantité d'azote nitrique, à sa levée, en attendant qu'elle soit organisée pour utiliser l'azote gazeux.

C'est pour cette raison qu'il sera bon d'appliquer une bonne fumure au fumier de ferme à la plante sarclée qui sera cultivée trois ou quatre ans avant la luzerne, précaution nécessaire pour éviter que la jeune plante soit infestée de mauvaises herbes. Cette fumure sera complétée par l'addition de superphosphates, de scories de déphosphoration ou de phosphates, selon que le sol sera calcaire ou non, et de chlorure de potassium ou de sulfate de potasse.

L'emploi d'engrais complémentaires enfouis profondément est surtout à recommander pour la création de luzernières sur lesquelles on se propose de prélever des graines. La production de celles-ci sera toujours mieux assurée. M. de Gasparin répandait 40 000 kilogrammes de fumier de ferme; il serait bon d'ajouter 400 à 600 kilogrammes de superphosphates ou 800 à 1 000 kilogrammes de phosphates, selon la nature du sol, et 200 kilogrammes de chlorure de potassium ou de sulfate de potasse à l'hectare.

Place de la luzerne dans la rotation. — La luzerne peut succéder à un grand nombre de plantes, céréales, plantes industrielles, plantes fourragères cultivées pour leurs racines ou leurs tubercules; elle vient mal après elle-même et après un défrichement de bois ou de lande pour les diverses raisons que nous avons données au début. Une fois créée, la luzernière est en dehors de l'assolement.

Préparation du sol. — La jeune luzerne demande, pour bien végéter, un sol profondément ameubli et exempt de plantes à racines traçantes et vivaces. Elle se trouvera dans ces conditions lorsqu'on la fera suivre une plante sarclée.

Le terrain destiné à la plante sarclée sera labouré profondément à la charrue, que l'on fera suivre par une sous-soleuse.

Si le terrain est infesté de mauvaises plantes que la culture sarclée n'a pu détruire, il est nécessaire de traiter le sol en jachère. (V. PRÉPARATION DU SOL ; PRAIRIES DE FAUCHE, p. 51.)

Semis. — Un des points importants pour la réussite d'une luzernière réside dans le choix de la graine.

La graine de luzerne possède les différents caractères que nous avons déjà énumérés. (V. LUZERNE ; PRAIRIES DE FAUCHE, p. 104.) L'agriculteur devra examiner avec soin l'échantillon qui lui sera vendu, sous le nom de graine de luzerne, au point de vue du degré de pureté et de la faculté germinative, car souvent les graines sont fraudées.

Les graines, en vieillissant, deviennent ternes et prennent une teinte roussâtre ; elles germent mal ou pas du tout. Certains marchands peu scrupuleux cherchent à leur donner le luisant qu'elles ont perdu en les imprégnant d'huile de pavot. Les graines sont introduites dans un sac légèrement huilé ; deux hommes saisissent les deux extrémités du sac et impriment aux graines un mouvement de va-et-vient. Cette fraude est très facile à déceler : il suffit d'étaler la graine sur une feuille de papier blanc, qui reste maculée si on a pratiqué l'huilage. Une autre fraude, moins facile à trouver, consiste à redonner aux vieilles graines de luzerne, à l'aide de l'acide sulfureux, la couleur jaune verdâtre qu'elles possédaient. On sait, en effet, que l'acide sulfureux jouit de la propriété de décolorer les matières végétales.

L'agriculteur déjouera toutes ces fraudes en achetant ses graines avec faculté germinative garantie, en faisant des essais germinatifs partiels, ou mieux en récoltant sa graine lui-même, lorsque la situation le permettra.

Des impuretés de toute sorte existent parfois en mélange avec la graine de luzerne, mais les plus préjudiciables sont incontestablement les graines de cuscute, qui, semées avec la luzerne, l'envahissent promptement et la font périr. On rencontre aussi quelquefois de la graine de centaurée jaune dans la graine de luzerne de Provence, de la graine de plantain et de carotte sauvage dans celle du Poitou. Il est facile de se rendre compte du degré de pureté de la graine en prenant des échantillons, trois à quatre par sac, à différentes hauteurs, et de les étaler sur une feuille de papier blanc; toute graine qui n'aura pas les caractères que nous avons donnés sera considérée comme une impureté.

Certaines personnes sont allées plus loin dans la voie des falsifications; il en est qui ont ajouté à la graine de luzerne ordinaire de la graine de luzerne maculée ou denticulée. La fraude est assez difficile à déceler pour un œil non exercé; les graines de ces deux espèces sont un peu plus grandes et plus arquées que celles de luzerne cultivée.

Quoi qu'il en soit, le cultivateur ne devra acheter ses graines qu'avec garantie de pureté et de faculté germinative déterminée. Lorsqu'il doutera d'un échantillon, il lui suffira de le faire analyser au laboratoire d'essai des semences (1), qui lui remettra un bulletin d'analyse lui permettant de poursuivre le vendeur si les conditions stipulées dans le contrat ne sont pas remplies.

Il sera bon d'indiquer dans le contrat que les frais d'analyse seront supportés par le vendeur, précaution à prendre lors de l'achat de toute graine.

Époque du semis. — Nous avons dit que c'était après une plante sarclée que le sol se trouvait dans les meilleures conditions pour porter un semis de luzerne. Selon qu'on cultive la luzerne dans le Midi ou dans le Nord, on la sème à deux époques différentes. Dans le Midi, les semis se font souvent à l'automne, afin que les jeunes plantes soient assez fortes pour résister aux froids de l'hiver ou du printemps et suffisamment enracinées pour résister aux sécheresses de l'été. On obtient ainsi une meilleure coupe l'année suivante. Dans bon nombre de cas, on peut obtenir une petite coupe en septembre, surtout si on a pu irriguer. On peut également semer en automne dans les terres légères du Centre craignant la sécheresse pendant l'été.

Le semis s'effectue exclusivement en mars-avril dans les régions du Centre et du Nord lorsque la température de l'atmosphère atteint 8 à 9 degrés. Si les gelées printanières sont à

---

(1) Laboratoire d'essai de semences (Institut national agronomique, 16, rue Claude-Bernard, Paris. Directeur, M. Schribaux).

craindre, il est préférable d'attendre un peu plus tard, car les
jeunes plantes souffrent beaucoup.

Semis sur sols nus ou ombragés. — Dans les provinces méridionales, le semis se fait sur des sols nus parfaitement ameublis
lorsqu'on sème la graine de luzerne à l'automne. C'est en septembre ou en octobre, avant les emblavures du froment, que
l'on fait le semis. Semée à cette époque, la graine germe rapidement et la jeune plante prend un développement suffisant pour
résister aux hivers méridionaux et aux sécheresses de l'été.

Le plus souvent, les graines de luzerne sont répandues sur
les terres ensemencées en céréales, alors que les feuilles recouvrent légèrement le sol ou que leurs semences ont déjà été
enterrées. On choisit de préférence les céréales de printemps,
car elles couvrent moins le sol et, tout en protégeant suffisamment la jeune plante contre la sécheresse, elles la fatiguent
moins que les céréales d'automne qui ont déjà un fort enracinement.

L'orge est la céréale préférée ; la direction verticale que
prennent ses feuilles permet à la lumière d'arriver jusqu'à la
jeune luzerne. Si on se propose de semer une luzerne dans une
céréale, il est bon de diminuer la quantité de semence de celle-ci ;
on en met généralement un quart en moins. On peut aussi répandre les graines sur des terres qui ont été semées en mai ou
en juin en sarrasin, chanvre, vesce ou pois gris de printemps,
en maïs fourrage. Nous avons été témoin, dans la Vendée, d'un
semis fait dans un maïs fourrage, semis qui a pleinement réussi.

Bien que la plante-abri gêne un peu le développement de la
luzerne, les produits qu'on en retire viennent dégrever le cultivateur de l'impôt, du loyer du sol et d'une partie des frais de
culture.

Le semis se fait à la volée ou en lignes. Le premier mode est
le plus employé ; le sol se trouve plus rapidement garni, la
plante se défend mieux des mauvaises herbes que dans le semis
en lignes non entretenu. Le semis à la volée doit se faire à *triple
jet* par un ouvrier habile et par un temps calme, car la graine
de luzerne, en raison de sa petitesse, est difficile à bien disséminer. S'il fait du vent, il tombe parfois trop de graines dans

un endroit et pas assez dans d'autres. Lorsque la graine est répandue, on l'enterre par un léger coup de rouleau si le sol est
sec, ou avec une herse d'épine si le sol est un peu frais; si la
pluie vient à tomber de suite, on peut se dispenser de l'enterrer.

Certains auteurs préconisent de semer la graine de luzerne
sur la neige; celle-ci, en fondant, enterre la graine; nous ne
savons pas ce que vaut ce procédé.

Le semis en lignes présente sur le semis à la volée des avantages que nous énumérerons brièvement. Le semis est très régulier, les graines sont uniformément enterrées et, par suite,
il est possible d'économiser de 5 à 8 kilogrammes de semence
par hectare. Les lignes étant régulièrement espacées, il est possible de pratiquer des binages à l'aide de la houe multiple. La
plante, débarrassée des mauvaises herbes qui la gênent, pousse
plus vigoureusement; elle peut donner de belles graines. Si,
pour une cause ou pour une autre, on ne peut pratiquer le binage, il est préférable de semer à la volée : la luzerne se défend mieux des mauvaises herbes.

Le semis en lignes s'exécute ordinairement dans des céréales
déjà semées en lignes. On fait passer les socs du semoir dans le
milieu des interlignes; la jeune plante, au moment de sa levée,
aura plus d'air et plus de lumière que si le rang tombait sur
celui de la céréale. Le semoir qui distribue la semence doit être
bien réglé ; la distribution se fait avec les petites alvéoles ou les
petites cuillers, et les contrepoids des bras de levier des socs
doivent être enlevés, à moins que le sol ne soit trop dur. Nous
avons été témoin d'un semis fait en lignes dans un froment
d'automne, semis qui a donné une levée parfaite.

La graine de luzerne ne doit pas être enterrée trop profondément, de 1 à 2 centimètres au plus. Après le passage du
semoir, on laisse généralement le semis sans le recouvrir. Toutefois, si le sol était trop dur, il serait bon de faire passer une
herse d'épines dans le but de faire tomber un peu de terre fine
sur les graines.

La quantité de graine à répandre à l'hectare varie avec sa
faculté germinative, son degré de pureté, la nature et l'état du
sol, la plante-abri. Il est évident que plus les conditions seront
mauvaises, plus il faudra de graines pour obtenir un nombre de

pieds déterminé. En général, avec 20 ou 25 kilogrammes, le sol est suffisamment emblavé. Certains auteurs, et avec eux Schwertz, ont recommandé d'en répandre 30 à 40 kilogrammes à l'hectare. Ils font observer que plus la luzerne est épaisse, mieux elle se défend des mauvaises herbes ; les pousses sont plus fines et fournissent un fourrage de bonne qualité. Nous ferons remarquer que si la luzerne est semée trop épaisse, la plante talle peu et finit par périr.

D'autres auteurs ont recommandé d'en mettre 12 kilogrammes seulement. La pratique n'a jamais conseillé de semer aussi dru ni aussi clair. Pour les semis en lignes, la quantité de 15 kilogrammes à l'hectare paraît être suffisante.

La graine de luzerne germe promptement si la température se maintient entre 12 et 15 degrés au-dessus de zéro et si l'humidité est suffisante. On peut donc se rendre compte rapidement de la valeur du semis.

Le jeune plant de luzerne se distingue facilement de celui du trèfle ou de la minette, avec lesquels il pourrait être confondu. Sous l'influence de l'humidité, la graine de luzerne confiée au sol gonfle, son tégument se déchire et laisse passer la radicule qui s'enfonce en terre ; au bout de huit à dix jours, les cotylédons se montrent à la surface du sol ; ils sont, à ce moment, ovales et de largeur égale à ceux du trèfle. Les cotylédons de la minette sont elliptiques et plus larges. Il n'y a donc qu'avec les jeunes plants de trèfle qu'on pourrait confondre ceux de la luzerne. La couleur va nous venir en aide : les cotylédons de la luzerne sont vert sombre en dessus et vert légèrement teinté de rouge en dessous, ceux du trèfle présentent une belle couleur verte sur les deux faces.

Association à la luzerne de plantes diverses. — La luzerne seule ne donne pas un fourrage très abondant la première année. Dans le but d'obtenir une meilleure coupe, certains auteurs recommandent d'associer aux graines de luzerne des graines de trèfle, de ray-grass, de sainfoin, de minette, etc.

Le mélange de trèfle ou de ray-grass à la luzerne présente plus d'inconvénients que d'avantages. Le trèfle prend beaucoup de développement la première année au détriment de la luzerne ;

au bout de la troisième année, lorsqu'il disparaît, les mauvaises plantes prennent les places vides qu'il laisse. Le mélange de ray-grass n'est à recommander que dans un cas, celui où la prairie ne doit occuper le sol que pendant deux ou trois ans seulement. Les ray-grass, par les nombreuses graines qu'ils donnent, et par leurs touffes qui s'étalent, envahissent promptement le sol et finissent par tuer la luzerne. Ce développement exagéré de graminées se produit principalement dans les sols frais et argileux. Nous avons vu, à l'École nationale d'agriculture de Rennes, une luzerne envahie par le ray-grass d'Italie, en sol frais et argileux, qui a disparu au bout de deux ans.

Le sainfoin est la plante qui convient le mieux pour associer à la luzerne. Sa durée varie de quatre à six ans. Si on se propose de prélever de la graine sur la luzernière, il vaudra mieux mettre du sainfoin à une coupe ; ses tiges ne gêneront pas celles de la luzerne, qui seront claires, bien aérées et fourniront de bonnes graines.

On peut également associer à la luzerne un peu de minette ; cette plante disparaît en partie au bout de la première année et la luzerne peut prendre tout son développement. Mais chaque fois que le sol se trouvera dans de bonnes conditions il vaudra mieux semer la luzerne seule.

Soins à donner à la luzernière. — Nous supposerons la jeune luzerne levée, la plante-abri enlevée et être arrivés au mois de septembre. Nous pouvons nous trouver en présence d'une luzernière suffisamment épaisse ou d'une luzerne mal levée et claire. Dans le premier cas, si le fourrage est abondant, on pourra prélever une coupe ; si les plants sont faibles, on laissera sécher les tiges sur le pied, qui se fortifiera. Mais, dans tous les cas, on évitera de faire pâturer, car les animaux couperaient le collet trop ras ou arracheraient la jeune plante encore mal enracinée.

Si la luzernière est claire, on peut tenter de semer des graines au mois de septembre, et on les enfouira par un léger coup de herse ou de rouleau ; la terre sera encore assez meuble, surtout si la luzerne a été semée dans une céréale de printemps. On fera un nouveau semis au printemps si celui d'automne ne réussit pas.

Les luzernières établies en sols pierreux devront être épierrées pendant l'hiver qui suit le semis ; on enlèvera toutes les pierres qui seraient susceptibles de gêner le passage de la faux ou de la faucheuse et les quelques touffes de plantes vivaces que l'on rencontrera. Il faudra choisir un beau temps et attendre que le sol soit suffisamment ressuyé pour exécuter cette opération, afin que les jeunes plantes ne souffrent pas trop du passage des ouvriers. Si on n'a pas le temps de faire l'épierrement, on peut se contenter de passer un coup de rouleau, qui enfoncera les pierres dans le sol.

Récolte. — La luzerne peut fournir la deuxième année deux coupes ; mais c'est surtout à la troisième année qu'elle commence à donner le maximum de rendement ; le nombre des coupes qu'il sera possible d'obtenir dans le courant d'une année dépendra de la température, du degré d'humidité et de fertilité du sol. La luzerne est bonne à couper de très bonne heure, en mai ou en juin, lorsque les premières fleurs apparaissent. Si on désire la faire consommer en vert, on peut commencer plus tôt ; si elle est trop vieille ou passé fleur, les tiges durcissent et les animaux la consomment mal. En la coupant de bonne heure, la deuxième coupe est plus fournie et peut donner de meilleures graines si on désire lui en faire produire. Il sera encore nécessaire de hâter la coupe lorsque la luzerne est couchée ; les feuilles qui touchent le sol pourrissent et donnent un mauvais foin. Pour toutes ces raisons, il vaut mieux couper la luzerne plus tôt que trop tard.

La luzerne peut être consommée soit à l'état vert, soit à l'état sec. A l'état vert, elle fournit un fourrage précoce, excellent pour les vaches laitières, mais elle a l'inconvénient d'occasionner la météorisation des ruminants. Pour éviter les accidents, il sera nécessaire de faire consommer la luzerne à l'état frais et non lorsqu'elle a déjà subi un commencement de dessiccation et de fermentation. On attendra également que les pousses soient bien développées et près de leur point de floraison. Il sera bon de distribuer au préalable, aux animaux encore peu habitués au fourrage, quelques aliments secs.

La luzerne devant être consommée à l'état vert sera coupée

de préférence le matin ; on la rentrera avant que le soleil ait
fait flétrir les tiges et on évitera de la laisser en gros tas, où elle
s'échaufferait rapidement. Que la luzerne soit utilisée à l'état
vert ou transformée en foin sec, il est nécessaire que la coupe
soit aussi près que possible du sol, afin de ne pas laisser de chicots qui gêneraient le passage de la faux pour les autres coupes,
ou les animaux qui pâtureraient les regains. Le foin de luzerne
est très riche, il convient à tous les animaux, mais doit être distribué avec modération, car il peut occasionner la pléthore et la
pousse chez les chevaux.

L'analyse suivante, faite par Wolf, montre la richesse du
foin de luzerne comparativement au foin de prairie naturelle.

ÉLÉMENTS NUTRITIFS	FOIN DE LUZERNE	FOIN DE PRÉ
Protéine totale	14,4 pour 100	9,7 pour 100
Extractifs non azotés.	31,9 —	41,4 —
Graisse	2,5 —	2,5 —
Cendres	6,8 —	7,2 —

On sait que c'est la protéine qui est l'élément estimé le plus
cher, et dans la luzerne la protéine est plus digestible que dans
le foin de pré. D'après Boussingault, la composition de la
luzerne verte et de la luzerne sèche est la suivante :

	Luzerne verte.	Luzerne sèche.
Eau.	80,40	15, »
Amidon, sucre	9,60	41,80
Albumine, caséine.	2,80	12, »
Matières grasses.	0,80	3,50
Ligneux et cellulose. : . .	5,10	22, »
Sels.	1,30	5,70
Total égal à.	100 »	100 »

Fanage de la luzerne. — Le fanage de la luzerne et des légumineuses en général demande plus de précautions que celui des
graminées. Il importe surtout de soustraire la plante coupée à
l'action de la rosée, qui la blanchit et lui fait perdre de sa saveur.

On évitera également de secouer le foin, car les feuilles tombent avec la plus grande facilité lorsque la plante commence à sécher, et la valeur nutritive en est diminuée d'autant.

Voici comment on peut procéder si le temps est au beau. Le premier jour, le foin sera laissé tel que la faux l'a mis, de façon que le dessus de l'andain puisse se dessécher. Le second jour, on le retournera sans l'éparpiller ni le secouer, en ayant soin de mettre cinq à sept andains ensemble ; le soir, le foin sera ramassé en veillottes, sortes de petits meulons, afin de le soustraire à l'action de la rosée. Le troisième jour au soir, on doublera les veillottes. Les jours suivants, on augmentera progressivement la grosseur des tas jusqu'à ce que le foin soit sec, puis on fera de gros tas capables de résister à la pluie et au vent. Par ce procédé, on conserve les feuilles, et le foin ne blanchit pas.

Si le temps est pluvieux au moment de la coupe, il vaut mieux laisser la luzerne en andains ; elle peut ainsi supporter la pluie pendant deux ou trois jours sans subir aucun mal. Dans les années pluvieuses, on peut employer le fanage par faisceaux, à l'aide de cavaliers ou de siccateurs ; on peut également ensiler le fourrage. (V. FANAGE ; PRAIRIES DE FAUCHE, p. 123.) Une fois sec, le foin est traité comme celui des prairies naturelles.

Regains. — Si le cultivateur ne désire pas faire de la graine, il peut convertir les deuxième et troisième coupes en foin. Le foin obtenu est plus vert, plus feuillu et contient moins de graminées que celui de la première coupe ; il est aussi plus riche, ainsi qu'il ressort des analyses faites par M. Joulie.

	1re COUPE pour 1 000 kilos	REGAINS pour 1 000 kilos
Azote	24,92	50,72
Acide phosphorique.	5,40	12,86
Potasse	16,91	30,30
Chaux	33,95	48,95
Magnésie.	3,56	4,76
Acide sulfurique	7,01	non dosé

Malgré la grande richesse des regains, ils ne sont pas l'objet d'un commerce bien important ; le plus souvent, ils sont consommés sur la ferme par les vaches laitières, les moutons, les chèvres, les lapins, les jeunes agneaux.

Rendement. — Le rendement en fourrage vert varie beaucoup, suivant les conditions dans lesquelles se trouve la luzernière. Dans les bonnes terres à luzerne, il peut atteindre 35 à 40 000 kilogrammes à l'hectare. M. de Gasparin cite une luzernière de deux ans avec cinq coupes ayant fourni 60 000 kilogrammes de fourrage vert qui, converti en foin, en a donné 15 000 kilogrammes. Par contre, on trouve des rendements ne dépassant pas 3 000 kilogrammes de foin sec.

Soins à donner à la luzernière à partir de la deuxième année. — Après quelques années d'exploitation, le sol de la luzernière se tasse ; il est bon de l'aérer en le hersant avant le départ de la végétation en février-mars. Cette opération ameublit le sol, blesse un peu le collet de la plante et facilite l'émission de bourgeons. Les plantes adventices à racines traçantes, qui auraient pu envahir le sol, sont déracinées et périssent en partie. On profitera d'un beau temps pour exécuter le hersage.

Si la luzerne est vieille, on pourra même passer un scarificateur sans aucun danger pour les racines. Dans le Midi, on va même plus loin : on donne un léger labour de 4 à 6 centimètres, avec l'araire. Lorsque le dessus de la terre est sec, on donne ensuite un bon coup de herse pour déraciner complètement les mauvaises plantes. Après ces opérations, si le sol est pierreux, il sera nécessaire d'enlever à nouveau les pierres que la herse aura fait sortir.

Irrigation de la luzernière. — Bien que la luzerne craigne l'excès d'humidité, elle s'accommode très bien des irrigations dans les contrées méridionales, en sols perméables.

C'est dans de telles conditions que la luzerne peut donner de cinq à sept coupes produisant jusqu'à 15 000 kilogrammes de foin sec. (V. IRRIGATIONS ; PRAIRIES DE FAUCHE, p. 63.)

Engrais et amendements convenant à la luzernière. — Parmi les substances fertilisantes qui produisent un bon effet sur la luzernière, nous citerons : le plâtre, les cendres, la marne, les engrais phosphatés, les engrais potassiques, le purin, le fumier de ferme. Examinons successivement l'action de chacune d'elles.

Le plâtre, gypse, sulfate de chaux, contient à la fois de l'acide sulfurique et de la chaux. Il produit de bons effets sur les légunineuses fourragères, même en terrains calcaires. Il est relativement soluble dans l'eau et peut s'enfoncer profondément dans les couches du sous-sol (étant peu retenu par le pouvoir absorbant), où il fournit aux plantes l'acide sulfurique et la chaux dont elles ont besoin.

L'action du plâtre a été très discutée par les agronomes. Dehérain pense que le plâtre en contact avec le carbonate de potasse du sol provoque une réaction qui fournit, d'une part, du sulfate de potasse et, de l'autre, du carbonate de chaux. Le sulfate de potasse serait entraîné plus profondément dans le sol, n'étant pas retenu par le pouvoir absorbant, où il rencontrerait du carbonate de chaux, et une réaction inverse de la précédente se produirait. En d'autres termes, il aurait pour effet de faire descendre la potasse du sol dans le sous-sol et de la mettre ainsi à la disposition des racines profondes des légumineuses. D'autres prétendent que le plâtrage facilite la fixation de l'azote atmosphérique. Il peut très bien se faire que le plâtre exerce plusieurs actions simultanées.

Quoi qu'il en soit, les résultats sont positifs ; la célèbre expérience que fit Franklin, et qui a été bien répétée depuis, nous le montre. Cependant, le fourrage obtenu à la suite du plâtrage est plus aqueux et n'est pas aussi nutritif que celui obtenu sans plâtrage. Le plâtre est répandu au printemps sur la surface des prairies de légumineuses, lorsque les feuilles couvrent le sol. On profite d'une rosée pour faire l'épandage. On emploie soit le plâtre cru, soit le plâtre cuit, à la dose de 300 à 500 kilogrammes à l'hectare. Son effet se fait sentir pendant deux ans. Dans le Nord, en Picardie, le plâtre est parfois remplacé par les cendres pyriteuses, qui produisent de bons effets.

Les cendres de bois, de tourbe, donnent également de bons résultats ; on peut mettre de 80 à 100 hectolitres à l'hectare de cendres de tourbe.

Les amendements calcaires, marne, tangue, faluns, maërl, sont avantageusement employés en sols pauvres en chaux. Depuis que l'emploi des engrais chimiques s'est généralisé, on utilise de plus en plus les superphosphates en terrains calcaires. Ces engrais apportent à la fois de la chaux, de l'acide sulfurique et de l'acide phosphorique. Leur emploi est à recommander sur les luzernières qui produisent des graines. Les engrais potassiques, chlorure ou sulfate de potassium, produisent également de bons effets. Ces engrais sont répandus au printemps avant de pratiquer le hersage, à la dose de 200 à 250 kilogrammes à l'hectare.

Par l'emploi des superphosphates, on peut, dans une certaine mesure, se dispenser du plâtre, car cet engrais en contient une certaine quantité. Quant à l'emploi du fumier de ferme et du purin, les avis sont partagés. Il est incontestable que le fumier et le purin augmentent le rendement, mais ils ont l'inconvénient de favoriser le développement des graminées, qui finissent par envahir la luzerne. On obtient un *foin luzerné* qui est apprécié de différentes façons suivant les localités. Les deuxième et troisième coupes poussent aussi plus vigoureusement ; les graminées ne les gênent pas. Lorsqu'on a décidé de fumer au fumier de ferme, on prend de préférence du fumier bien décomposé que l'on répand de très bonne heure au printemps. Si le fumier était par trop pailleux et appliqué tardivement, il resterait de la paille dans le foin, ce qui nuirait à sa qualité.

Le purin, engrais riche en potasse et en azote, produit également de bons effets ; seulement il est onéreux à transporter, car souvent on est obligé de le diluer avec de l'eau pour éviter qu'il brûle les plantes. Nous l'avons cependant employé sans eau en le répandant immédiatement après une coupe.

En résumé, les engrais azotés seront employés avec beaucoup de circonspection sur les luzernières et dans des cas bien déterminés, car ils ont l'inconvénient de pousser au développement de graminées qui gênent la luzerne. Ils pourraient être employés, par exemple, vers la fin d'une luzernière pour obtenir trois ou quatre bonnes récoltes de foin luzerné. Mais dans la majeure partie des cas on s'en tiendra à l'emploi des engrais potassiques et phosphatés.

Ennemis et parasites de la luzerne. — Plusieurs ennemis et parasites gênent la luzerne dans son développement. Tout d'abord, ce sont les plantes adventices, annuelles ou vivaces. On s'en débarrasse par des scarifiages et des hersages, lorsque la luzerne sera assez forte pour supporter ces opérations.

Parmi les plantes parasites qui vivent au détriment de la luzerne, trois surtout sont à redouter : la cuscute, le rhizoctone de la luzerne et l'orobanche.

La *cuscute* (*fig.* 174, 175), encore appelée teigne, est connue de tous les cultivateurs ; ses tiges filiformes, rameuses, de coloration rougeâtre, rampent sur le sol et enlacent étroitement les tiges de légumineuses qu'elles rencontrent ; elles émettent des suçoirs ou crampons qui prennent le suc de la luzerne. Celle-ci languit et finit par périr. La cuscute donne des fleurs blanchâtres, rosées, dépourvues de pédoncules et réunies en masses globulaires. Chaque fleur donne naissance à une capsule à deux loges s'ouvrant circulairement sur le travers. Aussitôt que les tiges de la cuscute ont atteint une légumineuse, sa racine, qui est très grêle, meurt.

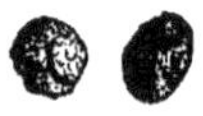

Fig. 175.
Graine
de cuscute
(très grossie)

Fig. 174. — Cuscute.
a, coupe de la fleur.

Cette plante parasite se propage avec la plus grande facilité par les fragments de ses tiges ; elle reste pendant l'hiver accrochée par ses crampons aux tiges des plantes qu'elle a envahies et peut supporter ainsi les froids les plus rigoureux.

La cuscute est très difficile à détruire ; de nombreux procédés ont été employés, mais il en est peu qui se soient montrés efficaces. On a recommandé de couper fréquemment à ras de terre la luzerne attaquée par la cuscute, en ayant soin de détruire les débris.

Il ne faudra pas donner ces débris aux animaux, comme on le fait trop souvent, car les graines de cuscute traversent le tube digestif sans perdre leur faculté germinative et les graines sont de nouveau emportées avec les fumiers sur d'autres terres de la

ferme. C'est de cette façon qu'un champ infesté de cuscute conta-
mine les autres du domaine.

La cuscute se montre surtout dans les regains et pendant les
mois de juin, juillet, août et septembre.

Pour sa destruction, on a également conseillé d'écobuer toute
la surface attaquée en y mettant le feu. Mais, de tous les procédés employés, celui qui s'est montré le plus efficace est le
traitement au sulfate de fer. Voici comment on doit procéder ;
faucher très près de terre toutes les parties atteintes, les enlever,
puis les détruire par le feu ; répandre ensuite sur toute la surface
coupée une solution de sulfate de fer à 10 pour 100. Il vaut mieux
arroser au delà de la tache qu'en deçà ; on est plus sûr que tous
les filaments sont atteints. On n'emploiera pour les solutions
de sulfate de fer que des récipients plombés ou en bois.

Le *rhizoctone* de la luzerne est un champignon d'une coloration violette qui croît sur les racines de cette plante et vit à
leurs dépens. Il se développe en cercle, augmentant de surface
chaque année. C'est principalement sur la deuxième coupe que
les dégâts apparaissent. Les pieds atteints meurent ; leurs tiges
sont sèches, les racines s'arrachent avec la plus grande facilité
et présentent une gaine violette formée par les organes du
champignon.

Jusqu'à présent on ne connaît pas de moyens efficaces pour
arrêter le développement de ce cryptogame. Mathieu de Dombasle conseillait de creuser un fossé de 50 centimètres de
profondeur autour des plantes attaquées ; ce procédé a été
reconnu insuffisant. Lorsque les dégâts sont trop grands, le
plus simple est de défricher la luzernière et d'attendre dix ans
avant d'en faire revenir une autre à la même place. Cependant nous pensons qu'en faisant une tranchée circulaire de
50 à 60 centimètres de profondeur, comme le faisait Mathieu
de Dombasle, et en y répandant une bonne couche de *crude
ammoniac* (chaux d'épuration du gaz d'éclairage), le champignon devrait être détruit par les cyanures qui s'en dégagent.
C'est une expérience à faire.

Le sulfure de carbone employé à forte dose, 400 kilogrammes à
l'hectare, s'est montré efficace pour la destruction du pourridié ;
peut-être agirait-il de même contre le rhizoctone de la luzerne.

Ce parasite se développe surtout dans les années humides et en terrains humides. Le Poitou, le Languedoc, la Touraine et les environs de Genève sont les régions où ce cryptogame est le plus commun.

L'*orobanche* (V. *fig.* 126), par les racines qu'elle envoie dans celles de la luzerne pour y puiser les principes nécessaires à sa vie, est aussi une plante parasite. Elle apparaît principalement sur la coupe ; elle se propage par ses graines et par l'intermédiaire des fumiers. Ses dégâts sont encore plus importants sur le trèfle que sur la luzerne. Il faut avoir soin de la détruire avant que la fructification se produise. Sa graine, très fine, peut facilement être séparée de celle des légumineuses par des criblages.

Parmi les animaux nuisibles à la luzerne, les *campagnols* sont ceux qui lui causent le plus de dégâts. En 1904-1905, les luzernes des Charentes et du Poitou ont été littéralement ravagées par les campagnols. Les autorités se sont émues de l'étendue des ravages et le ministre de l'Agriculture fit voter une somme de 300 000 francs pour la destruction des campagnols à l'aide du virus Danyzs, fourni par l'Institut Pasteur. Ce procédé s'est montré efficace partout où il a été appliqué d'après les indications fournies par l'Institut.

La luzerne est aussi attaquée par des insectes, dont le plus dangereux est le *colapse* ou *négril barbotte*. Les larves de cet insecte apparaissent, parfois très nombreuses, principalement dans le Midi, dans la seconde coupe. Elles sont si voraces qu'il leur suffit de quelques jours pour ravager de grandes surfaces de luzerne. Si on n'enraye pas les ravages du colapse, ils se font sentir pendant tout l'été et se renouvellent l'année suivante.

Plusieurs procédés de destruction ont été recommandés. Aussitôt qu'on s'aperçoit que le colapse est dans une luzernière, il faut la couper ; les insectes affamés périssent ou émigrent en bandes ; ils traversent les chemins, les routes, et vont ravager les champs voisins. Une jeune luzerne supporte difficilement ce traitement, surtout si le temps est sec.

On peut également faucher la luzerne et laisser, pour attirer les insectes, des parties non coupées où l'on viendra les écraser avec un rouleau. Certains insecticides ont été conseillés : l'arséniate de cuivre (poison dangereux) ou un mélange de naphtaline et d'ammoniaque que l'on répand sur la luzerne envahie. Lorsque les femelles sont sur le point de pondre, on peut saupoudrer la luzerne de chaux; la viscosité de l'insecte la fait adhérer; il tombe sur le sol, où on l'écrase avec le rouleau.

Le *cercopis écumeux* s'attaque aussi à la luzerne, mais jusqu'à présent il n'a pas occasionné de dégâts sérieux.

On a également signalé une anguillule qui s'attaque à la racine de la luzerne.

Production des graines. — La production des semences de luzerne peut, dans certains cas, être avantageuse; nous connaissons des agriculteurs du Poitou qui arrivent à payer leur fermage avec la graine de luzerne. Les cultivateurs ont intérêt à produire eux-mêmes leurs semences; ils en connaissent l'origine et la valeur culturale; ils seront assurés, en prenant les précautions voulues, de ne pas introduire de plantes parasites sur leur ferme.

Pour obtenir de bonnes graines, il faudrait s'adresser à des luzernières de quatre à cinq ans; mais la production des graines épuise la plante; c'est pour cette raison qu'on demande de préférence aux vieilles luzernes épuisées de fournir la graine. C'est un procédé condamnable, car les graines obtenues ne sont pas aussi nourries et ne donnent pas des pieds aussi vigoureux que celles récoltées sur de jeunes luzernes. A notre avis, il suffirait d'entretenir la fertilité du sol par des engrais phosphatés et potassiques pour que la production de la graine n'épuisât pas la luzernière.

C'est généralement à la deuxième coupe qu'on demande de fournir les graines. Dans le Midi, lorsque la plante est vigoureuse, il est possible de faire produire de la graine à la troisième coupe.

On reconnaît que les graines sont mûres lorsque les gousses sont noires. Les tiges sont coupées avec la faux armée ou avec la moissonneuse; elles sont mises en javelles et laissées à sécher pendant un ou deux jours. Puis on en fait des gerbes que l'on met debout, afin que la pluie ne détériore pas les graines. Lorsqu'elles sont suffisamment sèches, on les rentre et on les bat.

Le battage de la graine s'effectue aujourd'hui avec des machines spéciales; il comprend deux séries d'opérations : la première consiste à séparer les gousses de la tige; on obtient ainsi le *grabot* (terme poitevin); la deuxième a pour but de séparer les graines des gousses : c'est le *dégrabotage*. Ces deux opérations peuvent se faire par deux machines distinctes : d'une part, la *batteuse* et, d'autre part, la *débourreuse*.

Aujourd'hui on possède des machines, dites « batteuses de trèfle », qui peuvent faire les opérations simultanément et préparer la graine pour la vente. Le prix du battage, part de l'entrepreneur, est de 0 fr. 10 par kilogramme de graine propre.

La quantité de graine récoltée varie selon la vigueur de la plante, le climat et la température, depuis 150 jusqu'à 500 kilogrammes à l'hectare. L'hectolitre pèse de 76 à 80 kilogrammes; le prix varie de 1 franc à 1 fr. 75 le kilogramme.

Bénéfices résultant de la culture de la luzerne. — La luzerne est une des plantes cultivées qui laissent les plus gros bénéfices. Les frais résultant du travail du sol sont largement payés par la céréale qui lui sert d'abri.

Nous avons donc par hectare :

Dépenses :

25 kilos de graine à 1 fr. 20.	30 francs
Épandage (triple jet) et hersage	10 —
Épierrement (très variable).	20 —
Total	60 francs

La luzernière peut durer en moyenne six années, soit par an en chiffre ronds . .	10 francs
Loyer et impôt du sol.	100 —
Façons culturales de printemps.	10 —
Engrais divers	60 —
Coupe, fanage et mise en meule.	60 —
Total des frais annuels.	240 francs

Produits :

La récolte peut s'élever à 4 000 kilogrammes de foin de première coupe.

A 60 francs les 1 000 kilos.	240 francs
300 kilos de graine à 0 fr. 80 le kilo (frais déduits).	240 —
Total des produits	480 francs

Le *bénéfice* sera de 480 — 240 = 240 francs par hectare, soit 100 pour 100 du capital engagé.

Défrichement de la luzerne. — La durée d'une luzernière est très variable : elle est en moyenne de huit à quinze ans. Lorsque les rendements ne sont plus suffisants, on la retourne et le sol est livré ensuite à la culture des céréales ou des plantes sarclées. L'époque à laquelle le défrichement se fait varie avec la plante que l'on veut cultiver ensuite. Le défrichement se fait ordinairement au mois d'août, lorsqu'on veut y faire succéder un froment d'automne, afin que la terre ait le temps de s'affermir, de se tasser avant les semailles.

Si on défrichait la luzerne trop tard, le sol présenterait des cavités dans lesquelles les grains se perdraient. Dans un tel sol, les plants disparaissent au printemps lorsque les racines ont atteint les cavités existant entre les bandes de terre ; on dit que le *blé tranche*. Le plus souvent, le défrichement se fait à l'automne, après avoir prélevé une récolte de graines. Si la luzernière n'est pas très vieille, on peut tenter d'y semer un froment, mais le mieux est d'attendre au printemps pour y semer une avoine. Le sol sera suffisamment tassé, les débris laissés par les tiges et les feuilles auront subi un commencement de décomposition. L'avoine est la céréale qui tire le meilleur parti de ces situations.

A la ferme-école de Montlouis (Vienne), nous avons constaté un rendement de 80 hectolitres d'avoine jaune géante à grappes, semée après un défrichement de luzerne.

Au lieu d'avoine, on peut également mettre des plantes sarclées, des pommes de terre par exemple ; mais il faut avoir soin de bien ameublir le sol. On donne alors deux labours et un scarifiage pour faciliter l'émiettement du sol et la décomposition des débris.

Parfois les larves d'insectes (vers blancs et taupins) portent beaucoup de préjudice aux plantes sarclées que l'on cultive après un défrichement de luzerne. Dans tous les cas, il sera possible d'y semer un froment à l'automne qui suivra la première culture.

Ainsi que nous l'avons montré au début, la luzerne améliore profondément le sol ; elle y laisse un poids considérable de débris de toutes sortes, évalué par Gasparin à 37 000 kilogrammes, renfermant jusqu'à 350 kilogrammes d'azote à l'hec-

tare. Aussi la luzerne a-t-elle été considérée de tout temps par les
agriculteurs comme plante améliorante et la production rému-
nératrice du froment est étroitement liée à celle de la luzerne.

TRÈFLE

Description. — Le *trèfle violet*, aussi appelé *trèfle ordinaire*,
trèfle de Hollande, trèfle de Brabant, trèfle des prés (V. p. 107,
fig. 72), appartient encore à la famille des légumineuses papilionacées. C'est une plante vivace ou bisannuelle, à racines pivotantes. Ses tiges sont ramifiées et portent des feuilles à trois
folioles souvent maculées par une tache blanche en fer à cheval.
Ses fleurs, d'un rose purpurin, sont réunies en capitules ovoïdes.
Les graines, à maturité, sont contenues dans des gousses monospermes qui ne sont autres que les enveloppes calicinales;
elles sont ovoïdes, lisses, jaune clair, violettes ou panachées de
jaune ou de violet.

Le trèfle est considéré à juste titre comme une des meilleures
acquisitions de l'agriculture moderne. Sa culture a apporté, depuis le commencement du siècle dernier, des modifications profondes dans nos assolements; elle a permis de supprimer la
jachère et de faire succéder les plantes fourragères aux céréales,
donnant ainsi le coup de grâce à l'ancien assolement triennal.

Le trèfle exerce sur les sols qui le portent les mêmes effets
améliorants que la luzerne; la couche arable est enrichie par
les nombreux débris qu'il laisse.

Historique. — La culture du trèfle se faisait déjà au XVe siècle
sur une large échelle dans les Flandres. Yvart, qui vivait au
XVIe siècle, rapporte que le trèfle était cultivé en alternance avec
le lin dans la Bresse. Son introduction en Allemagne est attri-
buée par Schwertz aux Flamands qui avaient émigré lors de la
persécution du duc d'Albe. Le chancelier anglais, lord Weston,
l'introduisait également de Flandre en Angleterre en 1663. La
culture du trèfle prit beaucoup d'extension en Allemagne, grâce
aux efforts de Schubart. Mais ce fut surtout un pasteur suisse,
Meyer, qui fit la propagande la plus active en montrant les
effets merveilleux que produit le plâtre sur cette plante.

Les écoles de Roville et de Grignon, fonctionnant depuis plus de soixante ans, ont puissamment contribué à sa propagation en France. (V. *Enquête décennale de 1892.*)

Climat. — Le trèfle craint beaucoup plus la sécheresse que la luzerne ; c'est la plante fourragère par excellence des climats tempérés.

Il réussit bien en Bretagne, en Belgique, dans les Flandres, en Angleterre. Dans les régions méridionales, sa réussite dépend de la quantité d'eau que l'on peut lui fournir ; si on ne peut l'irriguer, il vaut mieux lui préférer la luzerne.

Le trèfle souffre de la sécheresse, principalement dans le jeune âge ; les printemps secs et froids lui sont surtout préjudiciables. Les hivers rigoureux sont funestes au trèfle ; les fortes gelées, en faisant augmenter de volume une certaine portion de la couche arable, détruisent les racines de trèfle, en provoquant une rupture.

Il se produit de nombreux vides, principalement dans les sols humides. Les jeunes pousses redoutent beaucoup les gelées printanières ; la plante est arrêtée dans son développement et le rendement en fourrage est notablement diminué.

Fig. 176. — Trèfle de Hollande.

Variétés cultivées. — Le genre trèfle (*trifolium*) a fourni un grand nombre d'espèces qui toutes ne sont pas cultivées. Les unes sont annuelles, les autres bisannuelles, enfin il en est d'autres qui sont vivaces.

Le trèfle des prés a donné plusieurs variétés dont les caractères sont peu tranchés et peu fixes.

·Le *trèfle de Hollande* (*fig.* 176) est le plus hâtif de tous ; il donne un fourrage d'un vert sombre, fin et feuillu.

Le *trèfle de Normandie*, encore appelé *trèfle de Bretagne*, dont la graine est grosse et de teinte violacée, est moins hâtif que le précédent ; il acquiert plus de taille et se montre supérieur sous le climat de la Bretagne ou de la Normandie.

MM. Schribaux et Remy Dumont signalent l'apparition d'une variété de trèfle de Normandie à fleurs blanches, qui se recommanderait par ses hautes qualités fourragères. On ne peut encore se prononcer sur la valeur de cette variété ; les essais faits sont trop restreints.

Le *trèfle rouge de Styrie*, aussi appelé *trèfle vert*, possède un feuillage d'un vert clair ; il ne donne habituellement qu'une coupe, suivie d'un regain que l'on peut faire pâturer ou faucher.

Depuis 1882, on a importé en Europe des graines de *trèfle d'Amérique* (*fig.* 177) qui se distingue du trèfle violet de Bretagne par une pubescence très abondante, formée de *poils dressés* sur les

Fig. 177. — Trèfle d'Amérique.

pétioles et les feuilles ; les capitules sont aussi plus gros et d'une teinte plus foncée. La pubescence du trèfle violet de Bretagne est rare et se montre surtout dans les ramifications supérieures ; elle est formée de poils couchés ; la gaine et les oreillettes des feuilles portent des stries violettes. La pubescence dont est recouvert le trèfle d'Amérique offre un

inconvénient au fanage ; elle retient l'humidité, les goutte-
lettes de rosée restent pendant longtemps adhérentes aux tiges
et font noircir le foin.

M. Schribaux, directeur du laboratoire d'essai des semences,
a pu, au sujet du trèfle, dire avec raison : « Nous avons envoyé
un trèfle nu en Amérique, il nous est revenu habillé. »

C'est un trèfle peu recommandable ; il résiste difficilement à
nos hivers, il redoute les maladies cryptogamiques, notamment
l'oïdium (*erysiphe communis*). Son rendement est de beaucoup
inférieur à celui du trèfle violet de Bretagne, mais il a l'avantage de résister assez facilement à la sécheresse. Nous avons vu,
en Ille-et-Vilaine, une culture de ce trèfle qui s'est montrée bien
inférieure à celle du trèfle violet de Bretagne. Il a été introduit
dans nos cultures grâce au bon marché de sa graine, qui d'ailleurs
possède absolument les mêmes caractères que celle du trèfle
violet. La semence venant directement d'Amérique est rarement
pure. On y rencontre du plantain majeur, dont la graine ressemble à une petite spatule, et de la cuscute d'Amérique qui
est beaucoup plus grosse que la cuscute indigène, ce qui permet
de la distinguer de celle de notre trèfle.

Sols convenant au trèfle. — Le trèfle réussit bien dans
toutes les bonnes terres à froment. Il se montre moins exigeant
pour le calcaire que la luzerne et le sainfoin. Les terres à base
d'argile, profondes, fraîches, renfermant un peu de calcaire, lui
conviennent parfaitement. Il vient mal dans les terres argileuses,
compactes et froides, dans les sols sablonneux manquant de
profondeur. Cependant, en approfondissant les sols légers, surtout s'ils sont frais, il est possible d'y cultiver du trèfle, en ayant
soin de les amender et d'apporter les engrais phosphatés et potassiques nécessaires. Dans les sables légers ou dans les calcaires secs, il sera préférable de semer l'anthyllide vulnéraire
ou le sainfoin, plantes moins exigeantes.

Si le sol est frais, il sera bon de mélanger au trèfle un peu
de fléole; s'il est sec, on pourra y mélanger un peu de brome
des prés, dans le but d'augmenter la quantité de fourrage.

Place du trèfle dans la rotation. — Le trèfle, placé dans de
bonnes conditions, peut envoyer ses racines jusqu'à 1^m,50 de

profondeur, mais dans la majeure partie des cas elles ne dépassent pas 60 centimètres; aussi craint-il davantage la sécheresse que la luzerne. Pour éviter que les sécheresses prolongées lui soient trop préjudiciables, il sera bon de lui assigner une terre facilement pénétrable ou profondément ameublie. Il se trouvera dans ces conditions après une plante sarclée, si on a préparé le sol qui la porte par un labour profond. On pourra également donner un labour profond à la plante-abri dans laquelle on sèmera le trèfle; mais celui-ci vient mal dans une terre trop fraîchement ameublie : elle est trop creuse ; les racines de trèfle prennent difficilement contact avec les particules terreuses. Dans ce cas, il sera bon d'affermir le sol par plusieurs roulages.

Le trèfle, ainsi que les analyses nous le montrent, est une plante exigeante à tous les points de vue. Il devra être semé aussi près que possible de la pleine fumure. On le sèmera donc dans la céréale de printemps qui suit la plante sarclée. Le sol, convenablement préparé pour celle-ci, sera suffisamment meuble, engraissé et débarrassé des mauvaises herbes. Les terres de bruyères, de landes, de bois, nouvellement défrichées, conviennent mal au trèfle; le sol est trop creux, trop pauvre en chaux et en acide phosphorique, et dépourvu des bactéries bienfaisantes fixant l'azote atmosphérique. Il sera bon d'attendre trois ou quatre ans avant d'y semer un trèfle; pendant ce temps, on incorporera au sol les éléments minéraux nécessaires.

Certains auteurs prétendent que le trèfle ne doit revenir à la même place que tous les huit à neuf ans; cette plante ayant des racines explorant le sous-sol, il faut attendre un certain temps pour que les principes nutritifs aient pu se renouveler. L'intervalle qui doit exister entre deux cultures de trèfle dépendra du temps pendant lequel cette plante a occupé le sol : si elle occupe le sol pendant deux ans, on pourra la faire revenir au bout de six ans; si elle l'occupe pendant trois ans, on attendra neuf ans avant de la cultiver à la même place. Si le retour a lieu trop tôt, le trèfle disparaît à l'automne qui suit le semis; les praticiens disent que le sol *s'effrite*.

Exigences du trèfle. — Le trèfle est surtout une plante de ·

terres riches. Une récolte de 5 000 kilogrammes de trèfle renferme :

Cendres.	288	kilogrammes.
Azote	98	—
Acide phosphorique . .	28	—
Potasse	92	—
Chaux.	100	—.

Cette analyse nous montre que le trèfle est très exigeant en
éléments minéraux ; il ne donne de belles récoltes que dans les
terres pourvues de *vieille force*. Une fumure fraîche n'est pas
suffisante ; la plante, possédant une racine pivotante, doit trouver dans le sous-sol les éléments minéraux dont elle a besoin.

Les engrais riches en potasse et en acide phosphorique,
appliqués deux ans avant le semis du trèfle, produisent de bons
effets. Si on les emploie en les enfouissant profondément, on peut
diminuer l'intervalle qui doit séparer deux cultures de trèfle. Le
chaulage et le marnage des terres à propriétés physiques exagé-
rées sont à recommander ; à la suite de ces opérations, des sols
rebelles à la culture du trèfle ont pu porter cette légumineuse.

Les scories de déphosphoration, le plâtre, les cendres, les
composts, le purin produisent de bons effets sur les tréflières.

Dans les terres pauvres en éléments fertilisants, infestées de
plantes vivaces (chiendent), le trèfle donne généralement de
faibles produits.

Cependant les praticiens ont remarqué qu'un sol infesté de
chardons (cirse des champs) était débarrassé de cette mauvaise
plante après une culture de trèfle. Il est possible que le passage
de la faux et le défrichement du trèfle fatiguent les chardons.

Semis du trèfle. — Dans le but de faciliter la levée des
graines, de protéger le semis contre les mauvaises herbes et la
sécheresse, de diminuer le prix de revient, le trèfle est semé
dans une céréale, dans le lin, le maïs, le sarrasin et les vesces.
La place donnée au trèfle dans la rotation présente plus d'importance que la plante-abri elle-même. Celle-ci doit remplir certaines conditions ; elle ne doit pas trop ombrager le sol, afin que
le trèfle ait suffisamment d'air et de lumière. Si la plante protec-
trice est trop touffue, les tiges du jeune trèfle restent grêles et peu-

vent même périr lorsque la verse se produit ou que les moyettes restent trop longtemps sur le sol. La céréale sera semée clair et, pour des raisons que nous avons déjà indiquées, on choisira de préférence l'orge, dont les feuilles se dirigent verticalement.

Le trèfle se sème généralement dans une céréale de printemps. Cependant, dans les terres sèches, ou dans les années à printemps sec, on recommande de le semer dans une céréale d'automne. Le sol se desséchera moins rapidement, les feuilles le couvrant presque complètement. Il arrive parfois que le trèfle, semé dans une avoine, prend un grand développement au point de la gêner dans sa croissance; au lieu d'attendre la maturité des graines, il est préférable de faire consommer le mélange d'avoine et de trèfle aux animaux de la ferme au moment où les grains commencent à se former.

Dans les terres craignant la sécheresse et sous un climat sec, on peut semer le trèfle à l'automne; dans les régions à climat brumeux, comme en Bretagne, le trèfle semé à l'automne est parfois dévoré par les limaces, ou bien il prend un grand développement et gêne la céréale. On est encore obligé de la couper avant maturation complète, pour la faire consommer aux animaux à l'état vert.

Choix de la graine. — Pour bien réussir le trèfle, toutes choses étant égales d'ailleurs, il est indispensable de choisir de bonne graine, ayant un pouvoir germinatif de 80 à 85 pour 100 et une pureté d'au moins 98 pour 100. Les impuretés les plus fréquentes sont les graines de cuscute, de plantain, de petite oseille, de camomille, de chardon, etc. Mais l'impureté la plus préjudiciable est incontestablement la graine de cuscute, facilement reconnaissable à son aspect chagriné. (V. *fig.* 174, 175, p. 233.)

Les graines de trèfle de provenance américaine (Chili, États-Unis) contiennent presque toujours de la graine de grosse cuscute que les décuscuteurs les plus perfectionnés ne peuvent extraire. M. Schribaux voit dans l'emploi des graines de trèfle d'Amérique un véritable danger pour l'avenir de nos trèfles indigènes.

Les graines de trèfle de provenance méridionale contiennent généralement plus de cuscute que celles de provenance septen-

trionale, la cuscute mûrissant difficilement ses fruits dans les
régions du Nord. La cuscute indigène est relativement facile à
éliminer des graines de légumineuses à l'aide du décuscuteur ;
tous les marchands grainiers consciencieux vendent avec garantie les graines de ces plantes exemptes de cuscute. Néanmoins, ils ne peuvent garantir la tréflière contre l'invasion de la
plante parasite, car la graine peut très bien être apportée par
les fumiers.

En France, en année ordinaire, on récolte de très belle graine
de trèfle, principalement en Bretagne. Le trèfle de Bretagne est
une de nos meilleures variétés; aussi sa graine est-elle chère.
Les cultivateurs français, par une économie mal comprise, hésitent à payer la graine à son prix; les cultivateurs anglais, qui
ont le goût de la sélection poussé à l'extrême, n'hésitent pas à
payer le prix demandé; aussi enlèvent-ils chaque année une
grande quantité de trèfle de Bretagne. Pour combler ce déficit,
les Américains envoient sur nos marchés de la graine de trèfle
d'Amérique, qui est d'un prix moins élevé.

Le cultivateur devra également se défier des vieilles graines,
qui sont ternes au lieu d'être luisantes, et ont une teinte rous-
sàtre; leur qualité germinative est notablement diminuée.

Quantité de graine à répandre. — La quantité de graine à répandre varie avec la nature du sol, sa préparation et la plante
abri; quand le trèfle est semé dans de bonnes conditions, on
peut ne mettre que 15 à 20 kilogrammes; dans une céréale
d'automne, on pourra aller jusqu'à 25 kilogrammes, la levée se
faisant difficilement.

Si les terres sont trop fraîches et trop pauvres en chaux pour
porter une bonne culture de trèfle, on pourra y associer de la
fléole, du ray-grass d'Italie, du ray-grass anglais. Dans les sols
trop secs, calcaires, on y associera de la minette, du sainfoin,
du brome des prés. Le foin obtenu par le mélange de trèfle et
de graminées est plus facile à faner ; on obtient ainsi du foin
tréflé. La proportion des plantes à faire entrer dans le mélange
varie avec la nature du sol.

Dans les sols sablo-argileux légers, on pourra mettre 15 kilogrammes de trèfle et 10 kilogrammes de fléole. Lorsqu'on

associe du ray-grass au trèfle, on dépasse rarement 25 kilogrammes de ray-grass et on met 15 à 18 kilogrammes de trèfle. L'association de trèfle et de sainfoin se fait dans la proportion de 20 kilogrammes de graine de trèfle et de 30 à 35 kilogrammes de graine de sainfoin.

Lorsqu'on associe des graminées au trèfle, le sol reste moins riche après le défrichement que si le trèfle est cultivé seul. Le mélange trèfle-ray-grass épuise plus le sol que le mélange trèfle-fléole.

Le semis effectué dans une céréale de printemps se fait en même temps que celui de la céréale. Le semis s'effectue comme celui de la luzerne, soit à la volée en triple jet, soit en lignes. On sème d'abord la graine de la plante-abri, que l'on enterre par un hersage, puis la graine de trèfle, que l'on recouvre avec une herse d'épines, si le sol est frais, ou par un léger coup de rouleau, si le sol est sec. Pour que la graine soit dans de bonnes conditions, il faut qu'elle soit enfouie à 1 ou 2 centimètres de profondeur.

Quand le trèfle devra être semé dans une céréale d'automne, dans un froment, par exemple, le semis se fera au mois de mars, au moment de l'*habillage*. Après avoir hersé le sol, on répandra la graine et on l'enfouira par un coup de rouleau. On attendra que le sol soit bien ressuyé et on profitera d'un beau temps pour effectuer ces opérations. Toutefois, si le sol a besoin de nitrate de soude, il sera bon de répandre cet engrais une quinzaine de jours avant d'effectuer le semis de trèfle, car il entrave considérablement la germination des graines.

Soins à donner à la tréflière. — Les soins que réclame le trèfle consistent en soins d'entretien, de fertilisation et de destruction des plantes nuisibles, parasites ou adventices et des animaux nuisibles.

On donnera un coup de herse au printemps, avant le départ de la végétation, aux champs de trèfle dont la terre est durcie par les pluies d'hiver et un coup de rouleau à ceux dont la terre a été soulevée par les gelées. On pratiquera l'épierrement dans les sols pierreux et un hersage pour détruire les plantes adventices lorsque le trèfle occupe le sol pendant plus de deux ans.

Le fumier de ferme est peu employé sur les tréflières ; il est préférable d'en incorporer une forte dose à la plante sarclée qui précède le trèfle. Le plâtre produit également de bons effets ; il est répandu au printemps à la dose de 200 à 400 kilogrammes lorsque les feuilles couvrent le sol ; on profite d'une bonne rosée ou d'une petite pluie pour faire l'épandage.

Les engrais potassiques et les superphosphates donnent de

Fig. 178. — Vesce cultivée.
a, fleur ; b, graine.

bons résultats sur les tréflières en terrains calcaires ; il en est de même des scories de déphosphoration, qui conviennent plus particulièrement aux terres pauvres en chaux.

Les jeunes plants de trèfle à leur levée redoutent beaucoup les pluies battantes et la sécheresse persistante : des lacunes peuvent se produire. Aussitôt que la céréale-abri est enlevée, on peut réensemencer les places vides.

Si le trèfle est complètement manqué, on peut déchaumer avec soin après la moisson, herser et, aussitôt que la terre est

recouverte d'herbe, on donne un léger labour ; après hersage,
on sème de nouveau du trèfle que l'on enterrera par un léger
roulage. L'application d'une certaine quantité de plâtre à cette
époque favorise le développement de la légumineuse.

Si le trèfle a beaucoup souffert de la gelée pendant l'hiver, on
peut, après un hersage énergique, y semer des vesces (*fig.* 178, 179)
et de l'avoine qui donneront un excellent fourrage ; le sol

Fig. 179. — Vesce cultivée.
(Phot. d'après nature.)

sera libre pour porter une céréale d'automne ; on mettra, par
exemple, de 80 à 100 kilogrammes de vesces et 50 kilogrammes
d'avoine.

Parasites végétaux. — Parmi les ennemis végétaux les plus
nuisibles au trèfle, nous citerons la *cuscute* et l'*orobanche*.

La description et la destruction de la cuscute ont été étudiées lorsque nous avons parlé de la luzerne ; nous n'y reviendrons pas.

Cependant, pour détruire la cuscute du trèfle, certains auteurs

conseillent l'emploi du sulfate de potasse à raison de 200 à
250 grammes par mètre carré. La plante profite avantageusement de cet engrais, elle est moins fatiguée que par l'emploi du
sulfate de fer, et la cuscute est tuée.

L'orobanche mineure cause parfois de très grands préjudices
au trèfle. C'est principalement sur la deuxième coupe qu'elle
fait son apparition ; elle fournit une grande quantité de graines
fines qui peuvent se conserver pendant longtemps dans le sol.
Lorsqu'une tréflière sera envahie par l'orobanche, il faudra éviter
qu'elle mûrisse ses graines, en coupant la plante aussitôt l'apparition des fleurs ; s'il y en a beaucoup, on coupera tout le
trèfle. Le trèfle orobanché fournit un mauvais fourrage, il a
des propriétés aphrodisiaques.

Les maladies cryptogamiques n'épargnent pas le trèfle. On
rencontre fréquemment l'*erysiphe communis*, qui occasionne le
blanc ou miellat du trèfle lorsque le fourrage est abondant et
versé ; la *sphæria trifolii*, qui détermine des taches noires sur les
feuilles ; le *peziza cioroïdes* ou *schlerotinia trifoliorum*, qui, par
son abondant mycélium, ravage les pieds de trèfle. C'est principalement le collet de la plante qui est atteint de pourriture :
il se sépare de la racine, qui elle-même pourrit. Cette pezize
s'attaque à tous les trèfles cultivés et aussi à la luzerne, au
sainfoin et au fenugrec.

Les ravages de la maladie se manifestent dès l'automne de
l'année du semis, mais c'est surtout au printemps suivant qu'on
s'aperçoit des dégâts. Les pieds atteints changent de couleur,
ils se fanent et se couvrent par places d'un lacis de filaments
présentant l'aspect de moisissures, puis ils pourrissent. De
bonne heure au printemps on trouve sur les tiges en partie
décomposées et sur le collet des racines restées en terre de petites
sclérotes arrondies, grises ou noires, de différentes grosseurs.
Ce sont ces sclérotes qui servent à propager la maladie. Ils peuvent produire des organes de fructification deux ans après leur
formation. Les champs de trèfle envahis par la pezize présentent
des taches irrégulières plus ou moins circulaires, complètement
dépourvues de trèfle et qui vont sans cesse en s'agrandissant.

On devra défricher au plus vite les champs ravagés et attendre
au moins six ans avant d'y faire revenir une légumineuse.

L'alternance des cultures sera le moyen le plus efficace d'enrayer le développement du parasite. On pourrait également pratiquer un bon chaulage ou répandre de la chaux d'épuration du gaz d'éclairage (*crude ammoniac*).

Animaux nuisibles. — Les ennemis animaux sont les mêmes que ceux de la luzerne : les souris, les campagnols, les mulots, les limaces que l'on détruit en répandant de la chaux vive durant la nuit (1). On signale également une anguillule qui s'attaque aux racines, le *thylencus tritici*, et un charançon, l'*apion* du trèfle, qui dévore les organes floraux et compromet souvent la récolte de la graine.

Produits du trèfle. — C'est depuis l'introduction du trèfle dans nos cultures qu'on a pu entretenir avantageusement les animaux en stabulation permanente pendant la période estivale.

Il arrive parfois que le trèfle prend beaucoup de développement vers le mois de septembre de la première année. On devra couper le fourrage de bonne heure, afin que le trèfle ait le temps de repousser avant l'hiver ; en laissant le produit sur place, les souris et les limaces pourraient se développer outre mesure et causer beaucoup de dégâts. Au lieu de le faucher, on pourrait le faire pâturer par les grands ruminants et par un beau temps ; le trèfle, prenant dès la première année un développement plus grand que la luzerne, supporte mieux le pâturage.

Récolte du trèfle. — Le trèfle est consommé soit à l'état vert, soit après dessiccation et transformation en foin. Il est consommé à l'état vert pour entretenir les animaux en stabulation permanente ; ce mode est particulièrement avantageux sous un climat humide et en sol frais, où la dessiccation se ferait mal. Lorsqu'on veut l'utiliser en vert, on le coupe avant la floraison, de façon à pouvoir échelonner les coupes et avoir du fourrage vert le plus longtemps possible. Si on désire le faner, on le coupera en pleine floraison, à moins que le trèfle soit couché ; dans ce cas, on hâtera la coupe afin d'éviter la pourriture à la base. Mais, d'une manière générale, il vaut mieux couper plus tôt que trop tard : le

(1) L'application de 300 kilos de sulfate de fer en neige, à l'hectare, est très efficace contre les limaces.

foin est mieux accepté par les animaux, le regain pousse plus
rapidement et les mauvaises herbes ne grainent pas. Si on désire
prélever de la graine sur la seconde coupe, elle réussira mieux.

Le trèfle consommé à l'état vert peut produire la météorisation des ruminants ; on prendra les précautions que nous avons
indiquées pour éviter cet accident. Le trèfle plâtré est, paraît-il,
encore plus dangereux que celui obtenu sans plâtrage.

Le plus souvent les cultivateurs font consommer le trèfle à
l'état vert tant qu'il est assez tendre pour être accepté par les
animaux ; le reste de la sole est transformé en foin. Il ne faudrait
cependant pas attendre que les capitules soient noirs et secs, car
plus on attend plus la quantité de protéine et d'hydrates de carbone digestibles diminue, tandis que le ligneux augmente dans
la même proportion.

C'est que les principes nutritifs émigrent de la tige dans la
graine, où ils se concentrent ; les graines tombent sur le sol ou
sont peu digérées, il s'ensuit que le fourrage perd de sa valeur.

M. Wolf, qui a fait de nombreuses analyses de trèfle rouge, a
trouvé que 100 parties de foin renferment :

ÉLÉMENTS	COUPÉ TOUT JEUNE	COUPÉ LE 13 JUIN	COUPÉ LE 23 JUIN	COUPÉ LE 20 JUILLET
Eau	16,7	16,7	16,7	16,7
Protéine.	21,9	13,8	11,2	9,5
Hydrates de car-bone	29,6	29,5	33,4	26,5
Cellulose.	24,7	32,8	32,9	41,7

La valeur du foin de trèfle dépend du procédé de dessiccation
et de sa réussite au fanage. Ce sont les feuilles qui sont la partie
la plus riche de la plante ; aussi importe-t-il de les conserver lors
du fanage. Le procédé employé pour l'obtention du foin de trèfle
est le même que pour le foin de luzerne, nous n'y reviendrons
pas ; seulement le bon foin de trèfle est très difficile à obtenir, car à la moindre rosée, à la moindre pluie, il devient noir
et perd considérablement de sa saveur. C'est pour cette raison

que nous recommanderons de pratiquer l'ensilage du trèfle si
l'époque de la fenaison est pluvieuse. (V. ENSILAGE ; PRAIRIES
DE FAUCHE, page 130.)

Rendements en fourrage. — L'année qui suit le semis, le
trèfle donne habituellement deux coupes ; c'est la première qui
est la plus forte ; le rendement de la deuxième dépend surtout des
conditions météorologiques. Dans les très bonnes terres, le trèfle
peut donner trois coupes pouvant être converties en foin. Dans
les terres de qualité médiocre, la première coupe seule est
fauchée, la seconde est pâturée sur place soit en liberté, soit au
piquet.

Les regains de trèfle sont bons à couper quand la plante est
en fleur, au mois d'août.

En terres propres, de fertilité moyenne, on peut obtenir de
15 000 à 20 000 kilogrammes de fourrage vert, correspondant à
4 000 ou 5 000 kilogrammes de foin sec. Dans les très bonnes terres
à trèfle, on peut obtenir jusqu'à 40 000 kilogrammes de fourrage
vert.

Production de la graine de trèfle. — La production de la graine
de trèfle, lorsque le sol et le climat s'y prêtent, est généralement
avantageuse, la belle graine de trèfle étant d'une bonne vente.
Le cultivateur produisant sa graine lui-même est assuré de la
qualité de sa semence ; celui qui est obligé de s'adresser au commerce n'en connaît pas l'origine et souvent il introduit sur sa
ferme, en même temps qu'une mauvaise variété de trèfle, des
plantes parasites (cuscute et orobanche).

On choisit pour cette production un champ de trèfle bien
propre, dépourvu de cuscute, bien ensemencé, ni trop clair ni
trop épais. La seconde coupe, moins fournie que la première,
moins remplie de plantes adventices, donne plus de fleurs et
convient particulièrement à la production de la graine. On a également remarqué que la seconde coupe fructifie mieux que la première, les froids et la pluie lui causant moins de préjudice. La
constitution de la corolle des fleurs de la seconde coupe permet une
fécondation plus assurée ; elle est moins longue que la corolle
des fleurs de la première coupe, et les insectes butineurs, bourdons et abeilles, plus nombreux en été, y introduisent facilement

leur trompe. Les insectes en visitant les fleurs déposent à l'aide
de leur trompe du pollen sur les pistils et favorisent la fécondation. Des expériences ont montré que les fleurs soustraites à
l'action des insectes butineurs resteraient stériles. On a même
accusé les souris de manger les bourdons et d'entraver ainsi
la fécondation, ce qui a fait dire à certains auteurs : « Pas de
chats, pas de trèfle. »

Si on prélève la graine sur la première coupe, le produit de
la deuxième est notablement diminué, ce qui se comprend facilement, car on est obligé d'attendre vers la mi-juillet pour faire
la première coupe, et la sécheresse empêche la seconde coupe de
se développer; le sol est aussi plus épuisé. Pour bien réussir la
graine sur la seconde coupe, il sera bon de hâter la première,
afin que le sol ait assez de fraîcheur et de force pour mener les
graines à maturité.

La fauchaison du trèfle à semence se fait lorsque les capitules ont pris une teinte rousse caractéristique, qu'ils se laissent
facilement diviser avec la main; à ce moment, les graines qui
sont dans les gousses sont dures, jaunâtres, tirant sur le violet
et d'aspect brillant.

La récolte se fait comme celle de la graine de luzerne, soit à
la faux armée, soit à la moissonneuse. On en fait de petites
bottes que l'on relève pour en faciliter la dessiccation; la rentrée
de la graine à la ferme se fait avec des chariots garnis de toile
pour éviter la déperdition des graines. Le battage peut se faire
au fur et à mesure de la rentrée, mais on peut aussi rentrer la
graine dans une grange et l'entasser avec la même précaution
que s'il s'agissait du foin. L'égrenage se fait avec les mêmes
machines que celui de la graine de luzerne. Si le trèfle que l'on
garde à graine possède quelques taches de cuscute, il sera nécessaire d'enlever la cuscute avant de faucher la graine.

Dans la petite culture où la main-d'œuvre est assez abondante, les capitules sont parfois cueillis à la main par des
enfants ou des femmes, principalement dans les tréflières infestées de mauvaises plantes; on obtient ainsi des graines pures et
du fourrage de bonne qualité.

Depuis quelques années, on utilise dans le même but une
sorte de peigne à bords relevés, possédant à sa partie arrière

une sorte de magasin en toile pour recevoir les têtes de trèfle ; cet instrument est connu sous le nom de « cueille-trèfle ».

Les intempéries sont très préjudiciables à la production de la graine de trèfle; les vents desséchants empêchent la fécondation. En année humide et dans les terres riches, la deuxième pousse est trop vigoureuse et la production de la graine est compromise.

L'*apion* du trèfle cause parfois des dégâts très sérieux ; c'est un petit charançon de coloration noire. La femelle pond ses œufs sur les capitules avant l'apparition des fleurs ; les larves éclosent et ravagent les organes floraux essentiels, pistil et étamines. Lorsqu'on s'aperçoit que l'apion est dans un trèfle, il faut le faucher sans hésiter, car la graine ne pourrait se former. Les jeunes larves périssent alors de faim.

La quantité de graine récoltée varie entre 250 et 500 kilogrammes. Le prix du battage est encore de 10 centimes par kilogramme et le prix de vente de 1 franc à 1 fr. 75. On conservera la graine à l'abri de la lumière et des rongeurs, qui en sont très friands.

Défrichement de la tréflière. — Dans les bonnes cultures à régime intensif, le trèfle n'est conservé sur la même sole que pendant deux ans, mais il entre comme plante fourragère dans l'assolement de Norfolk, qui est ainsi établi : première année, plantes sarclées; deuxième année, céréales de printemps ; troisième année, trèfle; quatrième année, céréales d'automne.

Le défrichement se fait lorsque sa troisième pousse ou regain est déjà apparente pour le faire suivre par un froment d'automne. Dans les terres légères, le défrichement pourra n'être fait qu'en septembre, mais dans les terres fortes il devra être exécuté trois mois avant la semaille, afin que le sol soit suffisamment raffermi et ameubli.

Dans ces mêmes terres, si on a prélevé de la graine, il sera bon de défricher à l'automne et d'attendre au printemps pour y cultiver une avoine. Presque toutes les plantes cultivées viennent bien après le trèfle. Le froment, le colza, les betteraves, l'avoine, donnent de bons résultats, surtout si on a eu soin de défricher de bonne heure.

L'avoine de printemps et le blé de mars sont dans de bonnes conditions après un trèfle défriché à l'automne ; l'orge ne réussit pas aussi bien. Les nombreux débris laissés dans le sol par le trèfle sont la source d'une quantité importante d'éléments fertilisants.

Werner estime qu'un fort trèfle laisse dans le sol 10 000 kilogrammes de substance organique, contenant 214 kilogrammes d'azote, 84 kilogrammes d'acide phosphorique, 90 kilogrammes de potasse et 292 kilogrammes de chaux. Ces chiffres nous indiquent que l'on peut parfaitement semer une céréale après un défrichement de trèfle, sans mettre d'engrais.

Les bénéfices immédiats laissés par une culture de trèfle sont très rapprochés de ceux laissés par une luzerne.

Les frais de création, au lieu de se porter sur une période de six à huit années, se portent sur deux ans seulement.

On a donc :

Dépenses :

25 kilogr. de graine à 1 fr. 20 . . .	30 francs
Épandage de la semence, hersages. . .	6 —
Épierrement.	10 —
Total.	46 francs
Soit par an en moyenne	23 francs
Fermage et impôts.	80 —
Façons culturales du printemps. . . .	6 —
Engrais, plâtre, scories ou chlorure. .	50 —
Coupe, fanage et mise en meule . . .	50 —
Total des dépenses . .	209 francs

Produits :

La récolte peut s'élever en moyenne à :

3 000 kilogr. à 50 francs les 1 000 kilogr . .	150 francs
250 kilogr. de graine à 0 fr. 80 (frais déduits).	200 —
Total des produits. . . .	350 francs

Le bénéfice est de 350 francs — 209 = 141 francs, soit encore plus de 67 pour 100 du capital engagé.

On voit donc par ces chiffres que la culture du trèfle est très avantageuse et comparable, à ce point de vue, à celle de la luzerne.

SAINFOIN

Description. — Le *sainfoin* ou *esparcette* (V. *fig.* 80, 81, p. 110), encore appelé *foin de Bourgogne*, tire son nom de la qualité du foin qu'il fournit. Il fait encore partie des légumineuses papilionacées. C'est une plante vivace dont les racines sont pivotantes ; ses tiges peuvent atteindre de 60 à 80 centimètres de hauteur. Les feuilles sont composées et portent un nombre impair de folioles. Les fleurs sont disposées en épi, terminales ou axillaires, de couleur rose purpurin. Les gousses sont monospermes ; les deux faces sont réticulées et elles possèdent sur le pourtour des éminences en crête de coq.

Historique. — Le sainfoin cultivé (onobrychis sativa) est originaire du midi de l'Europe, où on le trouve à l'état spontané. De Candolle dit dans son *Origine des plantes cultivées :* « Tout indique pour sa culture une origine du midi de la France, peut-être aussi tardive que le XV⁰ siècle. » On ne signale guère en effet de culture de sainfoin avant le XVIᵉ siècle. Olivier de Serres, dans son *Théâtre d'agriculture,* l'appelle « plante valeureuse » et en vante les hautes qualités fourragères, venant, dit-il, au secours des terrains calcaires et déshérités.

Depuis, sa culture a pris beaucoup d'extension, notamment en Normandie, dans la Bourgogne, en Champagne, dans le Poitou et les Charentes.

Climat. — Le sainfoin semble appartenir au climat de la vigne ; mais il peut aussi végéter dans de bonnes conditions sous d'autres climats, pourvu que le sol lui plaise. Il résiste bien aux hivers rigoureux dans les sols sains ; dans les terres qui craignent l'humidité, il se déchausse et disparaît; de même, les hivers humides lui sont préjudiciables.

Sols convenant au sainfoin. — Le sainfoin, avec la lupuline, est la plante par excellence des terres calcaires, Il demande surtout un sous-sol facilement pénétrable, afin que ses racines aillent prendre dans les couches profondes les éléments minéraux dont il a besoin.

De même que la luzerne, le sainfoin redoute les sous-sols

imperméables; il périt dès que ses racines ont atteint les couches compactes. Dans de tels sols il disparaît au bout de la deuxième ou de la troisième année. Cependant, dans les terrains frais mais perméables, il peut acquérir un grand développement et fournir une seconde coupe abondante, alors que dans les terrains trop secs la deuxième coupe est faible et n'est bonne à couper qu'en septembre.

Place du sainfoin dans la rotation. — La culture du sainfoin a beaucoup d'analogie avec celle de la luzerne et se fait d'après les mêmes principes; aussi nous contenterons-nous d'indiquer les quelques points qui en diffèrent.

Ordinairement le sainfoin occupe le sol pendant trois ou quatre ans et il se trouve ainsi en dehors de la rotation; mais après son défrichement, la terre qu'il occupait rentre dans la rotation. La place de cette légumineuse est tout indiquée après une plante sarclée, qui laisse le sol profondément ameubli, net de mauvaises herbes et bien pourvu en éléments fertilisants. Elle sera dans de bonnes conditions pour prospérer, surtout si on a eu soin de compléter la fumure au fumier de ferme de la plante sarclée par 200 kilogrammes de chlorure de potassium et 400 kilogrammes de superphosphates. Le sainfoin, par suite du développement de ses racines, épuise surtout les couches profondes; mais si la couche arable est bien ameublie et bien pourvue d'éléments fertilisants, il prend un grand développement dès la première année, ce qui lui donne de l'avance.

D'après Wolf, une récolte de sainfoin de 4 000 kilogrammes de foin sec renferme les éléments suivants :

	Kil. gr.
Cendres	181,200
Azote	72 »
Acide phosphorique	18,008
Potasse	71,006
Chaux	58,004

L'examen de ces chiffres nous permet de constater que le sainfoin est relativement exigeant en potasse et en chaux; quant à l'azote, nous savons qu'il peut en puiser une certaine quantité dans l'atmosphère.

Variétés de sainfoin cultivées. — On cultive deux variétés de sainfoin, le *sainfoin ordinaire*, qui ne donne qu'une coupe, et le *sainfoin à deux coupes*, encore appelé *sainfoin chaud, sainfoin double, sainfoin de Normandie.*

Le sainfoin ordinaire à une coupe produit un foin plus nutritif que celui à deux coupes ; le plus souvent il fournit après la première coupe un excellent pâturage pour les vaches laitières. Comme il ne remonte pas, on est obligé de prélever les graines sur la première coupe. Il se plaît mieux que le sainfoin chaud dans les terres médiocrement fertiles. Ce dernier donne deux et parfois trois coupes, selon la richesse du terrain qui le porte. On le réserve habituellement pour les terres intermédiaires entre celles à luzerne et celles à sainfoin ordinaire. Le sainfoin à deux coupes est associé à la luzerne de préférence à celui à une coupe, lorsqu'on désire faner les regains. Si on veut prélever de la graine sur la luzernière, il vaut mieux y associer du sainfoin ordinaire : les tiges de luzerne seront plus aérées.

Préparation du sol. Semis. — Les terres sur lesquelles on cultive cette plante fourragère devront être bien préparées et nettes de mauvaises herbes. C'est pour cette raison qu'on sèmera le sainfoin dans la céréale de printemps, qui viendra après une plante sarclée. Le semis peut également s'effectuer à l'automne sur sol nu dans les terres de peu de profondeur, dans les terres craignant la sécheresse.

Si on le sème au printemps, on effectuera le semis de bonne heure, dès qu'il sera possible de pénétrer dans la terre, car la graine, généralement semée avec la gousse, exige beaucoup d'humidité pour germer ; il est nécessaire qu'elle subisse un commencement de stratification. Il est vrai qu'on peut également hâter sa germination en la trempant pendant 24 à 48 heures dans l'eau.

Le semis s'exécute à la volée ou en lignes. A la volée, on pourra employer la méthode dite du *jet croisé* ou du *double jet*. Dans une céréale de printemps, où l'on ne verra pas très bien les sillons si la conformation du terrain le permet, on dirigera les lignes dans un sens perpendiculaire à celles de la céréale.

La graine de sainfoin est légère, et quoique volumineuse elle

est difficile à enterrer à la herse ; si le sol est sec, on complétera
l'action de la herse par un coup de rouleau, car la graine pour
être dans de bonnes conditions doit être enterrée à 4 ou 5 centimètres.

La graine, généralement semée sans être décortiquée, se
répand à raison de 150 kilogrammes en lignes et 225 kilogrammes à la volée, ce qui correspond à 4 et 6 hectolitres, le
poids de l'hectolitre de graine étant de 32 kilogrammes environ.

La semence de sainfoin ne germe pas toujours très bien et,
de plus, elle contient des impuretés, notamment des graines de
pimprenelle (V. PRAIRIES DE FAUCHE, p. 139). Le cultivateur devra
exiger de la part du vendeur une garantie de pureté et de
faculté germinative.

Bien que la pimprenelle gêne le développement du sainfoin,
elle fournit néanmoins un foin d'assez bonne qualité et un bon
pâturage pour les moutons ; on pourrait en tolérer une petite
quantité de 40 à 50 graines par kilogramme de graines de sainfoin, mais, en principe, il vaut mieux l'exiger pure.

Dans les terres fraîches, on associe parfois de la fléole au
sainfoin dans le but de garnir le fond de la sainfoinière. Souvent
on y ajoute un peu de luzerne ou de trèfle dans les terres profondes, et dans les calcaires secs on peut y mettre un peu de
brome des prés ou de brome de Schrader.

Soins d'entretien. — Les soins d'entretien de la sainfoinière
sont à peu près les mêmes que ceux de la luzernière ; ils consistent à réensemencer en septembre les vides qui auraient pu se
produire, à herser au printemps et à pratiquer l'épierrement. On
pourra également appliquer sur la sainfoinière des engrais,
plâtre, superphosphate, chlorure de potassium, purin, qui produiront de bons effets. Dans le département de la Vienne, le
sainfoin est fumé au fumier de ferme, l'année qui précède son
défrichement. Cet engrais fait développer une grande quantité
de graminées qui finissent par tuer le sainfoin.

Ennemis et parasites. — Les plantes qui sont le plus nuisibles
au sainfoin sont principalement le brome stérile et les composées. Le brome stérile prend surtout beaucoup d'extension dans
les terres calcaires ; il est annuel et ses semences, mûres avant

celles du sainfoin, se répandent sur le sol ; elles germent facilement et la plante devient très envahissante. Les graines de brome stérile incommodent beaucoup les animaux qui consomment le foin en renfermant ; elles se piquent sur les gencives ou bien elles bouchent les canaux salivaires, ce qui occasionne parfois des abcès dangereux. De bons hersages croisés détruiront en partie cette mauvaise graminée.

Parmi les composées, la *barkhausie* à feuilles de pissenlit cause, par les aigrettes de ses graines, des inconvénients non moins graves : elles se fixent dans les yeux des animaux et pénètrent parfois dans les bronches, ce qui les fait tousser. Les personnes chargées de travailler le foin sont elles-mêmes incommodées. La barkhausie est une plante vivace difficile à détruire ; lorsqu'elle est trop envahissante, on est obligé de rompre la sainfoinière.

Comme plantes nuisibles, nous citerons encore le chiendent, la pimprenelle, etc.

Le sainfoin est de toutes les légumineuses fourragères celle qui a le moins d'ennemis. L'orobanche et la cuscute l'attaquent exceptionnellement. Les rats, les campagnols lui causent parfois de sérieux dégâts. La mouche du pois et la cécydomie sont à peu près les seuls insectes qui l'attaquent.

Récolte du sainfoin. — Rarement le sainfoin est utilisé à l'état vert ; il est coupé lorsque les fleurs de la base de l'épi sont épanouies. Il est préférable de le faucher plus tôt que trop tard, car les tiges durcissent, les feuilles et les fleurs tombent et le fourrage perd de sa valeur.

La coupe et le fanage se font absolument comme pour la luzerne ; on évitera de secouer le foin afin de ne pas faire tomber les fleurs, parties les plus nutritives de la plante.

Le foin de sainfoin bien réussi est de très bonne qualité et bien accepté par tous les animaux. Il est même supérieur à celui de beaucoup de légumineuses. Lorsque l'époque du fanage est pluvieuse, il noircit moins que le trèfle et fournit un meilleur foin.

La relation nutritive de la luzerne et du sainfoin est, d'après M. Joulie : Luzerne 1/5,43 à 1/7,18 ; sainfoin 1/3,89 à 1/8,90 ; ce qui nous permet de constater que, dans certains cas, le sainfoin est plus riche que la luzerne. Il peut conserver sa saveur pendant trois et quatre ans. Si on n'a soin de le rentrer bien sec, il prend de la poussière et fait tousser les chevaux ; dans ce cas le salage est à recommander.

Le sainfoin entre ordinairement en végétation en même temps que la luzerne, mais souvent il est bon à couper avant elle. Dans le Midi, où il est possible d'irriguer, on peut obtenir trois coupes. Le rendement de la coupe de la première année peut varier de 1 500 kilogrammes à 2 000 kilogrammes de foin sec ; celui de la deuxième année peut aller jusqu'à 5 000 kilogrammes ; à la troisième année le rendement commence à diminuer et, à la quatrième année, le plus souvent, on défriche la sainfoinière.

La deuxième pousse du sainfoin à une coupe est pâturée sur place, mais on évitera, principalement la première année, d'y mettre des moutons, qui couperaient le collet de la plante. La deuxième pousse de celui à deux coupes est transformée en foin ou sert à la production de la graine. Le sainfoin peut être utilisé sans inconvénient à l'état vert, car il n'occasionne pas la météorisation des ruminants comme le trèfle des prés et la luzerne.

Production de la graine. — Le cultivateur prélève habituellement la graine de sainfoin l'année du défrichement. Pour la variété à une coupe on réservera dans ce but une certaine étendue de la première pousse. On fauchera lorsque la plupart des gousses auront pris la teinte brun clair. Comme elles n'arrivent pas toutes à maturité ensemble, il faut surveiller les différentes phases de la maturation pour les récolter bien mûres et pour ne pas en perdre. Les tiges sont coupées le plus souvent à la faux, en évitant les chocs qui feraient tomber la graine. On les laisse sécher en andains pendant un ou deux jours et on en fait ensuite de petites bottes. La graine peut également être récoltée à la main, comme on le fait pour le trèfle.

Le battage peut se faire directement sur des toiles dans le champ, soit avec des fourches ou au fléau, ou bien on rentre les bottes sur des chariots garnis de toile et on fait le battage dans la cour, au fléau, à la fourche ou à la machine à battre. Le battage à la fourche avance peu, mais il a l'avantage de ménager les tiges, qui forment encore un foin d'assez bonne qualité. Si on n'a pas le temps de faire le battage de suite, on peut entasser les bottes dans une grange, sous un hangar, et l'exécuter pendant l'hiver. On aura évidemment soin de mettre un bon soutre pour éviter que l'humidité du sol fasse moisir les graines.

Dans le commerce, on reconnaît une bonne graine de sainfoin en prenant une poignée de gousses et en secouant fortement ; on entend un bruit particulier provenant du choc de la graine contre la paroi interne de la gousse.

La quantité de graine de sainfoin récoltée varie de 600 kilogrammes à 1 000 kilogrammes. Le poids de l'hectolitre est de 32 kilogrammes, et son prix est de 40 centimes le kilogramme.

Défrichement de la sainfoinière. — Ordinairement, le sainfoin semé seul est défriché après trois ou quatre années d'exploitation. Lorsqu'on désire le faire suivre par une céréale d'automne, on le défriche après l'enlèvement de la première coupe, afin que le sol ait le temps de se tasser avant les semailles. Si l'on ne prend cette précaution, le sol reste creux et la céréale tranche. Il sera même bon de donner plusieurs labours ou scarifiages pour diviser les bandes de gazon. Le défrichement pourra être retardé jusqu'à la fin de l'automne si on désire semer une céréale de printemps ; dans ce cas, le pâturage peut être utilisé par les animaux de la ferme ; c'est surtout une affaire d'appréciation.

Comme la luzerne et le trèfle, le sainfoin, par les nombreux débris qu'il laisse, améliore les sols sur lesquels il a végété ; il les enrichit en azote et déplace les éléments minéraux au profit de la couche arable.

Bénéfices laissés par la culture du sainfoin à deux coupes.

Dépenses :

Semence : 160 kilogr. à 0 fr. 40 le kilogr . .	64 francs
Épandage et hersage.	6 —
Épierrement.	14 —
Total égal à	84 francs

La sainfoinière dure trois ans, soit en moyenne
par an. . . . . 28 francs
Loyer et impôt du sol. . . . . 60 —
Un hersage. . . . . 6 —
Engrais . . . . 40 —
Récolte et mise en meule . . . . 40 —

Total des frais annuels. . . 174 francs

Produits :

3 000 kilogr. de foin à 60 fr. les 1 000 kilogr . . . 180 —
500 kilogr. de graines à 0 fr. 30 (frais déduits). . . 150 —

Total des produits. . . . . 330 francs

Le bénéfice sera de 330 — 174 = 156 francs, soit 89 pour 100
du capital engagé.

MINETTE OU LUPULINE

Description. — La *minette* ou *lupuline* (V. *fig.* 68, 69, p. 106),
encore appelée *mignonnette bujauline*, est une gentille petite
luzerne annuelle ou bisannuelle à fleurs jaunes. C'est encore
une plante à racines pivotantes, à tiges rameuses qui sont partiellement couchées et revêtues d'une légère pubescence. Les
feuilles sont trifoliolées, à folioles obovales denticulées, la mé-
diane supportée par un pétiole plus long, caractère commun à
toutes les luzernes et qui permet de les distinguer des trèfles,
à part quelques exceptions (trèfle filiforme).

L'inflorescence est en épi plus ou moins ovoïde, les fleurs
sont jaunes et produisent une gousse noire monosperme ayant
la forme d'un rein. La graine est jaune verdâtre, luisante, ayant
la même forme et possédant vers le hile une petite pointe formée
par la radicule.

La minette croît à l'état spontané sur les talus, sur le
bord des chemins et des routes établis en terrains calcaires. Sa
culture a pris beaucoup d'extension dans le Poitou, où elle a
été patronnée par Jacques Bujault, ce qui, du reste, a valu à
cette plante le nom de *bujauline*.

Sol convenant à la lupuline. — La lupuline semble être la
moins exigeante de toutes les légumineuses ; elle vient bien

dans tous les sols, mais on la réserve principalement pour les
sols pauvres, calcaires, silico-calcaires craignant la sécheresse,
où elle fournit de bons pâturages à moutons. Elle se plaît bien
dans les sols marneux frais, où elle donne de bons rendements.

Préparation du sol. Engrais. Semis. — Quoique la minette
soit une plante peu exigeante, son rendement est étroitement
lié à la bonne préparation du sol et à sa fertilité. Rarement on
lui fournit directement les substances fertilisantes dont elle a
besoin. Cependant les engrais phosphatés et potassiques, superphosphates et chlorure de potassium produisent de bons effets
dans les sols où l'acide phosphorique et la potasse sont en quantité insuffisante.

Dans les contrées où elle est cultivée, la minette prend avantageusement la place de la jachère. On la fait généralement
succéder à une orge ou une avoine et on cultive après elle un
froment d'automne. Elle se sème en mars ou en avril dans une
céréale de printemps On peut également la semer dans le Centre
et le Midi, à l'automne sur sol nu après un labour de déchaumage.
La semence est le plus souvent répandue à la volée à raison
de 18 à 20 kilogrammes de graines décortiquées à l'hectare.
Lorsque le cultivateur récolte lui-même sa graine, il la répand
avec sa gousse dans la proportion de 40 kilogrammes à l'hectare :
c'est le poids de l'hectolitre. Elle est enterrée par un hersage
suivi d'un coup de rouleau, suivant l'état du sol.

Dans le but d'en obtenir un fourrage plus abondant, on
associe parfois à la minette du ray-grass, de la fléole, ou du trèfle
blanc, quand on veut en faire un pâturage pour les moutons ou
les vaches laitières.

Elle ne fournit pas un fourrage très abondant, mais il est de
bonne qualité ; elle ne cause pas de météorisation et favorise la
sécrétion lactée ; tous les animaux de la ferme la mangent avec
avidité. Elle a en outre l'avantage de repousser sous la dent des
animaux et de former de bonne heure, au printemps, un bon
pâturage même dans les sols de médiocre qualité.

Récolte. — Dès l'année du semis, lorsque la plante-abri est
enlevée, on peut la faire pâturer légèrement par les vaches si le

temps est beau, mais on attendra au printemps pour y mettre les moutons, qui couperaient la plante trop près du collet.

Les animaux pourront être mis à pâturer dès que la plante commence à émettre ses tiges ; comme sa floraison est successive, il est possible d'obtenir un bon pâturage jusqu'au mois de juin. Si la minette est déjà avancée lorsqu'on veut la faire pâturer, il vaut mieux attacher les animaux au piquet que de les laisser courir partout : le fourrage est mieux utilisé.

La lupuline peut également être coupée en vert pour entretenir les animaux de la ferme. Elle ne donne guère qu'une coupe produisant de 7 000 à 10 000 kilogrammes de fourrage vert. Dès que les gousses commencent à se former, la plante durcit rapidement et les animaux la délaissent. On peut également la couper à temps et la transformer en foin, mais le fourrage sec n'est guère accepté que par les moutons. Le mieux serait de l'ensiler. (V. ENSILAGE; PRAIRIES DE FAUCHE, p. 130.)

Récolte des graines. — La lupuline fructifie très bien sous tous les climats de la France, mais principalement dans la partie septentrionale. Ses graines arrivent à maturité en juin ; on coupe les tiges lorsqu'elles sont sèches et les gousses noirâtres. On opère le matin à la rosée ; les andains sont fanés avec précaution, pour éviter de faire tomber les graines.

Le battage peut se faire dans les champs sur place ou à la ferme ; on procède comme pour la graine de sainfoin ou de luzerne. Dans les fermes on ne décortique pas la graine et souvent on la sème avec la gousse. On se contente de lui donner un coup de tarare pour la débarrasser des impuretés qu'elle contient. Le commerce achète généralement la graine avec sa gousse et se charge de la décortiquer. On emploie à cet effet les batteuses de trèfle.

Un hectare bien ensemencé peut produire de 400 à 600 kilogrammes de graines non décortiquées. Le fourrage après battage est de médiocre qualité : on le distribue aux animaux en guise de litière.

Défrichement. — La lupuline laisse le sol libre de bonne heure, au mois de juin ; il est donc possible dès cette époque de le préparer pour recevoir un froment d'automne, Dès que les animaux sont retirés on donne un bon labour qui enfouit le reste des tiges et des excréments restés sur le sol. Ces substances se décomposent rapidement et fournissent un appoint de matières fertilisantes. En opérant ainsi, on obtient un sol très bien préparé pour recevoir une céréale d'automne. Le terrain est également libre pour une plantation de choux fourragers ou de rutabagas.

Mais quand on prélève des graines, il faut avoir soin de fumer le sol, car il est épuisé. Le fumier sera enfoui par le labour de défrichement, afin qu'il ait le temps de se diviser et de s'incorporer au sol avant de recevoir la céréale. Il sera même bon de le compléter par l'addition d'engrais potassiques et phosphatés.

TRÈFLE INCARNAT OU FAROUCH

Description. — Le *trèfle incarnat* ou *farouch* possède les caractères généraux des trèfles. Il est annuel, ses tiges et ses feuilles sont recouvertes de poils mous, ses fleurs sont d'un rouge brillant très vif et disposées en épis oblongs *(fig.* 180, 181). Il est originaire de l'Europe méridionale et est cultivé depuis le commencement du dernier siècle seulement. Depuis, sa culture n'a cessé de prendre de l'extension, principalement dans la région méridionale, dans le Sud-ouest et dans l'Ouest. D'après l'enquête de 1892, l'étendue consacrée à la culture du trèfle incarnat est de 24 892 hectares.

Climat. Sol. — Il se plaît sous la plupart des climats de la France et il résiste assez bien aux gelées de l'hiver. Le farouch demande des terres peu tenaces qui ne craignent pas l'humidité pendant l'hiver; il vient bien dans les bonnes terres à froment; dans les sols arides, dans les terres trop argileuses et sur les terrains crayeux, sablonneux ou marneux, il végète mal.

Place du trèfle incarnat dans la rotation. — Le farouch prend, comme la minette, la place de la jachère dans l'assolement triennal. On le sème en août-septembre, après une céréale d'automne ou de printemps, sur terre nue. Dans la Chalosse (Landes) on le sème dans le maïs cultivé pour le grain, après buttage. Le sol, par suite de cette opération, est disposé en billons, ce qui rend la récolte difficile. Dans le département de la Vienne, en petite culture, le trèfle incarnat est semé au mois de septembre dans les choux cavaliers, après la dernière façon culturale. Le trèfle n'étant pas gêné par les mauvaises herbes vient bien ; les choux étant enlevés en mars-avril, le champ se trouve ensemencé en farouch, ce qui est avantageux. Après le trèfle incarnat, le sol devient libre pour porter une céréale d'automne.

Préparation du sol. Fertilisation. — Le trèfle incarnat n'est pas exigeant pour la préparation du sol. Succédant à une céréale, il suffit de donner un bon hersage croisé ou un scarifiage, de semer la graine pour obtenir une bonne levée. Mais pour obtenir un bon résultat, il faut avoir soin d'enlever tous les débris laissés par la herse et de les incinérer ou de les transformer en compost, car ils servent de refuge aux limaces pendant l'hiver et se trouvent dans le fourrage lors de la récolte.

A l'École d'agriculture de la Vendée, des expériences ont été faites dans les conditions suivantes : sur une parcelle, la graine de trèfle incarnat décortiquée a été répandue après simple hersage et enterrée par un roulage, les chaumes étant restés sur le sol. Sur une autre parcelle, on pratiqua un léger labour de 8 centimètres sur lequel on répandit après hersage la graine nue, qui fut enterrée par un hersage suivi d'un roulage. Les résultats furent très apparents et en faveur du semis sur labour. Pendant l'hiver les limaces causèrent énormément de dégâts dans le trèfle semé après simple hersage.

Quoique le trèfle incarnat ne soit pas exigeant pour la préparation du sol, ce n'est pas à dire qu'il ne donnerait pas de meilleurs rendements dans un sol mieux préparé. Rarement on met de l'engrais directement au farouch ; généralement on le fait succéder à la céréale qui vient après la plante sarclée.

On se contente le plus souvent de répandre du plâtre au printemps, dès que les feuilles couvrent le sol, à raison de 200 kilogrammes à l'hectare. Le plâtrage effectué à l'automne fortifie le trèfle et lui permet de mieux résister aux froids de l'hiver.

Variétés cultivées. — On connaît quatre variétés de trèfle incarnat :

Le *trèfle incarnat extra hâtif*, qui entre en fleur dans la première quinzaine de mai ;

Le *trèfle incarnat hâtif*, qui devance de dix à quinze jours le tardif ;

Le *trèfle incarnat tardif à fleurs blanches*, qui entre en fleur douze à quinze jours après le précédent. C'est une variété peu fixe, sujette à la dégénérescence ;

Le *trèfle incarnat extra-tardif*, qui fleurit de la mi-juin à la fin juin. Cette variété se montre la plus productive et la plus vigoureuse de toutes.

Ces différentes variétés, semées à la même époque, peuvent fournir du fourrage de bonne qualité pendant près de deux mois, du

Vue de face. V. de côté.

Fig. 181. — Graine de trèfle incarnat
(très grossie).

Fig. 180. — Trèfle incarnat.

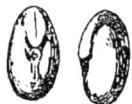

10 mai au 30 juin. Le farouch devance la luzerne de vingt jours et le trèfle violet de vingt-cinq à trente jours.

Semis. — La graine est répandue soit avec sa bourre, soit décortiquée et, à ce sujet, les avis sont partagés. D'après les uns, le semis fait avec des graines en bourre est préférable : la bourre absorbant facilement l'humidité, la germination se fait plus vite. Malheureusement, la graine en bourre est difficile à répandre, elle se prend en pelotes et se distribue mal; de plus, elle renferme des impuretés difficiles à extraire, notamment des graines de brome stérile, de peigne de Vénus, de renoncule des champs, etc. La graine en gousse est très encombrante, il en faut de 50 à 70 kilogrammes à l'hectare; le poids de l'hectolitre varie avec son tassement, de 15 à 20 kilogrammes. Malgré tous ces inconvénients, c'est encore le mode le plus employé, car les frais de décorticage sont nuls.

Si le cultivateur est obligé d'acheter sa semence, il est préférable qu'il se procure de la graine décortiquée; le semis est plus facile à exécuter, la distribution étant plus régulière; la levée est plus certaine. La dépense est moins élevée et le rendement supérieur. En outre, le cultivateur peut facilement apprécier sa faculté germinative et sa valeur culturale.

Généralement le trèfle incarnat est semé seul, mais il peut être employé avec avantage pour combler les vides d'un trèfle violet mal réussi. Ses semences sont ovoïdes, d'un blanc sale quand elles sont jeunes, et roussâtres quand elles ont plus de deux ans. Leur prix est de 1 franc à 1 fr. 30 le kilogramme, suivant la variété. La graine nue est distribuée à double ou à triple jet par un temps calme à raison de 18 à 25 kilogrammes à l'hectare. Le semis s'exécute en août et septembre et quelquefois au printemps; dans ce dernier cas, la récolte se fait en septembre.

On ne donne généralement aucun soin au trèfle incarnat; cependant, ainsi que nous l'avons déjà dit, l'application de 200 à 300 kilogrammes de plâtre au printemps produit de bons effets.

Ennemis et parasites. — Le trèfle incarnat redoute l'excès d'humidité pendant l'hiver; l'oïdium et la pezize du trèfle lui causent parfois beaucoup de préjudice, mais la cuscute a peu de prise sur lui. On attendra cinq à six ans avant de faire revenir un trèfle à la même place si celui qui a occupé le sol le dernier a été dévasté par les champignons.

Récolte. — La récolte peut commencer dès que les fleurs apparaissent. Les tiges atteignent à ce moment 60 à 75 centimètres; elles sont tendres et constituent un bon fourrage vert, bien accepté par tous les animaux. Toutefois, les chevaux qui en consomment beaucoup émettent de l'urine rouge; il n'y aura pas lieu de s'en inquiéter. Si on attend qu'elles soient passées fleur, les tiges sèchent et fournissent un fourrage de qualité médiocre.

Au fur et à mesure que la maturité approche, le farouch perd sa coloration vert glauque pour devenir blanc. A cet état, il est délaissé par la plupart des animaux.

On limitera l'étendue des différentes variétés aux besoins momentanés des animaux, de façon à récolter le fourrage quand les tiges sont encore vertes et sapides. Comme la lupuline, il n'occasionne que très rarement la météorisation.

Le trèfle incarnat fané devient blanc et fournit un foin de peu de valeur; cependant, dans la Chalosse, le foin de farouch forme la base de l'alimentation des ruminants pendant l'hiver.

Si on a ensemencé une étendue plus grande que les besoins momentanés des animaux ne l'exigent, le mieux est de le couper au moment opportun et de l'ensiler. (V. ENSILAGE, p. 130.)

D'après Wolf, 100 parties de trèfle incarnat vert contiennent en :

Eau.	80 »	Cellulose.	6,2
Cendres	1,6	Extractif non azoté . .	7,3
Protéine brute.	2,7	Graisse.	0,7

Le rendement moyen est de 18 000 à 20 000 kilogrammes de fourrage vert.

Production de la graine. — On réserve pour la graine les parties du champ les mieux réussies, celles qui sont dépourvues de mauvaises herbes. Le trèfle incarnat, semé après labour ou dans une plante sarclée (choux, maïs), fournit toujours de la graine plus propre que celui qui est semé après une céréale sur simple hersage.

On coupe les tiges lorsque les épis ont pris une teinte blanchâtre et commencent à s'incliner vers le sol. On opère le matin à la rosée, afin d'éviter l'égrenage. Le fourrage est laissé sécher en andains pendant un ou deux jours, puis mis en bottes ou en petits tas, que l'on rentre à la ferme ou que l'on bat dans le champ sur des bâches. Le battage peut s'effectuer très simplement à l'aide de fourches ou avec le fléau, mais on peut aussi employer les batteuses de trèfle qui livrent la graine tout émondée.

Dans la petite culture, où la main-d'œuvre n'est pas chère,

la graine de farouch est récoltée à la main; la récolte est très facile, car les gousses se détachent sans la moindre difficulté. En laissant de côté les petits épis, on obtient des graines pures de bonne qualité.

La paille est parfois utilisée dans l'alimentation, mais convient tout au plus à faire de la litière; coupée au hache-paille, elle peut néanmoins être utilisée en mélange avec les cossettes de betteraves. La quantité de graines récoltée est en moyenne de 300 à 500 kilogrammes de graines décortiquées. La graine en bourre vaut de 10 à 20 centimes le kilogramme.

Le trèfle incarnat, à l'encontre des autres légumineuses, épuise le sol; il est nécessaire de le fumer lorsqu'on veut ensuite cultiver une céréale d'automne.

L'analyse suivante, faite par M. Joulie, nous renseigne sur la quantité d'éléments fertilisants enlevés au sol par 1 000 kilogrammes de matières sèches :

| Azote | 24,50 | Chaux | 19,49 |
| Acide phosphorique | 4,69 | Potasse | 17,22 |

Cette plante n'occupe pas le sol assez longtemps pour l'enrichir en azote. Elle laisse le sol libre dès la fin de juin, ce qui permet de le bien préparer pour recevoir une céréale d'automne.

Les variétés hâtives peuvent laisser le sol libre dès le commencement de juin; il est alors possible d'y conduire du fumier de ferme et de le préparer pour recevoir des betteraves, des choux fourragers ou des rutabagas, ce qui ne l'empêche pas de recevoir une céréale à l'automne.

TRÈFLE JAUNE DES SABLES

Description. — L'*anthyllide vulnéraire,* plus souvent désignée sous le nom de *trèfle jaune des sables* (V. *fig.* 78, p. 109), possède encore des racines pivotantes. Ses tiges sont ascendantes et couchées, légèrement pubescentes, atteignant de 30 à 40 centimètres de hauteur, à ramifications peu nombreuses.

Les fleurs sont jaunes, disposées en capitules terminaux; le calice est vésiculeux; sa graine est ovoïde, un peu aplatie; à l'état jeune, elle a un bout coloré en vert et l'autre en jaune.

Historique. — La culture de cette plante est relativement récente ; d'abord cultivée en Allemagne, elle ne s'est répandue en France que depuis une trentaine d'années.

Climat. Sol. — C'est une bonne plante fourragère, qui n'est pas exigeante sous le rapport du climat, du sol. Le trèfle jaune est, parmi les légumineuses fourragères, celle qui supporte le mieux les écarts de température. Les climats tempérés lui conviennent le mieux, mais elle peut résister sous les climats secs de l'Europe méridionale et du nord de l'Afrique. Elle vient bien dans les régions montagneuses, dans les sols calcaires secs, dans les terrains sablonneux légers. Dans les terres compactes et humides elle donne un faible rendement. Depuis une quinzaine d'années sa culture a pris de l'extension dans le département de la Vienne, notamment dans les terres légères et calcaires des environs de Poitiers, de Chauvigny, de Saint-Savin.

Ce trèfle placé dans de bonnes conditions peut vivre de trois à cinq ans, mais en culture courante il est retourné après deux ans d'exploitation. Contrairement aux autres légumineuses, il n'occasionne pas l'effritement du sol et peut revenir fréquemment à la même place.

Semis. — On sème le trèfle jaune habituellement à l'automne sur sol nu ou au printemps dans une céréale. La graine est répandue en bourre ou décortiquée. Le semis se fait comme celui du trèfle incarnat ou du trèfle violet et avec les mêmes précautions pour enterrer la semence. On répand de 15 à 20 kilogrammes de graine émondée.

Soins d'entretien. — Les soins d'entretien sont les mêmes que ceux à donner aux autres légumineuses ; ils consistent en hersage et épierrement. On met rarement des engrais à l'anthyllide ; cependant les engrais potassiques, phosphatés et le plâtre produisent de bons effets.

D'après M. Joulie, une récolte de 1 000 kilogrammes de matières sèches à 100 degrés renferme en :

Azote.	18 »	Chaux	21,8
Acide phosphorique.	2,37	Potasse.	16,03

PRAIRIES.   18

Récolte. — Le fourrage est récolté quand les fleurs commencent à apparaître ; il constitue un excellent aliment vert, bien accepté par la plupart des animaux de la ferme, mais il peut aussi être avantageusement converti en foin. Les chevaux font parfois quelques difficultés pour l'accepter au début.

On peut récolter de 12 000 à 16 000 kilogrammes de fourrage vert qui produisent 4 000 à 5 000 kilogrammes de foin, le fourrage ne perdant que les deux tiers de son poids par la dessiccation.

D'après Wolf, 100 parties de foin contiennent en :

Eau.	16,7	Cellulose brute.	25,5
Cendres.	6,4	Extractifs non azotés.	35,1
Protéine totale.	13,8	Graisses.	2,5

La graine est récoltée sur la première coupe avec les mêmes soins que celle du trèfle violet.

Défrichement. — Le défrichement de l'anthyllide s'opère comme celui des autres légumineuses vivaces et on le fait suivre des mêmes plantes. Par les nombreux débris qu'il laisse dans le sol, il améliore la terre qui le porte, ce qui permet de faire venir après lui une ou deux céréales sans engrais complémentaires.

RAY-GRASS

Le nom de « prairies temporaires » est surtout réservé aux prairies semées avec un nombre restreint de graminées pour un petit nombre d'années. Parmi les graminées les plus utilisées, nous étudierons les ray-grass et la fléole.

Ray-grass anglais. — Le *ray-grass anglais* ou *ivraie vivace* et le *ray-grass d'Italie* (V. *fig.* 31, p. 92) sont les seuls cultivés pour former des prairies temporaires. Le *ray-grass anglais* est une graminée rustique qui résiste assez bien aux sécheresses, mais dont les rendements sont en rapport avec la fertilité et la fraîcheur du sol. Il vient mal dans les terres calcaires, sablonneuses, sèches ; dans les sols argilo-siliceux, argilo-calcaires frais et bien fumés, il donne son maximum de rendement.

Les climats doux, tempérés et humides lui conviennent

mieux que les climats secs; c'est pour cette raison que la culture de cette plante a pris beaucoup d'extension en Angleterre,
où elle forme, avec le trèfle, la base des prairies temporaires.

Le semis du ray-grass s'effectue soit à l'automne sur sol nu,
soit au printemps dans une céréale à raison de 50 à 60 kilogrammes de graines par hectare. On y mélange parfois du trèfle
violet, du trèfle blanc ou de la lupuline. Ces plantes associées aux
ray-grass n'occasionnent pas, comme quand elles sont seules,
la météorisation des ruminants. Les graines sont répandues à
double ou à triple jet et sont enterrées avec une herse légère si
le sol est frais ou par un léger coup de rouleau si le sol est sec.

Le ray-grass semé à l'automne en terrain sain couvre le sol
de bonne heure au printemps et peut fournir une coupe ou deux
la première année. Placé dans de bonnes conditions, il repousse
bien quand il a été fauché ou pâturé.

Il est très exigeant pour la richesse du sol, principalement
en éléments azotés. Les arrosages au purin et au lisier font parfois doubler le rendement. Dans le centre et le midi de la
France il est soumis à l'irrigation, et quand on peut employer
des eaux chargées de principes fertilisants on obtient fréquemment trois et quatre coupes de fourrage par an. L'emploi de
nitrate de soude à la dose de 200 kilogrammes à l'hectare produit
également de bons effets.

Le ray-grass demande à être récolté prématurément, dès que
les premières fleurs paraissent. On obtient un foin qui est plus
vert, plus odorant et de meilleure qualité que s'il est coupé tardivement.

A l'état vert, il constitue une nourriture nutritive et rafraî-
chissante qui convient bien aux vaches laitières. Le fourrage
sec est un peu dur, mais quand il est bien réussi il conserve une
bonne saveur qui plaît à la plupart des animaux. Lorsqu'on y
associe du trèfle, le foin obtenu est plus riche.

D'après Wolf, 100 parties de foin de ray-grass contiennent en :

Eau	14,3	Cellulose brute	30,2
Cendres	7,8	Extractifs non azotés	37,1
Protéine totale	10,2	Graisses	2,7

Les rendements sont variables avec les soins qu'on lui donne,

9 000 à 30 000 kilogrammes de fourrage vert pouvant donner de 3 000 à 9 000 kilogrammes de foin sec.

Ray-grass d'Italie. — Le *ray-grass d'Italie* (V. *fig.* 32, p. 92) se distingue nettement du ray-grass anglais par ses glumelles qui sont aristées. Les tiges s'élèvent de 60 centimètres à 1 mètre et forment des touffes vigoureuses quoique peu fournies. A l'état d'herbe, avant qu'il n'émette ses épis, il se distingue du ray-grass anglais par ses feuilles qui sont molles et à préfoliaison convolutée, celles du ray-grass anglais étant condupliquées.

Il est très productif, mais il est encore plus exigeant que le ray-grass anglais. On le cultive de préférence dans le midi de l'Europe, où il est possible de l'irriguer ; sa culture est surtout importante dans le Piémont (Italie). Il est plutôt bisannuel que vivace et on le défriche après deux ans d'exploitation.

Comme le ray-grass anglais, on peut l'associer au trèfle violet ou au trèfle incarnat; mais, par suite de la puissance de sa végétation et de son grand rendement, on peut l'utiliser en semis pur ; dans ce cas, le fourrage obtenu est de qualité inférieure.

Le ray-grass d'Italie est la graminée qui est susceptible de fournir les plus hauts rendements, à condition qu'il soit placé en terres franches, argilo-calcaires, argilo-siliceuses, fraîches, et qu'on lui fournisse de grandes quantités d'éléments fertilisants, azotés et potassiques. Dans les sols humifères arrosés au purin ou au lizier, il donne parfois des rendements énormes.

Ses rendements varient du simple au triple, depuis 20 000 kilogrammes de fourrage vert jusqu'à 60 000 kilogrammes, correspondant à 6 000 et 20 000 kilogrammes de foin sec. La valeur du foin est un peu inférieure à celle du ray-grass anglais.

Il entre en végétation de bonne heure au printemps, végétation qui se prolonge jusqu'aux premières gelées de l'automne.

Il fournit une grande quantité de fourrage dès la première année et peut donner trois et quatre coupes, puis il disparaît un ou deux ans après.

Le fourrage doit être coupé avant le complet développement des épillets. Le foin qui a mouillé perd beaucoup de sa valeur nutritive et ressemble à de la paille.

Sa culture est la même que celle du ray-grass vivace.

Production des graines. — Pour la production des graines, on attend pour couper les tiges que la presque totalité des épillets soit mûre, et, pour éviter l'égrenage, on fauche le matin avant la disparition complète de la rosée. Le battage se fait au fléau sur des bâches dans le champ ou à la ferme à l'aide de machines à battre. Les graines obtenues sont soumises à l'action d'un tarare pour les débarrasser des débris qui les accompagnent. Le rendement en graine peut varier de 12 à 15 hectolitres. La graine du ray-grass vivace pèse de 38 à 40 kilogrammes l'hectolitre; celle du ray-grass d'Italie, 25 à 28 kilogrammes. Le prix de la graine est de 60 francs les 100 kilogrammes pour le premier et de 50 à 55 francs pour le second.

Les ray-grass sont retournés après les emblavures d'automne et on cultive généralement à leur place une avoine de printemps.

FLÉOLE DES PRÉS

Description. — La *fléole des prés* (V. *fig.* 29, p. 91) est connue sous le nom de *timothy-grass* en Angleterre et en Amérique, du nom de l'agronome Timothy Hauson, qui a beaucoup contribué à sa propagation en Amérique. Ses tiges atteignent de 50 centimètres à 1 mètre de hauteur et forment des touffes assez compactes. Son développement est tardif; ses fleurs apparaissent vers la fin de juin, commencement de juillet. Elle est très remontante et résiste bien au déchaussement. La plante est vivace et dure très longtemps dans les sols qui lui plaisent.

Culture. — Les climats brumeux et tempérés sont les plus favorables à la végétation de la fléole; néanmoins, comme cette plante est très rustique, elle résiste bien aux températures extrêmes; toutefois sa végétation est ralentie et son rendement diminue. Elle demande pour prendre un grand développement des terres très fraîches, argileuses, profondes et bien ameublies. Elle vient bien également sur les sols d'alluvion, siliceux, argilo-siliceux, tourbeux. Les sols calcaires, secs et pierreux lui conviennent mal.

La fléole possède beaucoup de qualités qui font d'elle une

plante de premier ordre pour les prairies permanentes et artificielles. Elle est rustique, sa culture facile, et sa semence est à
bon marché ; les produits qu'elle fournit sont abondants et de
bonne qualité, donnant au fanage un excellent foin supérieur à
celui fourni par les ray-grass. Elle peut être associée avantageusement à la luzerne ou au trèfle, dans les terres fraîches où
ces légumineuses viennent mal.

Le foin de la fléole est un peu dur et convient mieux, par conséquent, aux chevaux et aux moutons qu'aux bœufs et aux vaches.
On effectuera la fauchaison dès que les panicules seront formées ;
si on attendait trop tard, le foin deviendrait trop gros et serait
trop riche en cellulose.

D'après Wolf, 100 parties de foin de fléole renferment en :

Eau.	14	Cellulose.	22,7
Cendres.	4,5	Extractifs non azotés.	45,8
Protéine brute.	9,7	Graisses.	3,»

Cette analyse nous montre que la protéine est en faible quantité, mais, par contre, les extractifs non azotés (sucres et amidon)
sont en forte proportion. Associé au trèfle violet, le foin est plus
riche en protéine.

La fléole est surtout exigeante en azote et en potasse,
ainsi que certaines analyses le montrent : 1 000 kilogrammes de
foin sec enlèvent près de 20 kilogrammes de potasse. Le purin
employé en arrosage et les engrais potassiques lui conviennent
parfaitement. Le nitrate de soude, employé de bonne heure au
printemps à la dose de 150 kilogrammes à l'hectare, produira
également de bons effets.

Culture. — La culture de la fléole se fait absolument comme
celle des ray-grass. Le semis s'effectue soit à l'automne sur des
terres saines et nues, soit au printemps dans une céréale. Le terrain devra être bien préparé par la culture précédente, qui sera
le plus souvent une plante sarclée. (Voyez : PRÉPARATION DU SOL,
PRAIRIES DE FAUCHE, p. 51.) La graine sera répandue à triple jet
à raison de 8 à 10 kilogrammes à l'hectare. Le prix de la graine
est de 90 francs les 100 kilogrammes.

La quantité de fourrage fourni varie de 15 000 à 20 000 kilogrammes de fourrage vert, pouvant donner de 4000 à 6000 kilogrammes de foin sec.

. **Production des graines.** — La coupe des tiges se fait lorsque l'épi est blanc jaunâtre ; à cet état, les graines sont mûres. Les tiges sont coupées à la faux armée. On les laisse sécher pendant trois ou quatre jours, puis on en fait de petites bottes que l'on bat au fléau ou à la machine à battre. L'opération est complétée par un coup de tarare qui sépare les débris des graines. La graine de fléole, par sa densité et sa conformation, se rapproche beaucoup de celle des légumineuses fourragères.

Le rendement peut varier de 300 à 500 kilogrammes de graines à l'hectare.

Défrichement. — La fléole peut occuper le sol pendant cinq à six ans. On rompt la prairie lorsque des vides commencent à se former et que le rendement s'affaiblit. On opère le défrichement comme s'il s'agissait d'une prairie de fauche et on fait suivre la fléole des mêmes plantes.

Bien que cette plante soit exigeante en azote, elle laisse dans le sol, par ses nombreux débris, un stock d'azote organique important qu'il suffira de mobiliser par l'apport d'engrais calciques pour obtenir de bonnes récoltes. L'addition de phosphate de chaux ou de scories de déphosphoration produira un effet analogue et enrichira le sol en acide phosphorique. Après un tel traitement, les terres occupées par la fléole rentreront avantageusement dans la rotation.

CONCLUSION

L'exposé des cultures des différentes plantes fourragères nous montre qu'avant de se livrer à la production d'une plante quelconque, il est nécessaire tout d'abord de bien connaître ses exigences au point de vue du climat, de la nature du sol, en eau et en substances fertilisantes, puis de satisfaire ces exigences de la manière la plus parfaite et la plus économique. Tout le problème de la culture est là.

AUTEURS CONSULTÉS

Amédée BOITEL, *les Prairies naturelles*. (Paris, Librairie Firmin-Didot.)

F. BERTAULT, professeur d'agriculture à Grignon, *les Prairies*, 3 volumes. (Paris, Librairie Masson et Cie.)

JOULIE, *la Production fourragère par les engrais*. (Paris, Librairie agricole de la Maison rustique.)

BARRAL et SAGNIER, *Dictionnaire d'Agriculture* (article de M. Léon Vassillière, Influence des climats sur la production des prairies). (Paris, Hachette.]

SAGNIER, *Prairies*. (Paris, Hachette et Cie.)

INDEX ALPHABÉTIQUE

TABLE DES MATIÈRES

PREMIÈRE PARTIE

PRAIRIES NATURELLES

DEUXIÈME PARTIE

PRAIRIES ARTIFICIELLES

Paris. — Imp. LAROUSSE, 17, rue Montparnasse.

BIBLIOTHÈQUE RURALE

Honorée de nombreuses souscriptions
du ministère de l'Instruction publique et du ministère de l'Agriculture

(Format in-8°, 15 × 21)

La BIBLIOTHÈQUE RURALE ne comprend que des ouvrages essentiellement pratiques et dépouillés, autant que possible, de tout appareil scientifique. D'un prix très modéré, imprimés et illustrés avec le plus grand soin, ces ouvrages rendront de précieux services aux personnes qui s'occupent d'agriculture.

L'Agriculture moderne, par V. Sébastian. Encyclopédie de l'agriculteur : le sol, l'air, l'eau, les amendements, les engrais, les irrigations, le drainage, les plantes cultivées, le bétail, la basse-cour, etc. 560 pages, 700 gravures. Broché, **5** francs; relié toile. . . . . **6 fr. 50**

La Ferme moderne, traité des constructions rurales, par M. Abadie. Plans et devis, terrassements, maçonnerie, charpenterie, couvertures, ciment armé, etc. 390 gravures et plans. — Broché, **3** francs; relié toile. . . **4 francs.**

Les Industries de la ferme, par Larbalétrier. Meunerie, boulangerie, féculerie, huilerie, etc. 160 grav. — Broché, **2** fr.; rel. toile. **3 francs.**

Les Engrais au village, par Henri Fayet. Valeur fertilisante des engrais, leur achat, leur emploi : syndicats agricoles. Br. **2** fr.; rel. toile. **3 francs.**

La Basse-Cour, par Troncet et Tainturier. La poule, le dindon, le canard, le lapin, le cobaye, etc. 80 grav. — Broché, **2** fr.; rel. toile. **3 francs.**

L'Outillage agricole, par H. de Graffigny. Charrues, machines à récolter, moteurs agricoles, etc. 240 grav. — Broché, **2** fr.; rel. toile. **3 francs.**

Le Bétail, par Troncet et Tainturier. Le cheval, l'âne, le bœuf, etc.; races, hygiène, maladies, 100 gravures. — Broché, **2** fr.; relié toile. **3 francs.**

L'Arboriculture pratique, par Troncet et Deliège. Reproduction, taille, entretien, etc. 190 gravures. — Broché, **2** fr.; relié toile . . . **3 francs.**

La Viticulture moderne, par G. de Dubor. Établissement d'un vignoble, entretien, maladies, vinification. 100 gravures. — Broché, **2** fr.; relié toile. . . . . **3 francs.**

L'Apiculture moderne, par A.-L. Clément. Rôle des abeilles, mobilisme, ruches, maladies, miel et cire. 130 grav. — Br., **2** fr.; rel. toile. **3 francs.**

Le Jardin potager, par Troncet. Légumes de France, 390 variétés, culture, récolte, maladies. 190 gravures. — Broché, **2** fr.; relié toile. **3 francs.**

Le Jardin d'agrément, par Troncet. Travaux de jardinage, mosaïculture, fleurs et arbustes, etc. 150 grav. — Broché, **2** fr.; relié toile. **3 francs.**

Comptabilité agricole, par H. Barillot. — Broché, **2** fr.; relié toile. . . . . **3 francs.**

Les Animaux de France, par Clément et Troncet. 160 gravures. Broché, **2** fr.; relié toile . . . . **3 francs.**

Écoles et cours d'Agriculture, par R. Duguay. 39 gravures. — Broché. . . . . **1 franc.**

Envoi franco au reçu d'un mandat-poste.

Bibliothèque
Rurale